1.4킬로그램의 우주, 뇌

1.4킬로그램의 우주, 뇌

신경 의학에서 뉴로 마케팅까지 융합 뇌 과학의 현장

카이스트 명강 02

KAIST PRESS

사이언스북스
SCIENCE BOOKS

서문

뇌 과학자들이 전하는 빛나는 '인생 수업'

KAIST 출판부(KAIST PRESS)와 (주)사이언스북스가 함께 기획한 첫 프로젝트, 「KAIST 명강」 시리즈가 벌써 두 번째 책을 세상에 내놓게 됐습니다. 저희가 2011년부터 준비한 「KAIST 명강」은 KAIST 교수들의 탁월한 강연을 일반 대중들과 함께 나누고 이를 책으로 엮어 출간하는 야심 찬 계획입니다. KAIST PRESS는 KAIST 교수와 학생의 과학 지식과 아이디어, 그리고 세상과 미래에 대한 통찰이라는 양질의 콘텐츠를 다양한 형태로 만들어 세상과 소통하는 역할을 하는 곳입니다. 저희는 KAIST 교수들의 탁월한 연구 성과를 논문의 형태로 세계에 알리는 것도 중요하지만, 그들의 목소리를 직접 일반인에게 생생하게 전하는 것이 무엇보다 중요하다고 판단했습니다.

KAIST에서 학부부터 대학원까지 9년간 공부한 제가 자랑스럽게 고백하건대, KAIST에는 명강의로 이름 높은 교수님들이 아주 많습니다. 저는 그분들의 강연을 들으며 우주를 구성하는 개념들을 명확히 이해하고, 학문의 지형도를 그릴 수 있었으며, 무엇보다 앞으로 도래할 미래를 상상할 수 있었습니다. 'KAIST 캠퍼스에서 날마다 벌어지는 이 명강의들을 세상에 내놓아 많은 사람이 즐길 수 있으면 얼마나 좋을까?' 하는 소박한 마음이 「KAIST 명강」 시리즈 출간의 원동력이 되었습니다. 저는 독자들이 이 책을 펼치는 순간 대학 시절로 돌아가 좁은 강의실에서 열정으로 가득한 강의를 듣는 학생이 되기를, 그래서 일상으로 녹초가 되어 버린 우리 사회와 24시간 앞만 보며 달려가는 이 한반도가 학구열에 불타오르는 'KAIST 캠퍼스'가 되기를, 질문과 토론이 뜨겁게 오가는 'KAIST 강의실'이 되기를 진심으로 기원합니다.

그 첫 번째 주제로 선정된 것은 우리 시대의 화두인 '정보'였습니다. 다양한 관점에서 정보를 연구하는 KAIST 교수진 중에서 '한 분야의 최전선에 선 사람만이 할 수 있는' 통찰력 있는 강의를 들려주실 이해웅, 김동섭, 정하웅 교수님을 모시고 10번의 대중 강연을 진행했습니다. 그 강의 내용의 정수를 고스란히 담은 『구글 신은 모든 것을 알고 있다』를 2013년 출간했습니다. 이 책은 과학 분야 베스트셀러로 대중에게 많은 사랑을 받았을 뿐만 아니라, 여러 기관에서 우수 도서로 선정되기도 했습니다.

여기에 힘입어 저희가 출간한 두 번째 책, 『1.4킬로그램의 우주, 뇌』에서는 '뇌'를 공부해 보았습니다. 뇌를 연구하는 학자들은 항상 열정에 사로잡혀 있습니다. '인간이란 무엇인가?' '과연 우리는 어떤 존재인가?' 같이 평생 마음속에서 떠나지 않는 질문에 우리 뇌가 해답의 실마리를 제공해 주리라고 믿기 때문에, 고민하다가도 늘 책상 앞으로 돌아오곤 합니다. 뇌에 대한 KAIST 강연은 특별히 인기가 많았습니다. 중학생에서 나이 든 어르신까지 다양한 분들이 강연을 들어 주셨습니다. 열띤 토론과 근사한 질문들도 많이 나왔습니다. 뇌에 대한 관심은 이제 학계를 넘어 우리 사회 전체로 조금씩 퍼져 나가고 있는 듯 보입니다.

『1.4킬로그램의 우주, 뇌』는 먼저 KAIST 바이오및뇌공학과 정용 교수님께서 인간 정신의 물리적인 토대로서의 뇌를 말씀해 주시는 것으로 시작했습니다. 의과 대학 신경과에서 공부하신 정용 교수님은 알츠하이머, 파킨슨병 등의 신경 질환을 연구하는 것에서 그치지 않고 병원에서 직접 치료까지 하시는 분입니다. 탁월하고 깔끔한 명강의로 소문난 정용 교수님의 강연을 이 책에서 고스란히 맛보실 수 있습니다.

두 번째 강연은 쑥스럽게도 제가 맡게 됐습니다. 저는 많은 책에서 과학에 대한 이야기를 한 경험이 있지만, 의사 결정을 연구하는 신경 과학자로서의 저를 이 책에서처럼 모두 보여 준 적은 없었던 것 같습니다. 인간은 어떻게 세상을 받아들이고 판단하고 선택하며 실행에 옮기는지, 제 강연을 통해 작게나마 통찰을 얻으시길 기대합니다.

대단원의 마무리는 생명과학과 김대수 교수님께서 근사하게 해 주셨습니다. 교수님은 유전자 조작이 된 쥐를 이용해 생명체가 유전자에서 생리, 인지, 행동에까지 이르는 전 과정을 추적하는 연구를 오랫동안 해 오신 분입니다. 재미있는 예제들 속에서 그 안을 관통하는 신경 과학적 통찰을 통해 뇌의 본질을 깊이 있게 생각할 기회를 얻으실 것입니다.

이 책을 준비하면서 너무나도 많은 분께 도움을 받았습니다. 우선 저희 KAIST PRESS에 깊은 애정으로 함께해 주신, 그리고 책이 출간될 수 있도록 오랫동안 노력해 주신 (주)사이언스북스 박상준 대표와 직원 여러분께 감사의 말씀을 드립니다. 또 오랫동안 저희 KAIST PRESS에서 영롱한 아이디어로 기획에 참여해 주신 모든 KAIST 편집 위원들(윤정로, 신현정, 엄상일, 신동원, 조광현, 김대수 교수님)과 학술정보개발팀 노시경 님께 이 자리를 빌려 늘 품고 있던 감사의 마음을 전합니다. 그리고 바쁜 시간을 쪼개어 대담에 참여해 주신 동양대학교 진중권 선생님께 진심으로 감사를 드립니다.

이 시리즈가 '명강'이라는 무거운 이름에 걸맞은 역할을 다하고 더 나아가 독자들에게 '빛나는 인생 수업'으로 다가갈 수 있도록 최선을 다하겠습니다. '학교는 떠났지만 수업은 계속되어야 한다.'고 믿으신다면, 저희 KAIST 교수들은 '학생은 떠났지만 수업은 계속되어야 한다.'는 마음으로 좋은 강연 준비하겠습니다.

고개 숙여 항상 감사합니다.

2014년 7월

정재승 (KAIST PRESS 편집 위원장, 바이오및뇌공학과 교수)

차 례

서문 정재승 KAIST 바이오및뇌공학과 교수

뇌 과학자들이 전하는 빛나는 '인생 수업' 4

1부 정용 KAIST 바이오및뇌공학과 교수

뇌의 요람에서 무덤까지 신경 생물학으로 들여다본 뇌의 일생

1강__뇌의 탄생 15

2강__뇌의 삶 57

3강__뇌의 죽음 85

2부 정재승 KAIST 바이오및뇌공학과 교수

우리는 어떻게 선택하는가? 의사 결정의 신경 과학

1강__인간은 합리적인 의사 결정자인가? 125

2강__혁신적인 리더의 선택과 의사 결정 169

3강__의사 결정 신경 과학의 응용 181

3부 김대수 KAIST 생명과학과 교수

뇌는 무엇을 원하는가? 동물 행동학으로 푸는 생존과 번식의 방정식

1강__생명의 영원한 숙제, 생존과 번식 219

2강__생존과 번식의 딜레마 243

3강__뇌가 만들어 내는 행동의 방정식 271

정담(鼎談) 정용, 정재승, 김대수, 진중권

뇌 과학은 신인류의 꿈을 꾸는가? 309

후주 335 더 읽을거리 339 사진 및 그림 저작권 348

정용
KAIST 바이오및뇌공학과 교수

뇌의 요람에서 무덤까지

신경 생물학으로 들여다본 뇌의 일생

정용 KAIST 바이오및뇌공학과 교수

연세대학교 의과 대학을 졸업하고 동 대학원에서 신경 생리학으로 박사 학위를 받은 후, 세브란스 병원에서 신경과 전문의 과정을 마쳤다. 이후 삼성 서울 병원과 미국 플로리다 대학교(University of Florida)에서 치매 및 행동 인지 신경 분야의 전임의(fellow) 과정을 거쳐 현재 KAIST 바이오및뇌공학과 교수와 삼성 서울 병원 신경과 외래 교수를 겸직하며 KAIST 인지 신경 영상 연구실을 운영하고 있다. MRI(자기 공명 영상), PET(양전자 단층 촬영), EEG(뇌파 검사) 같은 다양한 기법을 사람과 동물에 적용해 네트워크 관점에서 뇌 기능을 이해하고, 이를 통해 뇌 질환을 진단하고 치료하는 새로운 방법을 찾는 연구를 하고 있다. 신경 생리학, 인지 신경 과학과 신경 심리학, 임상 신경학(퇴행성 및 혈관성 뇌 질환)에서 거둔 연구 성과로 대한 의학회장상, 신경 과학회, 뇌 기능 매핑학회, 임상 신경 생리학회 등에서 우수 연구상을 받았다. 저서로는 『치매 임상적 접근』, 『생물 의학적 CMOS ICs(*Bio-Medical CMOS ICs*)』(공저), 『치매의 조기 발견과 재활 공학(*Early Detection and Rehabilitation Technologies for Dementia*)』(공저)이 있다.

1강

뇌의 탄생: 발생과 진화, 그리고 구조

안녕하세요. 1000억 개의 신경 세포(neuron)로 이루어진 '우리 몸속의 작지만 큰 우주, 뇌'를 탐험하는 「KAIST 명강」에 오신 것을 환영합니다. 저는 KAIST 바이오및뇌공학과의 정용이라고 합니다. 저는 대학교에서 학생들과 함께 뇌를 연구하는 뇌 과학자이면서, 일주일에 하루는 병원에서 환자를 진료하는 의사이기도 합니다. 생물학과 정보 기술의 융합을 다루는 바이오및뇌공학과의 성격에 걸맞게 굉장히 융합적인 삶을 살고 있습니다.

저는 어렸을 때부터 뇌에 관심이 많았습니다. 사람의 뇌가 어떻게 생각을 하고 기억하고 판단하는지 궁금했습니다. 의과 대학을 졸업하고서는 신경 생리학이라는 분야를 전공했습니다. 하지만 쥐나 고양이, 가재 같은 실험동물만으로 제 의문을 풀기에는 한계가 있었습니다. 그래서 사람의 뇌를 연구할 수 있는 대학 병원 신경과에 들어갔습니다. 신경과는 다루는 질환에 따라 몇 가지 분야로 다시 나뉩니다. 뇌졸중(중풍,

stroke) 관련해서 환자가 가장 많고 그 외에 뇌전증(간질, epilepsy), 파킨슨병(Pakinson's disease) 등을 보는 분야가 있습니다. 저는 전문의 자격을 취득한 후에 치매(dementia)나 다른 인지 기능 장애를 다루는 분야를 전공했습니다. 이후 미국에서 좀 더 깊이 연구를 진행하던 중 뇌 융합 연구를 함께 해 보자는 제의를 받고 KAIST에 오게 되었습니다.

앞으로 3번의 강의를 통해 저는 그동안 의사로서, 또 융합 연구를 하는 과학자로서 알게 된 뇌의 모습을 뇌가 탄생하는 순간에서부터 마침내 생명을 다하는 마지막까지 여러분께 알려 드리려 합니다. 첫 강의 '뇌의 탄생'에서는 인간의 뇌가 어떻게 태어나고 진화해서 지금과 같은 모습이 되었는지 알아보겠습니다. 두 번째 강의 '뇌의 삶'에서는 뇌가 하는 일을 공부합니다. 우리는 개개의 신경 세포가 작동하는 방식은 많이 알고 있지만, 신경 세포가 모인 뇌가 어떻게 우리 마음을 만들어 내는지는 아직 잘 모릅니다. 2강에서는 최근에 대두하는 네트워크 이론을 중심으로 이 과정을 살펴보려 합니다. 마지막 강의 '뇌의 죽음'에서는 뇌가 늙어 마침내 죽음에 이르는 과정을 질병 중심으로 배워 보겠습니다. 그리고 우리가 이를 어떻게 치료하고 대처해야 하는지도 함께 다루겠습니다.

큰 질문(Big Question)! 뇌와 마음

뇌를 다루고 연구하는 전문가로서 저는 최근 뇌 과학에 대한 관심이 많이 높아진 것을 실감합니다. 미국 대통령 버락 오바마(Barack Obama)가 'BRAIN(Brain Research through Advancing Innovative Neurotechnologies, 혁신적 신경 기술 발전을 통한 두뇌 연구) 계획'에 1억 달러

(1000억 원)의 예산을 책정한 것이나, 서점에 뇌 과학 책이 쏟아져 나오고 있는 것도 그 한 예겠지만 여기서는 제가 직접 경험한 사건을 말씀드리겠습니다. 요즘 대중 강연에서나 학생들을 만나 이야기할 때면 이런 질문을 많이 받습니다. "신경 세포들이 모여 있는 덩어리인 뇌가 어떻게 마음을 만들어 내나요?" 뇌와 마음(자아, 생각)의 관계를 묻는 수준 높은 질문입니다.

동서고금, 남녀노소를 통틀어 사람들의 관심은 언제나 마음에 쏠려 있습니다. "우주에서 가장 풀기 어려운 수수께끼는 여자입니다." 우리 시대 최고의 천재 과학자 스티븐 호킹(Stephen Hawking) 박사가 고희를 맞은 기념 인터뷰 자리에서 이런 말씀을 하실 정도이니 말입니다.[1] 남성들이 보통 여자의 마음은 수수께끼라고 하지만, 남자의 마음도 여성에게 수수께끼이기는 매한가지입니다. 이렇게 우리는 언제나 마음을 궁금해 했는데 이 마음이 뇌로 인해 생겨난다는 사실이 밝혀지면서 뇌에 대한 관심이 늘어나지 않았나 생각됩니다. 기존에는 철학과 종교의 영역이었던 마음의 근원을 묻는 질문에 이제는 뇌 과학자들이 답을 주려 노력하고 있습니다.

먼저 근본적인 질문을 해 보고자 합니다. 원래 뇌는 무슨 일을 할까요? 즉 무엇을 위해 생겨났을까요? "당연히 마음을 만들기 위해 생겨났지!"라고 말하기에는 뇌를 가진 모든 생명체에 마음이 있다고는 말하기 어렵다는 점이 걸립니다. 이 질문에 대답하는 제일 쉬운 방법은 뇌가 없는 상태를 한번 생각해 보는 겁니다. 상상하기가 좀 어렵지만, 사람에게도 그런 예가 있습니다. 바로 무뇌아(anencephaly fetus)입니다. 1만 명 중 1명꼴로 엄마의 뱃속에서 뇌가 발달하지 않은 상태로 태어나는 아기들이 있습니다. 뇌와 척수(spinal cord)를 연결하는 뇌줄기(뇌간, brain stem)만을 가지고 있는 이 아기들은 호흡이나 원시적이고 반사적인 운동 정도만 가능합니다. 보지도, 듣지도, 통증을 느끼지도 못하는 채로 길어야 한두 달 안에 결국은 죽음에 이르게 됩니다. 뇌가 없더라도 살 수는 있지만, 우리가 생각하는 삶과는 많은 차이가 있는 것 같습니다.

두 번째로 생각해 볼 뇌가 없는 생명체는 식물입니다. 식물은 물과 영양분을 몸 구석구석에 전달하는 순환계가 잘 발달해 있지만, 그에 비해 신경계는 발달하지 않았습니다. 신경계와 뇌의 있고 없음이 동물과 식물을 나누는 경계라면 둘을 비교했을 때 가장 큰 차이점은 뭘까요? 동물(動物, 움직이는 것)과 식물(植物, 심겨 있는 것)이라는 이름에서 바로 알 수 있듯이 움직임의 여부입니다. 동물에 해당하는 영어 단어 animal 또한 '움직이다', '생동하다'를 뜻하는 라틴어 '*anima*'에서 유래했습니다. 애니메이션(animation)과 같이 말이지요.

뇌와 움직임의 관계를 가장 잘 보여 주는 것으로 우렁쉥이(*Halocynthia roretzi*)가 있습니다. 로돌포 이나스(Rodolfo Llinas)의 『꿈꾸는 기계의 진화(*I of the vortex*)』라는 책[2]을 보면 이 우렁쉥이는 출생 후 며칠간 올챙이를 닮은 모습을 하고 물속을 헤엄쳐 돌아다닙니다. 뇌라고 할 정도는 아니지만 원시 뇌에 해당하는 신경절(ganglion)을 가지고 있습니다. 이렇게 돌아다니던 우렁쉥이 유생은 살 만한 곳을 찾으면 머리를 땅에 박고서 자라는데, 놀랍게도 그러고 나서는 자신의 신경절하고 근육 조직을 다 소화시켜 버립니다. 이제 움직이지 않아도 되니 신경이나 근육이 더는 필요 없다는 이야기지요. 이 예를 보면 생물체가 뇌를 만든 이유가 움직임을 조절하기 위해서였을 것이라는 가설을 세울 수 있습니다.

현재의 해석은 생명이 진화하는 과정에서 움직임을 위해 신경계가 발달되었고 이후 움직임의 정교한 조절을 위해 주변 환경을 보고 듣는 감각계가 생겨났다고 봅니다. 이 상태에서는 반사(reflex)에 의한 반응만이 가능했습니다. 곤충이나 어류 등이 먹이 자극(냄새나 맛)에 무조건적인 섭식 반응을 보이는 것이나 빛의 자극을 쫓는 주광성(走光性, phototaxis) 행동을 예로 들 수 있습니다. 그러나 생존을 위해서는 정해진 대로만 반응하는 반사보다는 과거에 경험한 일을 기억하는 편이 유리합니다. 원래 움직임과 생명 유지에 필요한 기능을 담당하던 뇌에 기억을 관장하는 둘레 계통(변연계, limbic system)이 생기고, 여기에 환경에 대한 정보와 과거 기억을 바탕으로 미래에 어떤 일이 일어날지 예측하는 새겉질(신피질, neocortex)이 덧씌워진 결과물이 우리 뇌인 것입니다. 이번 강의에서 저는 두 가지 차원에서 뇌의 일생을 탐구하려 합니다. 진화라는 기나긴 시간 동안 생명체에서 뇌가 어떻게 생겨나고 발달해 왔는지, 그리고 인간인 우리 한 개인에게서 뇌가 어떻게 발달하는지를 말입니다.

뇌란 무엇인가?

먼저 뇌의 모습을 간략히 살펴보겠습니다. 뇌라는 단어를 들으면 우리 머릿속에 떠오르는 것은 바로 수많은 주름입니다. 이 주름들은 뇌가 머리뼈(두개골, cranium)라는 한정된 공간 속에서 표면적을 최대한 늘리기 위해 진화한 결과로, 모두 펴서 평평하게 늘어놓으면 사람의 뇌는 신문지 1장(2,300제곱센티미터), 원숭이와 쥐는 각각 엽서와 우표 1장 정도의 넓이가 된다고 합니다. 주름진 뇌의 표면 중 튀어나온 부위를 뇌이랑(회, gyrus), 들어간 부위를 뇌고랑(구, sulcus)이라고 합니다. 표면을 잘라서 그 속을 보면 밝은 안쪽에 비해 바깥쪽 부위의 색이 약간 어둡다는 사

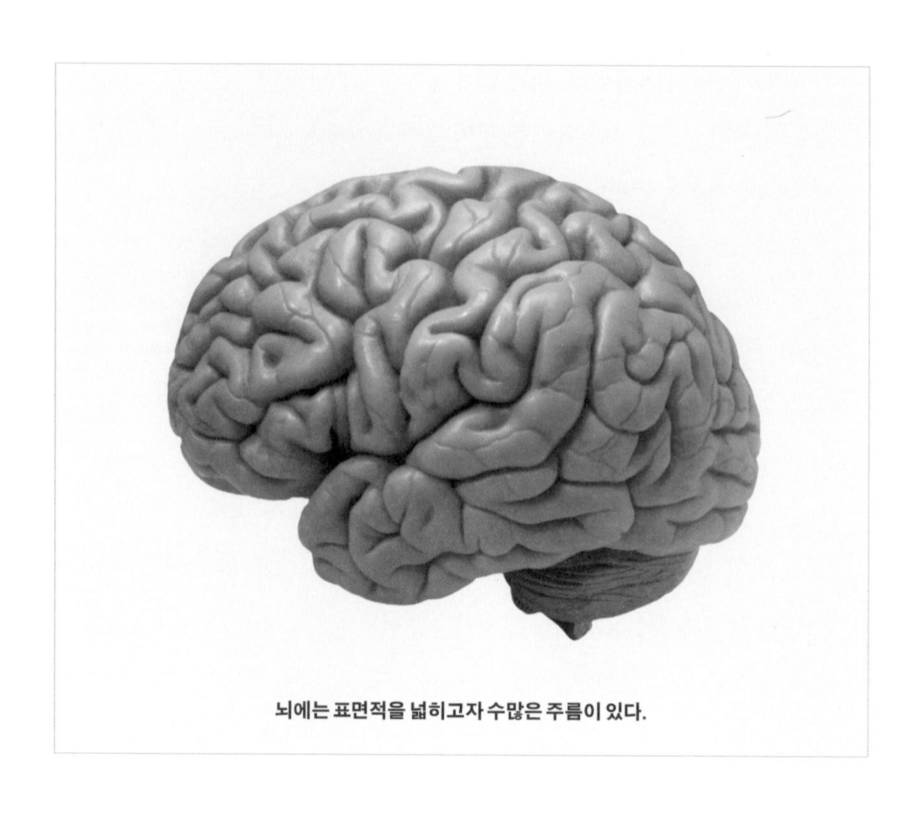

뇌에는 표면적을 넓히고자 수많은 주름이 있다.

실을 확인할 수 있습니다. 해부학에서는 이 부위를 어둡다는 뜻에서 회색질(회질, gray matter), 또 바깥쪽 껍질이라는 뜻에서 대뇌 겉질(대뇌 피질, cerebral cortex)이라고 부릅니다. 회색 세포들(gray cells)이란 말 자체가 영어에서는 뇌를 뜻하며, 애거사 크리스티(Agatha Christie)의 추리 소설에서 명탐정 에르퀼 푸아로가 자신의 '작은 회색 뇌세포'를 자랑하는 것에서 알 수 있듯이 지성을 뜻하는 단어이기도 합니다. 안쪽 밝은 부위는 백색질(백질, white matter)이라고 합니다. 그 내막을 들여다보면, 회색질은 주로 신경 세포의 중심부인 세포체(soma)가 존재하는 부위이고 백색질은 신경 세포의 축삭 돌기(축색 돌기, axon)가 존재하는 부위라는 차이가 있습니다. 축삭 돌기는 신경 세포가 만드는 전기 신호가 새어 나가지 않게 절연 효과가 있는 말이집(수초, myelin sheath)으로 싸여 있는데, 말이집은 희소 돌기 아교 세포(핍지교세포, oligodendrocyte)의 세포막(cell membrane)으로 구성되어 있고 세포막의 성분은 주로 지방질이기 때문에 하얗게 보입니다. 우리가 쇠고기나 돼지고기에서 하얀 비계를 볼 수 있듯이 말이죠. 회색질은 대뇌 겉질뿐 아니라 백색질 안쪽에도 존재하는데, 이 부위에도 신경 세포체가 많이 있기 때문입니다. 무의식적인 움직임을 통제하는 바닥핵(대뇌 기저핵, basal nucleus)이나 감각 신호가 한번은 거쳐 가야 하는 통로인 시상(thalamus) 등이 여기 해당합니다.

대뇌 겉질은 약 2에서 4밀리미터의 두께 속에 6개의 층, 그러니까 분자층, 겉과립층, 겉피라미드층, 속과립층, 속피라미드층, 다모양층이 겹쳐진 구조로 안에는 신경 세포가 빽빽하게 들어차 있습니다. 이탈리아의 신경 생리학자 카밀로 골지(Camillo Golgi)가 1873년 개발한 골지 염색법(golgi stain) 덕분에 이처럼 신경계의 미세 구조와 개개의 신경 세포를 우리 눈으로 볼 수가 있습니다. 신경 세포 하나를 들여다보면, 축삭 돌기 외에도 나뭇가지 모양으로 뻗어 나오는 가지 돌기(수상 돌기, dendrite)가 있습니다. 이 가지 돌기에서는 가지 돌기 가시(수상 돌기극, dendritic spine)가 올록볼록하게 튀어나와 있습니다. 각각의 가지 돌기 가시는 다른 신경 세포와 시냅스(연결, synapse)라고 하는 접합 구조를 형성하는데 신경 세포 하나가 보통 1,000개에서 1만 개 이상의 시냅스를 만듭니다. 뇌에만 다 합쳐서 10조에서 100조 개의 시냅스가 있다고 하니 신경 세포들이 서로서로 얼마나 복잡하고 긴밀하게 연결되어 있는지를 알 수 있습니다.

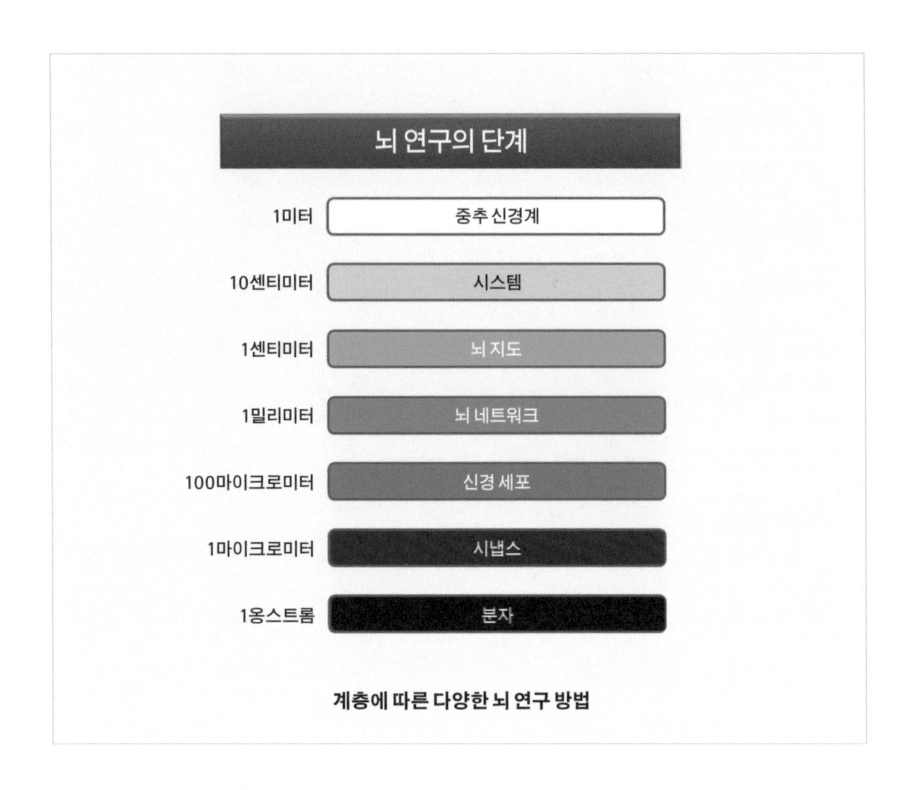

계층에 따른 다양한 뇌 연구 방법

뇌의 계층적 구조

이렇게 뇌는 단일 신경 세포에서 신경 세포들 간의 연결, 전체 신경계에 이르는 다양한 계층으로 이루어져 있으며, 계층에 따라 연구하는 방법도 매우 다양합니다. 분자나 세포 수준에서 연구하기도 하고 시냅스를 중심으로, 혹은 신경 세포들이 형성하는 네트워크와 전반적인 시스템을 연구하기도 합니다. 이렇게 다양한 접근이 이루어지면서 발생하는 문제점 중 하나가 서로 다른 계층에서의 연구 결과를 통합적으로 설명하는 일이 쉽지 않다는 것입니다. 예를 들면 퇴행성 뇌 질환의 일종인 알츠하이머병(Alzheimer's disease)과 파킨슨병은 임상적으로 전혀 다른 질환입니다. 알츠하이머병은 기억이 먼저 쇠퇴하고 파킨슨병은 주로 운동 기능이 떨어집니다. 그러나 세포 수준에서 보면 궁극적으로 신경 세포가 죽는 병으로 그 과정이 비슷합니다. 제가 관심을 갖고 연구하고 있는 것이 바로 한 계층에서의 기전이 그 위 또는 아래 수준에서 어떤 식으로 나타나고 영향을 주는지, 전체를 아울러 설명할 수 있는 체계를 확립하는 것입니다.

1미터에서 보기

이번에는 신경계의 구조를 거시적인 수준에서 살펴보도록 하겠습니다. 신경계는 크게 중추 신경계(central nervous system)와 말초 신경계(peripheral nervous system)로 나뉩니다. 중추 신경계는 다음 페이지 그림에서 보듯이 대뇌(cerebrum), 소뇌(cerebellum), 뇌줄기, 척수와 대뇌 안쪽에 있는 사이뇌(간뇌, diencephalon)로 구성됩니다. 뇌줄기는 다시 중간뇌(중뇌, mesencephalon), 다리뇌(교뇌, pons), 숨뇌(연수, medulla oblongata)로 구분할 수 있습니다. 말초 신경계는 중추 신경계에서 뻗어 나와 얼굴과 온몸에 나뭇가지 모양으로 분포하며 신호를 전달합니다. 얼굴에 분포하는 말초 신경은 주로 뇌줄기에서 유래하며 뇌 신경(cranial nerve)이라고 합니다. 몸통에 분포하는 척수 신경(spinal nerve)은 이름 그대로 척수에서 시작합니다. 뇌 신경과 척수 신경은 각각 12쌍과 31쌍이 존재합니다.

흔히 '신경' 하면 눈에 보이지 않는 기(氣)나 무언가가 흐르는 형이상학적인 존재로 생각하는 분들이 계십니다. 그러나 신경은 물리적으로 실

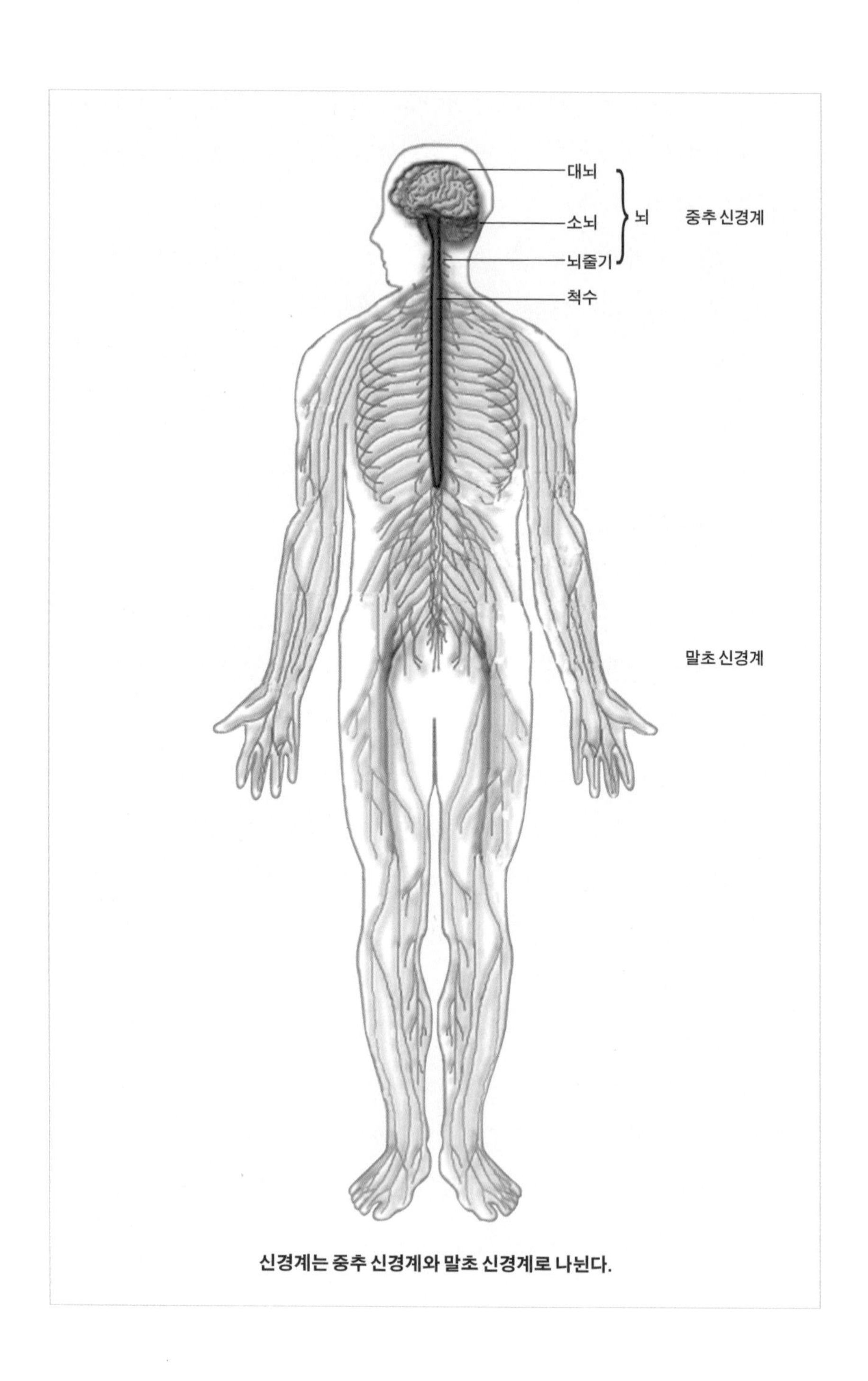

신경계는 중추 신경계와 말초 신경계로 나뉜다.

재하는 구조입니다. 제가 대학교에서 해부학 실습을 할 때 과제 중 하나가 중요한 신경을 찾아서 표식을 다는 것이었습니다. 예를 들어 '궁둥 신경(좌골 신경, sciatic nerve)을 찾아라.' 이런 식이었습니다. 한번은 해부용 시신(cadaver)이 지방 조직이 너무 많아서 신경을 찾기가 매우 어려웠습니다. 메스로 지방 조직 사이를 절개하며 찾다가 신경을 뚝 잘라 먹은 적이 있습니다. 조원들끼리 고민하다가 점심시간에 문방구에서 순간접착제를 사다가 붙여 간신히 위기를 모면했습니다. 이처럼 신경은 물질적(physical)으로 만질 수도 있고, 자를 수도 있으며 심지어는 한곳에서 다른 곳으로 이식 수술을 하기도 합니다. 얼굴 마비(facial palsy)를 앓는 환자들은 다리에 있는 신경을 잘라다 얼굴에 이식하기도 하고요. 신경은 물질적인 존재라는 사실을 꼭 마음에 담아 두셨으면 합니다.

100마이크로미터에서 보기

우리 뇌와 신경을 물질적으로 구성하는 가장 작은 단위는 신경 세포입니다. 뇌에는 신경 세포 외에 아교 세포(glial cell)라는 다른 세포도 존재하지만, 이 강의에서는 신경 세포에 국한하여 설명하겠습니다. 세포에 대해서는 학교에서 어느 정도 배우셨으리라 생각합니다. 세포 안에는 핵(nucleus)이 있고, 미토콘드리아(mitochondria)나 골지체(golgi body) 같은 세포 소기관들이 있습니다. 신경 세포를 구성하는 기관도 다른 세포와 같습니다. DNA 정보를 번역해 단백질을 만들어 내는 방식도 마찬가지입니다. 하지만 신경 세포에는 다른 세포와 몇 가지 다른 점이 있습니다.

우선 모양이 매우 다릅니다. 세포가 대부분 동그랗거나 납작한 모양인

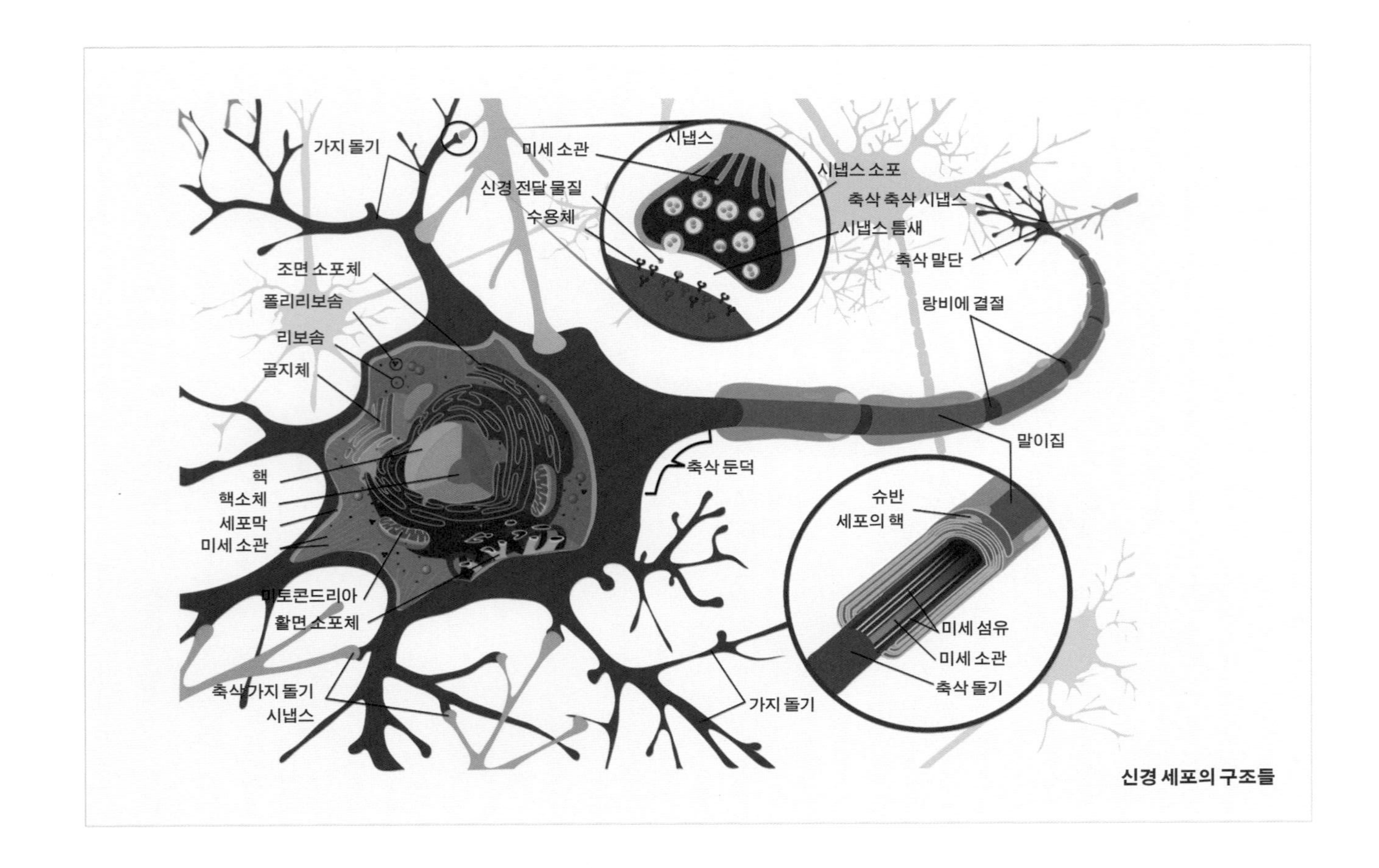

가지 돌기
미세 소관
시냅스
신경 전달 물질
수용체
시냅스 소포
축삭 축삭 시냅스
시냅스 틈새
축삭 말단
조면 소포체
폴리리보솜
리보솜
골지체
랑비에 결절
말이집
핵
핵소체
세포막
미세 소관
축삭 둔덕
슈반
세포의 핵
미토콘드리아
활면 소포체
미세 섬유
미세 소관
축삭 돌기
축삭가지 돌기
시냅스
가지 돌기

신경 세포의 구조들

데 비해, 신경 세포는 세포체의 모양은 비슷하지만 바깥쪽에 돌기들이 튀어나와 있습니다. 바로 앞에서 설명해 드렸던 짧은 가지 돌기와 기다란 꼬리 같은 축삭 돌기입니다. 가지 돌기는 다른 신경 세포에게서 신호를 받아들이고 축삭 돌기는 신호를 내보내는 역할을 합니다. 신경 세포를 전기 회로에 비유해서 생각해 보면, 가지 돌기는 다른 세포의 축삭 돌기로부터 시냅스를 통해 정보를 받는 입력(input)단이고 세포체는 수많은 시냅스로 들어오는 정보를 취합하고 계산하는 중앙 처리 장치입니다. 계산을 마친 결과를 다른 신경 세포에 전달하는 축삭 돌기는 출력(output)단입니다.

사람의 신경 세포체는 크기가 보통 50마이크로미터이며, 100마이크로미터보다 큰 녀석은 거의 없습니다. 여기서 1마이크로미터는 1,000분의 1밀리미터를 말합니다. 그렇다면 우리는 발가락을 움직이는 데 몇 개의 신경 세포를 거쳐야 할까요? 세포체의 크기로만 계산하면 머리부터 발가락 끝까지를 150센티미터로만 잡아도 몇 만 개 이상의 신경 세포가 필요할 것 같습니다. 그리고 이 많은 신경 세포를 거쳐 신호를 전달하려면 또 오랜 시간이 걸릴 것입니다. 그러나 실제로는 발가락을 움직여야지 하고 생각하는 순간 바로 발가락이 움직입니다. 이것이 가능한 이유는 놀랍게도 축삭 돌기가 1미터 이상 이어져, 머리에서 발가락을 움직이는 근육까지 단 2개의 신경 세포만으로 연결이 되어 있기 때문입니다. 대뇌의 운동 겉질(motor cortex)에서 허리 척수까지 가는 신경 세포 하나, 그리고 허리 척수에서 나와 말초 신경을 통해 발가락을 움직이는 근육으로 가는 신경, 이렇게 말입니다. 100마이크로미터 크기의 세포체가 1만 배 더 긴 축삭 돌기를 가지는 특이하고 기형적인 구조인 셈입니다.

이 외에도 신경 세포에는 다른 세포에게 없는 몇 가지 특이한 기능이 있습니다. 이 기능은 신경 세포 본연의 역할, 즉 정보를 계산하고, 만들어 내고, 전달하는 기능과 관련된 것입니다. 첫 번째로 신경 세포는 흥분할 수 있습니다. 활동 전위(action potential)라고 하는 전기 신호를 만들 수 있다는 뜻입니다. 정보 전달이 곧 신경 세포의 일인데 정보를 전달하려면 언어가 반드시 필요하겠지요? 신경 세포가 사용하는 언어는 기본적으로 전기 신호입니다. 다른 신경 세포가 보낸 신호를 받아들여 이를 계산하고 멀리 떨어진 부위에 보낼 때 신경 세포는 전기 신호인 활동 전위를 사용합니다.

활동 전위를 만들기 위해서 신경 세포는 특별한 분자 구조물인 이온 통로(ion channel)를 가지고 있습니다. 이온 통로는 세포를 둘러싼 지질막(lipid bilayer)에 박혀 있는 막 단백질(membrane protein)의 한 종류를 말합니다. 우리 몸의 3분의 2가량이 물로 이루어져 있다는 사실은 모두 아실 것입니다. 물에는 소듐(Na^+, sodium)이나 포타슘(K^+, potassium) 등 다양한 이온이 녹아 있는데, 지질막은 전하(charge)를 가진 이온을 통과시키지 않습니다. 오직 이온 통로를 통해서만 전하 물질은 세포 안팎을 이동할 수 있으며 이때 신경 세포는 전기 신호를 띠게 됩니다. 신경 세포의 세포막에는 다른 세포보다 이온 통로가 훨씬 많이 존재합니다. 즉 신경 세포는 DNA에서 이온 통로를 만드는 유전자를 활발하게 발현시키는 특징이 있고 이것이 신경 세포가 활동 전위나 다른 전기적인 활동을 할 수 있게 합니다.

신경 세포의 두 번째 특징은 기다란 축삭 돌기를 잘 유지하기 위해서 세포 뼈대(세포 골격, cytoskeleton)가 발달해 있다는 것입니다. 세포는 물이나 세포 소기관을 단순히 지질막으로 감싸고 있을 뿐인 풍선 같은 존재가 아닙니다. 그 안에 단백질로 이루어진 뼈대들이 모양을 유지하도록 발달해 있지요. 세포 뼈대를 이루는 구성 요소 중 하나인 미세 소관(microtubule)은 세포 안의 물질을 이동시키는 철도와 같은 역할을 합니다. 단백질을 만들 수 있는 모든 유전 정보는 세포체에 있기 때문에 1미터 이상 떨어진 축삭 말단(axon terminal)에서 필요한 단백질도 세포체에서 만들어야 하고, 이는 미세 소관이라는 철도를 따라서 축삭 돌기 끝까지 전달이 됩니다.

세 번째로 신경 세포는 세포체에서 축삭 말단까지, 그리고 하나의 신경 세포에서 다른 신경 세포로 신호를 전달하기 위해 몇 가지 특징적인 구조물을 가지고 있습니다. 먼저 세포체에서 말단으로의 신호 전달을 살펴보겠습니다. 이 과정은 일종의 전깃줄인 축삭 돌기를 통해 일어나는데 축삭 돌기의 절연율이 별로 높지 않은 탓에 누전이 일어나 중간에 신호가 사라지게 됩니다. 이것을 막으려고 신경 세포는 말이집이라고 하는 절연율이 높은 세포로 축삭 돌기를 둘둘 감습니다. 말이집 덕분에 신호를 먼 축삭 돌기 말단까지 안정적으로 보낼 수가 있습니다. 뇌의 백색질 부위를 하얗게 만드는 것이 이 말이집입니다.

그다음으로 한 신경 세포에서 다른 신경 세포로 신호를 보내기 위한 특별한 구조물인 시냅스가 있습니다. 시냅스는 축삭 돌기와 다른 신경 세포의 가지 돌기 사이에 존재하는 20에서 40나노미터(10억 분의 1미터)의 틈으로, 이 시냅스에서 전기 신호가 신경 전달 물질(neurotransmitter)이라고 하는 화학 신호로 바뀝니다. 축삭 말단까지 전해진 전기의 양에 비례하여 신경 전달 물질을 세포 바깥으로 분비하는 것입니다. 분비된 신경 전달 물질은 확산을 통해 다음 신경 세포 가지 돌기의 세포막에 도달하여 일종의 안테나인 수용체(receptor)를 자극합니다. 이러한 과정을 수행하도록 신경 전달 물질을 만들거나 분비하는 기관과 신경 전달 물질을 인식할 수 있는 수용체가 잘 발달된 것이 신경 세포가 다른 세포와 크게 구분되는 특징입니다.

이 부분들에 문제가 생길 때 우리 뇌는 뇌전증이나 알츠하이머병, 파킨슨병 같은 질환을 앓습니다. 예전에는 간질이라고 불렀던 뇌전증은 이온 통로의 이상으로 신경 세포가 흥분을 너무 많이 해서 발생하는 병입니다. 한편 축삭 돌기의 이상으로 세포체에서 말단까지 정보 전달이 잘 안 될 때는 말이집에 손상이 생기는 다발 경화증(multiple sclerosis), 미세소관이 손상되는 알츠하이머병이 나타날 수 있습니다. 파킨슨병은 신경 전달 물질인 도파민(dopamine)이, 우울 장애(depressive disorder)는 또 다른 신경 전달 물질인 세로토닌(serotonin)이 줄어든 탓에 발병하게 됩니다. 이러한 질환들을 치료하는 데에는 해당 신경 전달 물질의 양을 높여주는 약물들이 사용됩니다. 예를 들어 도파민은 뇌에서 합성되며 혈관을 통해서 뇌로 들어가지 못하기 때문에 그 전 단계에 해당하는 물질, 즉 전구체(precursor)를 약으로 투여합니다.

우리가 치과에서 잇몸에 맞는 주사약도 사실 이온 통로 중의 하나를 막아 신경 세포가 흥분하지 못하게 하는 것입니다. 아무리 아픈 자극이 와도 신경 세포가 흥분하지 않으면 뇌는 통증을 느끼지 못합니다. 복어 독인 테트로도톡신(tetrodotoxin)도 이와 같은 원리로 근육 세포가 수축을 못하게 만들기 때문에 우리는 호흡 마비로 사망에 이르게 됩니다. 최근 주름 제거에 많이 쓰이는 보톡스(Botox®)도 실제로는 보툴리눔 독소(botulinum toxin)라고 하는 보틀리누스균(*clostridium botulinum*)이 분비하는 독의 일종입니다. 이 독은 신경 말단에서 신경 전달 물질이 분비되는 과정을 차단합니다. 신호를 받지 못하는 근육 세포는 수축을 못해서 이완이 되므로 이 효과를 이용하여 얼굴 주름을 없애거나 사시를 교정하는 데 사용되고 있습니다.

뇌를 쉽게 이해하는 법

본격적으로 뇌를 탐험하기에 앞서 신경계에서 신경 세포까지 자주 만나게 될 개념들을 중심으로 간단하게 뇌를 살펴보았습니다. 변연계(둘레계통)나 신피질(새겉질) 같은 낯선 한자어들을 보는 순간 머리가 지끈지끈해 오는 분도 계셨을지 모르겠습니다. 많은 사람이 뇌를 더 쉽게 이해할 수 있도록 최근 해부학계에서는 한글 단어를 새로이 만들어 쓰고 있습니다. 그러나 아직은 기존 한자어도 많이 쓰고, 한글 이름과 한자어가 같이 나오는 책도 있기에 이 책에서는 용어가 처음 등장할 때에는 두 가지 표기를 함께 적도록 하겠습니다.

이렇게 단어만으로도 머리가 복잡한데, 우리 앞에는 뇌 자체의 복잡함이라는 또 하나의 거대한 벽이 놓여 있습니다. 인간이 아직 다 이해하지 못한, 우주에서 가장 복잡한 구조물이라는 이 뇌를 보다 쉽게 공부하기 위해서는 단순한 구조에서부터 시작하는 것이 좋습니다. 기나긴 생명의 진화 역사에서 우리 인간이 어느 날 갑자기 짠 하고 등장한 것은 아니라는 건 많은 과학자들이 받아들이고 있는 사실입니다. 과거 어느 시점에서는 우리 인간이 다른 동물들과 같은 조상을 공유했을 터이므로 쥐나 다른 동물들의 뇌에서 일어나는 현상, 그들의 보다 단순한 뇌 구조에서 시작하면 우리 뇌도 더 쉽게 이해할 수 있습니다. 두 번째 유용한 접근은 만들어지는 과정을 이해하는 것입니다. 벽돌로 쌓은 커다란 성이나 복잡한 자동차 엔진이라도 만드는 과정을 보면 이들이 어떻게 움직이는지 이해할 수 있는 것과 같은 이치입니다. 뇌가 만들어지는 발생 과정을 보면 뇌를 이해하는 데 많은 도움이 됩니다. 세 번째는 뇌 구조에 대한 이해가 중요합니다. 다른 장기, 예를 들면 간(liver)의 경우는 부위에 상관없이 하는 일이 똑같습니다. 그러나 뇌는 기능이 부위에 따라 다르므로 뇌의 구조를 아는 것이 중요합니다. 어떤 뇌 부위가 무슨 기능에 관여하는지 알려면, 뇌의 특정 영역이 망가졌을 때 일어나는 일을 보는 방법이 좋습니다. 컴퓨터를 열어 내부 전선을 하나씩 뽑으면서 무엇이 바뀌는지 보는 것처럼 말이지요. '이렇게 하니까 하드 디스크가 멈추는구나. 이걸 빼면 마우스가 안 되네.'와 같이 망가뜨려서 이해하면 더 이해를 잘할 수 있습니다. 그런데 멀쩡한 사람의 뇌를 고장 낼 수는 없으니, 뇌가 망가진 사람, 즉 환자를 대상으로 연구하는 것이 매우 중요합니다. 동물의 경우에는 특정 부위의 기능을 억제시키거나 반대로 활발히 자극해서 연구하기도 합니다. 다양한 상황에 놓인 피험자의 뇌를 fMRI(functional Magnetic Resolution Imaging, 기능성 자기 공명 영상)로 촬영하여 관찰하는 연구가 최근 들어서는 크게 각광을 받고 있습니다.

어떤 동물들이 모델로 사용되나?

사람을 실험 대상으로 할 수 없기 때문에, 또한 단순함의 이점을 취하기 위해 우리는 하등 동물의 뇌를 모델로 많이 사용합니다. 1963년 노벨 생리·의학상을 받은 앨런 호지킨(Alan Hodgkin)과 앤드루 헉슬리(Andrew Huxley)는 유럽창꼴뚜기(*Loligo forbesi*)의 축삭 돌기를, 2000년 노벨 생리·의학상 수상자인 에릭 캔들(Eric Kandel)은 달팽이의 일종인 군소(*Aplysia californica*)를 사용했습니다. 최근 많이 사용하는 모델로는 예쁜꼬마선충(*Caenorhabditis elegans*), 제브라피시(*Danio rerio*), 초파리(*Drosophila melanogaster*) 등이 있습니다. 예쁜꼬마선충의 경우 유전체(genome)를 구성하는 모든 유전자 정보와 300여 개의 신경 세포가 확인되어 있고, 제브라피시는 몸이 투명해서 실험하기가 용이한 데다가 성체가 되기까지 시간이 짧아 발생을 보는 데 유리하다는 장점이 있습니다. 초파리는 사람의 유전자와 95퍼센트 이상 동일하고 유전자를 마음대로 넣거나 뺄 수가 있습니다. 참새목(passeriformes)의 한 갈래인 명금류(oscines, songbirds)도 많이 사용합니다. 새들의 노래를 언어의 일차적인 형태라고 생각하고 이에 대한 기전을 연구하고 있습니다. 그러나 보통은 유전자와 장기가 인간과 유사한 실험용 생쥐(mouse)나 흰쥐(rat) 같은 설치류(rodent)를 사용합니다. 특히 생쥐는 유전자 조작이 가능해서 널리 쓰이고 있습니다. 진화적으로 사람과 가장 가까운 영장류(primates)도 사용하는데, 당연히 비용이 많이 듭니다. 우리나라에도 영장류를 연구하는 센터가 3곳 정도 있습니다.

신경계의 발생

뇌의 발달 단계를 들여다보는 데에서 우리는 뇌에 관한 많은 정보를 얻을 수 있습니다. 척추동물의 경우 발생 초기에는 생김새가 다들 비슷비슷

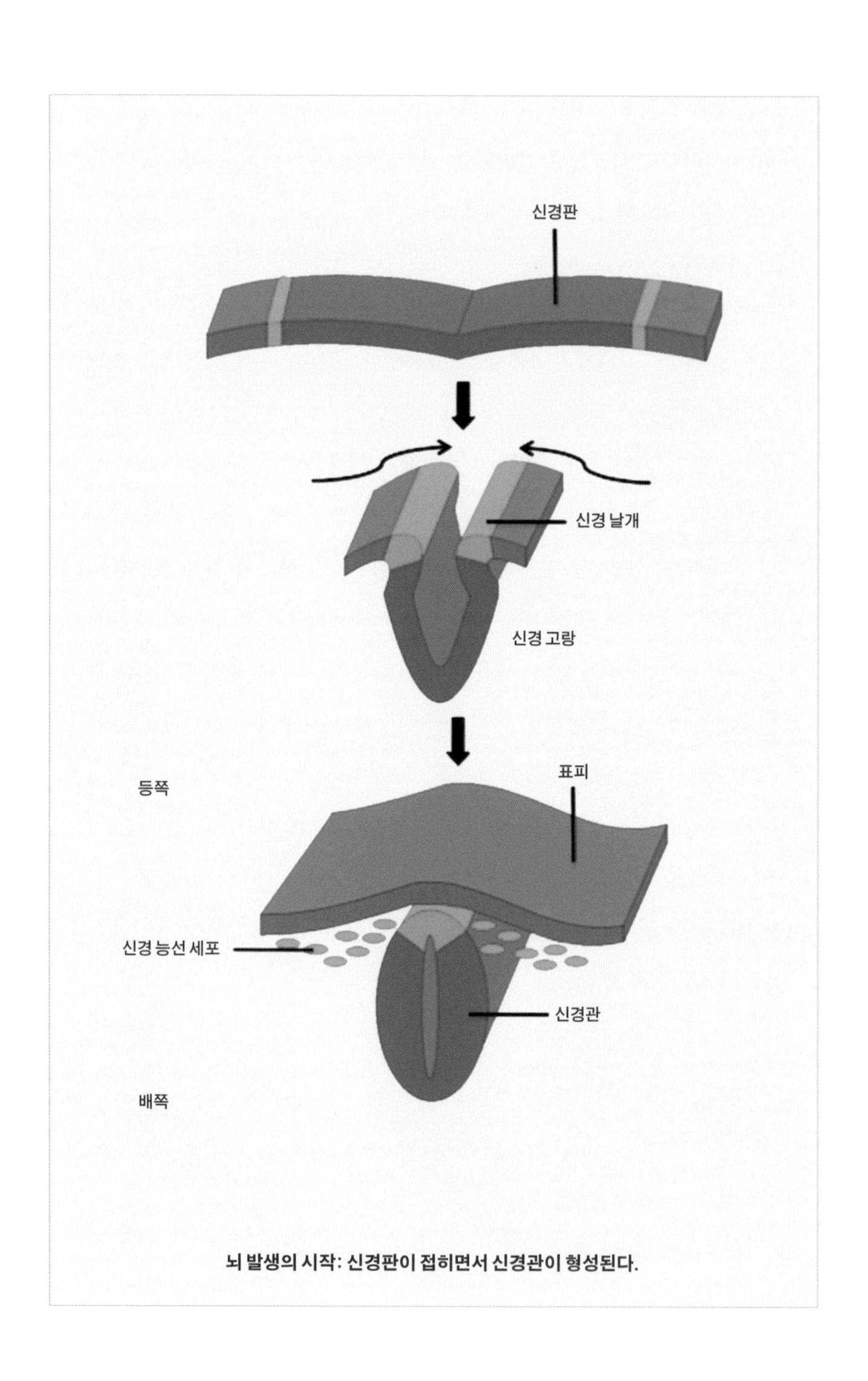

뇌 발생의 시작: 신경판이 접히면서 신경관이 형성된다.

합니다. 언뜻 보아서는 물고기인지 닭인지 사람인지 잘 구분이 안 될 정도로 말입니다. 뇌 발생 초기는 진화 역사를 거치며 동물에서 신경계와 뇌라는 기관이 나타나게 된 단계들을 보여 줍니다. 그 이후로는 각 종으로의 진화 과정을 보여 줍니다. 그러니까 신경계와 뇌가 발달하는 과정을 살펴봄으로써 뇌의 구조와 기능에 대해 알 수 있을 뿐만 아니라 뇌의 진화에 대해서도 단서를 얻을 수 있습니다.

신경계의 발달은 크게 세 단계로 나뉩니다. 정자와 난자가 만나 태어난 수정란은 2주에서 3주 후에 외배엽(ectoderm), 중배엽(mesoderm), 내배엽(endoderm) 세 층으로 분리되는데, 주로 신경 조직과 피부를 만들어 내는 외배엽에 파이프 같은 신경관(neural tube)이 만들어지는 것이 신경계 발달의 첫 번째 단계입니다. 신경관이 발달하면서 파이프가 점점 울룩불룩해지면 이것을 뇌포(brain vesicle)라고 합니다. 마지막 단계에서는 뇌포의 껍질, 즉 파이프의 벽이 두꺼워지면서 뇌실질(brain parenchyma)이 형성됩니다. 이 3개의 큰 단계 아래 각각 작은 단계들이 있습니다.

신경관은 수정 후 3주에서 4주, 임산부가 자신의 임신 여부를 아직 모를 때 형성됩니다. 외배엽에 띠 모양의 신경판(neural plate)이 생겨나 안쪽으로 접히다가 접힌 부위끼리 붙으면서 신경관이 됩니다. 이 길쭉한 파이프는 발생이 진행되면서 계속 옆으로 울룩불룩 부풀어 오릅니다. 1차 뇌포 형성기인 발생 3주쯤에 뇌가 될 부위는 세 부분으로 나뉘는데, 앞에서부터 앞뇌(전뇌, prosencephalon), 중간뇌(중뇌, mesencephalon), 마름뇌(능뇌, rhombencephalon)로 구성됩니다. 마지막에 남은 부위는 척수가 됩니다. 2주가 더 지나면 더 복잡해져서 앞뇌가 나뉘어 제일 앞쪽이 끝뇌(종뇌, telencephalon), 그다음 중간이 사이뇌(간뇌, diencephalon)가 되고 조그마한 돌기가 나와서 나중에 눈이 됩니다. 중간뇌는 그대로 중간뇌가 되고,

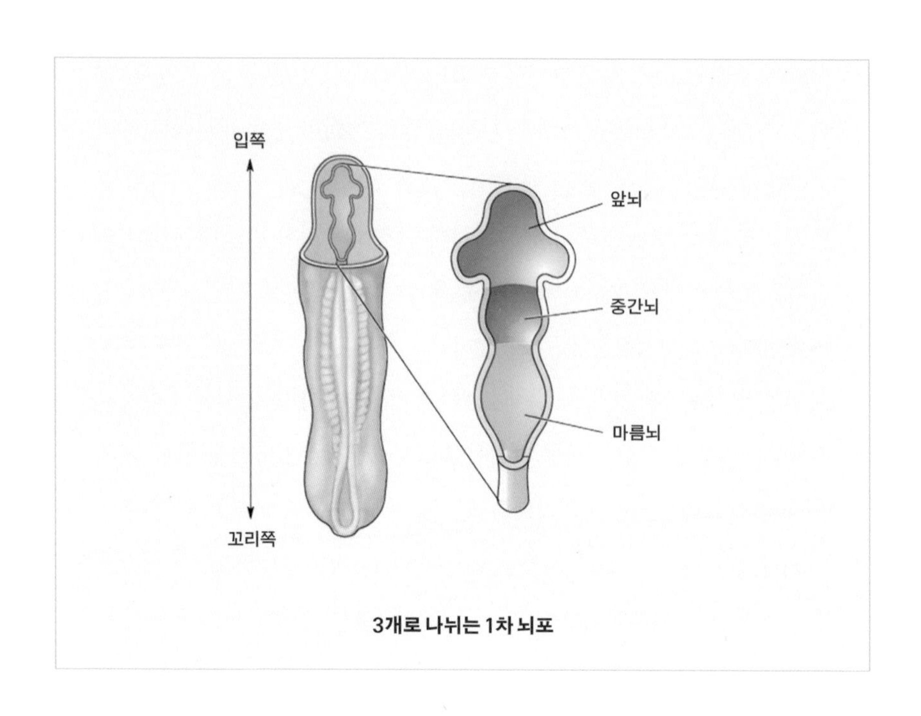

3개로 나뉘는 1차 뇌포

마름뇌는 뒤뇌(후뇌, metencephalon)와 수뇌(myelencephalon)가 됩니다.

이제 뇌포의 껍질, 즉 파이프의 벽이 두꺼워지면서 우리가 알고 있는 뇌를 구성합니다. 파이프 안의 빈 공간은 뇌척수액(cerebrospinal fluid)으로 채워진 뇌실(cerebral ventricle)이 됩니다. 뇌실은 크게 가쪽 뇌실(측뇌실, lateral ventricle), 셋째 뇌실(제3 뇌실, third ventricle), 넷째 뇌실(제4 뇌실, fourth ventricle)로 나뉘는데, 끝뇌가 둘러싸는 공간은 가쪽 뇌실이 되고 사이뇌가 둘러싼 공간이 셋째 뇌실, 뒤뇌는 넷째 뇌실이 됩니다. 중간뇌가 둘러싼 공간은 셋째 뇌실과 넷째 뇌실을 이어 주는 통로인 중간뇌 수도관(중뇌 수도, mesencephalic aqueduct)이 됩니다.

기억과 감정을 관장하는 곳으로 최근 많은 관심을 받고 있는 둘레 계통(변연계)에 대해 잠깐 설명 드리자면, 변연(邊緣)은 가장자리라는 뜻

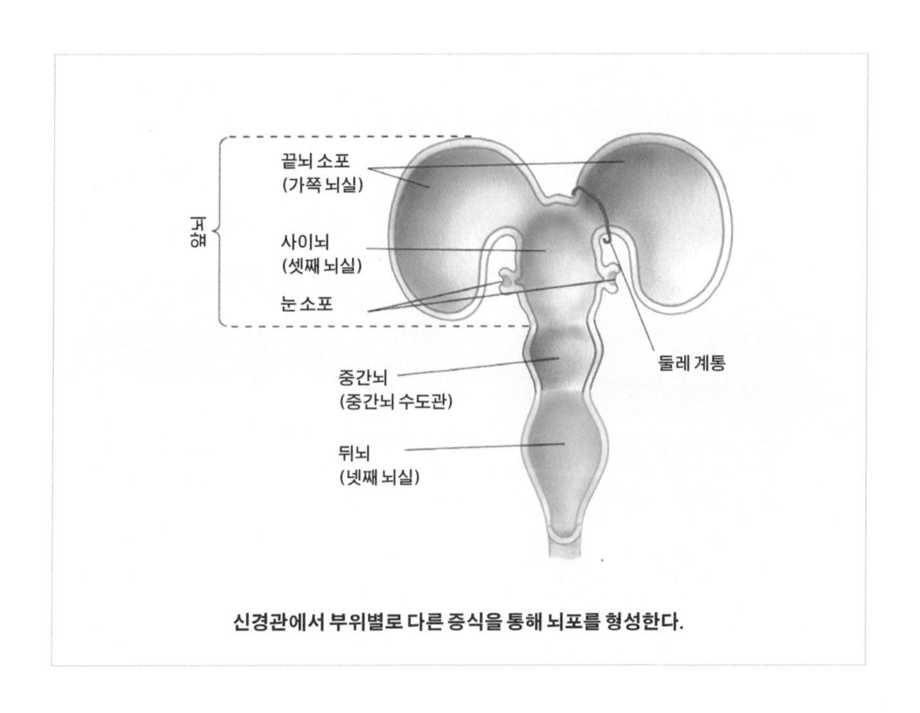

신경관에서 부위별로 다른 증식을 통해 뇌포를 형성한다.

입니다. 끝뇌의 가장자리, 즉 끝뇌와 사이뇌 사이에 존재하면서 끝뇌를 둘러싸는 구조를 말합니다. 여기에는 띠이랑(대상회, cingulate gyrus)이나 해마(hippocampus) 등의 부위가 포함되어 있습니다. 한쪽 뇌 전체에서 발작이 일어나는 뇌전증을 심하게 앓는 사람에게 간혹 한쪽 뇌를 떼어 내는 수술을 하는 경우가 있습니다. 이 수술을 반구 절제술(hemispherectomy)이라고 하는데 수술할 때 둘레 계통 구조물을 따라서 절제하다 보면 한쪽 반구가 뚝 떨어집니다. 아주 어렸을 때 수술하면 후유증이 그렇게 심하게 남지는 않습니다.

수정 후 5주가 지난 이 시점에서 뇌포의 수는 3개에서 5개로 늘어납니다. 이후에 끝뇌는 대뇌 겉질, 백색질, 바닥핵이 되고, 사이뇌는 시상의 구조들이 되고, 중간뇌는 계속 중간뇌, 뒤뇌와 수뇌는 소뇌(cerebellum)와 다리뇌, 숨뇌 등이 됩니다. 이 구조물들은 커지는 속도나 양이 다르고 접히면서 구불구불해집니다. 뇌의 구조가 매우 복잡한 이유는 이 때문입니다. 모두 똑같이 커지면 풍선처럼 구조가 단순할 텐데 좁은 두개골 안에서 각 부위가 제각기 팽창하며 주름지고, 발생 중에는 멀리 떨어져 있던 구조물들이 나중에는 같은 평면에 존재하게 되기 때문에 MRI로 살펴봐도 이해하기가 어렵습니다. 지금까지 설명드린 내용들을 간단하게 정리하면 아래 표와 같습니다.

다음으로 파이프의 얇은 벽이 뇌실질을 형성하는 과정을 들여다보면 뇌실에 접해 있는 얇은 벽에서는 계속해서 신경 아세포(neuroblast)가 만

1차 소포	2차 소포	파생물
앞뇌	끝뇌	대뇌 겉질
		백색질
		바닥핵
	사이뇌	시상
		시상하부
		시상밑부
		시상상부
중간뇌	중간뇌	중간뇌
마름뇌	뒤뇌	소뇌
		다리뇌
	수뇌	숨뇌

발생에 따른 뇌포의 분화와 최종 형성되는 뇌 구조

들어집니다. 이 신경 아세포는 그 자리에 그대로 있는 것이 아니라 바깥쪽으로 이주한 다음 다양한 특성의 신경 세포로 분화하는 과정을 겪습니다. 방사 아교 세포(radial glial cell)가 뇌실 쪽 벽에서 바깥쪽 벽으로 길게 다리를 놓으면 내측에서 증식된 신경 아세포는 이 길을 따라 바깥쪽으로 이주합니다. 그런데 재미있는 건 이주를 할 때 먼저 이주한 세포가 자리 잡고 다음에 오는 세포가 그 아래에 쌓일 것 같은데 오히려 거꾸로 됩니다. 즉, 두 번째 온 세포가 새치기해서 먼저 온 세포 위로 올라가고 그다음에 온 세포가 그 위로 올라가는 식인 것입니다. 앞에서 대뇌 겉질이 6개의 층으로 구성되어 있다고 말씀드렸는데 가장 바깥층이 제일 젊은 세포이고, 가장 깊은 층의 신경 세포가 제일 늙은 세포입니다.

이주하기 전에 신경 아세포는 두 가지 방식으로 분열합니다. 분열한다는 것은 결국 하나의 세포가 둘로 나뉘는 과정을 말합니다. 어떤 세포는 가로로 나뉘고, 어떤 것은 세로로 나뉘면서 분열합니다. 세로로 나뉘는 세포는 계속 옆으로 분열할 수 있지만, 가로로 나뉘는 세포는 위쪽의 세포들이 바깥쪽으로 이주합니다. 그래서 세로로 나뉘는 세포와 가로로 나뉠 때 아래쪽에 있었던 세포들은 분열하는 능력을 잃지 않게 됩니다. 이런 세포를 신경 줄기세포(neural stem cell)라고 합니다. 일반적으로 신경 세포는 재생이 안 되는 것으로 알려져 있지만, 최근 연구에서 재생되는 부위가 있다는 것이 알려졌습니다. 발생 시 신경 세포가 증식하던 뇌실 주변 부위에 성체 줄기세포의 흔적이 아직도 남아 있습니다.

이제 신경 아세포들은 분열과 이주를 거쳐 대뇌 겉질에 도달했습니다. 이 중 일부는 최종적으로 신경 세포로 분화하고, 또 일부는 신경 세포를 감싸는 신경 아교 세포(neuroglia cell)로 분화해 지방과 단백질로 신경 세포의 축삭 돌기를 둘러쌉니다.

뇌의 구조

이제 이렇게 형성된 뇌의 최종 구조를 보도록 하겠습니다.

앞서 말씀드렸던 발생 과정을 생각하면 이해하기가 더 쉬운데, 먼저 우리 뇌에서 가장 안쪽에 있는 뇌줄기부터 살펴보겠습니다. 뇌줄기는 숨뇌, 다리뇌, 중간뇌로 이루어집니다. 여기서 다리뇌는 뇌와 소뇌를 연결하는 다리라고 생각하면 됩니다. 뇌줄기 위에 사이뇌가 있습니다. 사이뇌는 크게 우리 몸의 감각 신호가 모이는 시상과 신진대사와 식욕을 조절하는 시상하부(hypothalamus), 2개로 나뉩니다. 시상을 둘러싸고 있는 길쭉한 막대기 같은 구조물은 뇌에서 기억을 담당하는 기관인 해마입니다. 해마와 해마 앞쪽에 위치한 편도체(amygdala)는 시상앞핵(시상전핵, nuclei anteriores thalami), 둘레엽(변연엽, limbic lobe) 등과 함께 둘레 계통을 이룹니다. 편도체는 뇌에서 공포와 분노의 감정을 담당하며, 아몬드(almond, 扁桃)와 모양이 닮아 편도체라는 이름이 붙었습니다. 해마의 바깥에는 가쪽 뇌실과 (끝뇌가 발달한) 대뇌가 있습니다. 대뇌는 안쪽의 백색질과 이를 덮는 회색의 대뇌 겉질로 이루어지며, 대뇌의 좌우 반구는 뇌들보(뇌량, corpus callosum)를 통해 정보를 교환합니다.

대뇌 겉질 지도

대뇌 겉질에 대해서 좀 더 살펴보겠습니다. 대뇌 겉질 표면은 주름이져 있는데 주름에서 튀어나온 부위를 뇌이랑이라고 하고 들어간 부위를 뇌고랑이라고 합니다. 밭이랑, 밭고랑을 떠올리시면 이해가 빠르실 겁니

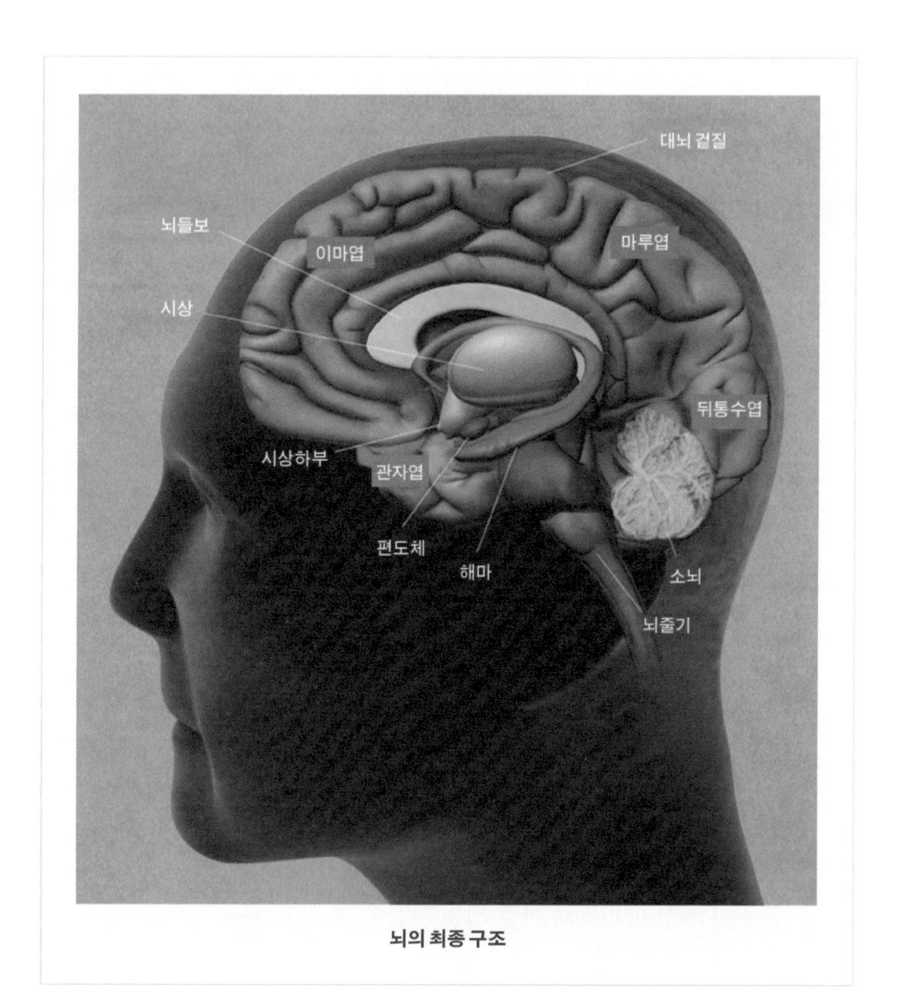

뇌의 최종 구조

다. 뇌이랑과 뇌고랑에도 규칙이 있습니다. 발생 단계에서 기능적으로 관련이 있는 신경 세포들끼리 연결이 일어납니다. 관련성이 높을수록 많이, 그리고 효율적인 정보 전달을 위해 짧게 연결됩니다. 이 같은 이유로 이랑의 양쪽 벽에 자리한 신경 세포들끼리 잡아당기게 되고 그 결과 이랑이 형성됩니다. 고랑 부위는 기능적인 경계(boundary)가 되는 것이고요. 실제로 신경외과에서 뇌의 특정 영역을 제거하는 수술을 할 때에는 고랑을 기준으로 삼곤 합니다.

몇 가지 중요한 뇌고랑과 뇌이랑은 알아 두면 뇌를 이해하는 데 큰 도움이 됩니다. 우선 뇌를 위에서 내려다보면 좌반구와 우반구를 가르는 커다란 주름이 있습니다. 이를 반구간 틈새(반구간열, interhemispheric fissure)라고 합니다. 뇌를 옆면에서 보면 수평하게 진행하는 깊게 파인 고랑이 있는데, 가쪽 고랑(외측구, lateral sulcus)이라고 합니다. 예전에는 실비우스 고랑(Sylvian sulcus) 또는 실비우스 틈새(Sylvian fissure)라고 표기하기도 했습니다. 뇌의 중간 부위쯤에도 깊은 고랑이 있는데 이를 중심 고랑(중심구, central sulcus)이라고 합니다. 중심 고랑을 처음으로 기술한 이탈리아의 해부학자 루이지 롤란도(Luige Rolando)의 이름을 붙여 롤란도 고랑(Rolandic sulcus)이라고도 합니다. 이 중심 고랑 앞부분이 이마엽(전두엽, frontal lobe)이 됩니다. 뇌의 뒷쪽으로 시선을 돌리면 마루 뒤통수 고랑(두정 후두구, parieto-occipital sulcus)과 또 하나 뒤통수엽 앞쪽에 움푹 들어간 부위가 있는데 이를 뒤통수앞 패임(preoccipital notch)이라고 합니다.

뒤통수앞 패임과 마루 뒤통수 고랑을 연결한 가상의 선을 그으면 그 뒷부분이 뒤통수엽이고, 가쪽 고랑 끝과 가상의 선 중간점을 연결하는 선을 그으면 그 아랫부분이 관자엽(측두엽, temporal lobe), 윗부분이 마루엽이 됩니다. 그래서 대뇌에는 이마엽, 마루엽, 관자엽, 뒤통수엽 4개의 엽이 존재합니다.

관자와 마루가 뭔지 모르는 분들도 계실 듯하여 잠깐 말씀을 드리면, 옛날에 남자들이 상투를 틀 때 상투를 당줄로 동여매고 이 당줄을 머리를 한 바퀴 두르는 망건과 연결해 머리카락이 흘러내리지 않도록 고정했습니다. 당줄을 망건에 꿰어 거는 작은 고리가 관자입니다. 관자는 우리 눈과 귀 사이에 놓이는데, '관자놀이'가 맥박이 칠 때마다 '관자'가 '노는'(움직이는) 부위라는 뜻입니다. 마루는 '꼭대기'를 가리키는 순우리말입니다. 산마루하면 산꼭대기잖아요. 그래서 뇌의 꼭대기 부분을 마루엽이라고 합니다.

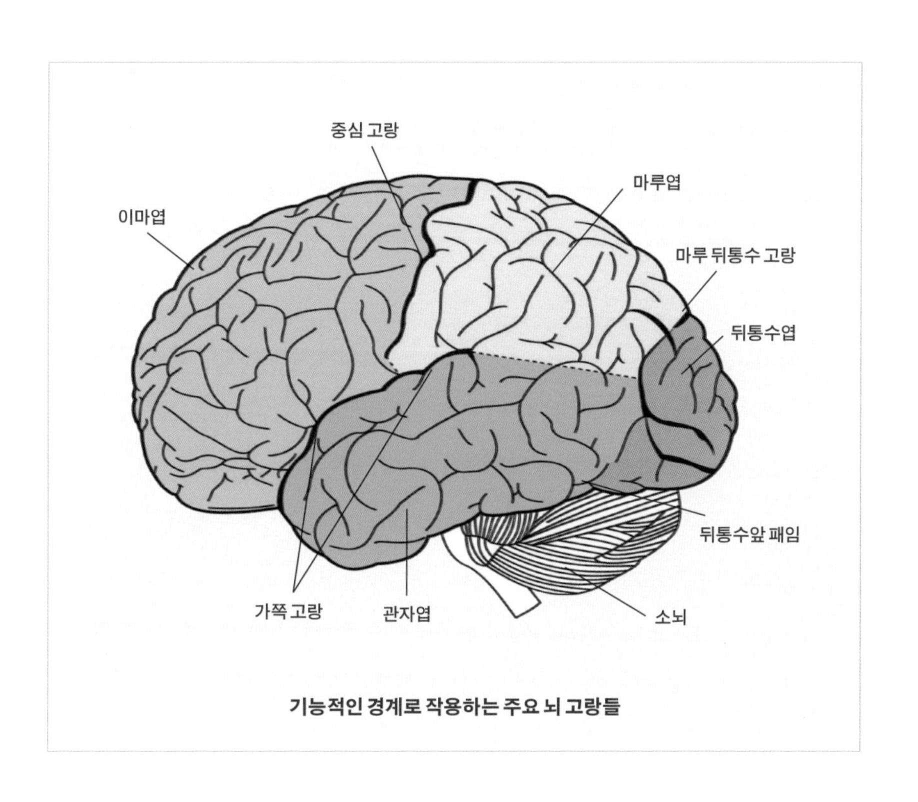

기능적인 경계로 작용하는 주요 뇌 고랑들

브로드만의 영역 분류

오스트리아의 해부학자 코르비니안 브로드만(Korbinian Brodmann)은 뇌 조직을 현미경으로 관찰하던 중 부위별로 뇌의 구조가 조금씩 다르다는 것을 발견했습니다. 대뇌 겉질은 6개의 층으로 구분되는데 어떤 영역은 III층(겉피라미드층)과 V층(속피라미드층)이 발달했고, 어떤 부위는 IV층(속과립층)이 발달해 있었습니다. 그는 이 차이를 기준으로 대뇌 겉질에 52개의 번호를 매겼습니다. 예를 들면 17번 영역에는 다른 부위에서 잘 안 보이는 하나의 층이 매우 발달해 있는데, 갑자기 이 층이 사라진다면 거기서부터는 18번 영역이 되는 식입니다.

브로드만의 영역 분류는 기능하고도 잘 맞아떨어진다는 사실이 확인되면서 널리 쓰이게 되었습니다. IV층은 주로 시상에서 신호의 입력을 받는 층입니다. 그래서 IV층이 발달한 곳은 감각에 관여하는 부위라는 것을 알 수 있습니다. III층과 V층에는 피라미드 세포(추체 세포, pyramidal cell)가 있어서 주로 정보를 다른 부위로 내보내는 일을 합니다. 그래서 III층과 V층이 발달한 브로드만 영역에서는 몸을 움직이는 운동 신호가 만들어져 전달됩니다.

앞서 말씀드린 브로드만 17번 영역은 망막에서 얻어진 정보가 시상을 거친 다음 처음으로 처리되는 1차 시각 영역(primary visual area, V1)입니다. 그래서 IV층이 잘 발달해 있습니다. 브로드만 분류에서는 크게 1, 2, 3번이 1차 감각 영역(primary sensory area, S1), 4번은 1차 운동 영역(primary motor area, M1), 41, 42번은 1차 청각 영역(primary auditory area, A1)으로 분류되는데 각자 어떤 층이 더 발달했는지, 즉 어떤 신경 세포가 어떻게 배치되었는지에 따른 것이라고 보시면 됩니다.

뇌 기능의 작동 원리

이제부터는 대뇌 겉질의 인지 기능을 포함하여 뇌 기능들이 작동하는 데 따르는 원리들을 살펴보겠습니다. 첫 번째 원리는 모듈성(modularity)입니다. 뇌가 부위별로 맡고 있는 서로 다른 기능의 단위를 모듈(module)이라고 부릅니다. 즉 뇌가 감각을 담당하는 부위, 운동을 담당하는 부위, 언어를 담당하는 부위, 기억을 담당하는 부위 등으로 구분된다는 생각입니다. 두 번째는 연결성(connectivity)입니다. 모듈들이 따로 떨어져서 개별적으로 작동하는 것이 아니라 서로 연결되어 일종의 네트워크를 형성한다는 것입니다. 세 번째는 계층성(hierarchy)입니다. 모듈은 서로 동등한 관계가 아니며 그 사이에는 일종의 계층이 있습니다. 마치 회사에서 말단 직원에서 과장, 차장을 거쳐 최고 경영자에게 정보가 단계를 거치며 보고되는 것처럼, 뇌에 가해지는 자극은 하위 단계에서 상위 단계로, 거꾸로 뇌가 보내는 전기 신호는 상위에서 하위 단계로 차례로 전달됩니다.

네 번째는 뇌 기능의 진화(evolution)로, 삼위일체 뇌(triune brain) 모형과 함께 발생과 관련하여 뇌를 이해하는 데 도움이 됩니다. 다섯 번째는 통합성(integrity)으로 뇌가 입력 신호를 받아서 통합 계산(integration)한 다음에 적절한 출력을 만든다는 원리입니다. 이 과정은 개개의 신경 세포에서도 일어나는데, 가지 돌기에서 받은 입력을 세포체에서 통합 계산해 축삭 돌기에서 출력으로 내보냅니다. 시스템 수준으로 올라가면 감각계로 정보가 들어오고 중추 신경에서 통합 계산한 후 적절한 출력을 운동계를 통해 만들어 냅니다. 뇌의 구조에서 입력을 받는 부위는 뇌의 뒷부분이고, 출력은 앞부분입니다. 그래서 시각, 청각, 촉각, 중추가 모두 중심 고랑 뒤쪽에 있습니다. 척수에서도 마찬가지로 앞부분은 운동 신호가 나가고, 뒷부분은 감각이 들어오는 부위입니다. 즉 신경계를 앞뒤로 나누면 앞쪽은 출력, 뒤쪽은 입력을 맡습니다. 마지막 여섯 번째 지형성(topography)은 우리 몸의 모든 부위마다 이를 표상하는 뇌의 영역이 있다는 것입니다.

맡은 역할이 각자 다르다

모듈성 개념은 뇌가 부위별로 하는 역할이 다르다는 것을 의미합니다. 이러한 사실을 지금은 사람들이 당연하게 받아들이지만, 처음에는 그렇지 않았습니다. 예전에는 뇌가 부위 간의 차이가 없는 동등한 구조라는 생각이 널리 퍼져 있었습니다.

예를 들어 뇌의 한 부위를 망가뜨린 쥐로 미로 찾기 실험을 했더니 어느 곳을 망가뜨려도 똑같이 못하더라는 겁니다. 그래서 뇌의 능력은 부위와 상관없이 뇌가 얼마만큼 온전하게 남아 있느냐에 따라서 결정되며 뇌는 일정하고 균일한 구조물로 구성되어 있다고 생각했습니다. 그러나 이 연구 결과는 조그만 쥐의 뇌 조직을 너무 많이 떼어 내서 나온 것으로, 나중에는 뇌가 부위별로 기능이 다르다는 사실이 알려지게 됩니다.

18세기에 프란츠 요제프 갈(Franz Joseph Gall)과 요한 가스파르 슈푸르츠하임(Johann Gaspar Spurzheim) 등이 이를 기초로 뇌는 부위별로 하는 역할이 다르다는 주장을 다시 들고 나왔습니다. 거기까지는 좋았는데 이들은 그만 선을 넘어 버리고 말았습니다. 뇌의 한 부위가 많이 사용되면 마치 근육처럼 두꺼워지고 자라서 결국 머리뼈까지 밀어낸다고 생각한 겁니다. 그래서 머리뼈 모양을 분석하면 이 사람이 기억력이 좋은지,

판단력이 좋은지를 알 수 있다고 주장했습니다. 이 유사 과학을 골상학(phrenology)이라고 합니다. 당시에 이 골상학이 크게 유행을 해서 이름을 딴 학술지가 나오고 타블로이드 신문에 자신과 배우자의 골상 궁합을 보는 연재란이 생길 정도였습니다.

모듈성은 골상학처럼 뇌 기능의 사용이 그 모양까지 결정한다기보다는 뇌가 어떤 부분은 운동, 어떤 부분은 몸감각(somatosensory), 어떤 부분은 시각, 또 청각, 후각 이런 식으로 역할을 맡는 부위들로 서로 구분된다는 개념입니다. 그래서 환자를 진찰할 때 환자의 저하된 기능을 확인하면 거꾸로 뇌의 어느 부위가 망가졌을지를 예측할 수 있다고 보는 것이지요.

연결이 기능을 결정한다

"겉질 영역 간의 모양이 다른 것은 우연의 결과이다. 겉질 영역들의 기능적 차이는 모양이 달라서가 아니라 그것들이 투영 체계와 구심적(求心的)으로, 대상 구조와 원심적(遠心的)으로 연결되는 방법이 서로 다르기 때문에 생긴다."

크로이츠펠트야콥병(creutzfeldt-jakob disease)을 처음 발견한 독일 신경학자 한스 크로이츠펠트(Hans Creutzfeldt)의 유명한 말입니다. 그는 브로드만 분류에서 영역마다 대뇌 겉질의 기능이 다른 이유를 설명하기 위해 이 말을 했습니다. 뇌의 기능적 차이, 즉 역할은 다른 부위와의 연결 때문에 생겨난다는 것이지요. 왜 뒤통수엽에서 시각 정보를 처리하느냐? 단지 눈에서 온 신경 섬유가 거기까지 와서 연결됐기 때문이라는 것입니다.

감각 처리의 중심에는 시상이 있습니다. 시상은 모든 감각 정보가 거쳐 가는 중요한 구조로, 뇌의 진정한 주역은 시상이며 시상이 처리해야 하는 정보가 너무 많다 보니 이를 대신할 겉질을 만들었다고 생각하는 연구자가 있을 정도입니다. 몸의 감각 기관에서 우리 인간의 사고를 담당하는 부위인 대뇌 겉질로 전해지는 정보는 중간에 항상 시상을 거치게 됩니다. 예를 들면 시각 정보는 시상의 바깥 무릎핵(외측 슬상핵, lateral geniculate nucleus)으로 들어온 다음 1차 시각 영역으로 가고, 청각 정보는 시상의 안쪽 무릎핵(내측 슬상핵, medial geniculate nucleus)으로 들어온 다음 1차 청각 영역으로 가서 처리가 됩니다. 즉, 대뇌 겉질이 시상의 어느 핵과 연결되어 있는지에 따라서 대뇌 겉질의 기능이 결정되고, 이에 따라 기능적인 차이에서 구조적인 차이까지 생기게 됩니다.

물론 신경 연결이 굳어진 이후에는 불가능하지만, 발생 초기에 눈에서 들어오는 신경을 뇌의 다른 부위로 연결되도록 하면 시각 정보를 받게 된 다른 영역에서 정보를 처리한다는 사실이 밝혀지기도 했습니다.

정보는 계층을 거친다

세 번째 원리는 계층성입니다. 한마디로 정보가 계층을 거쳐서 처리된다는 것입니다. 예를 들면 시각 정보는 망막에서 시상의 바깥 무릎핵으로 왔다가 브로드만 17번, 1차 시각 영역(V1)으로 갑니다. 그 후 V1에서 2차 시각 영역(V2), 3, 5, 7차 영역으로 전달되고 최종적으로는 이마엽, 해마

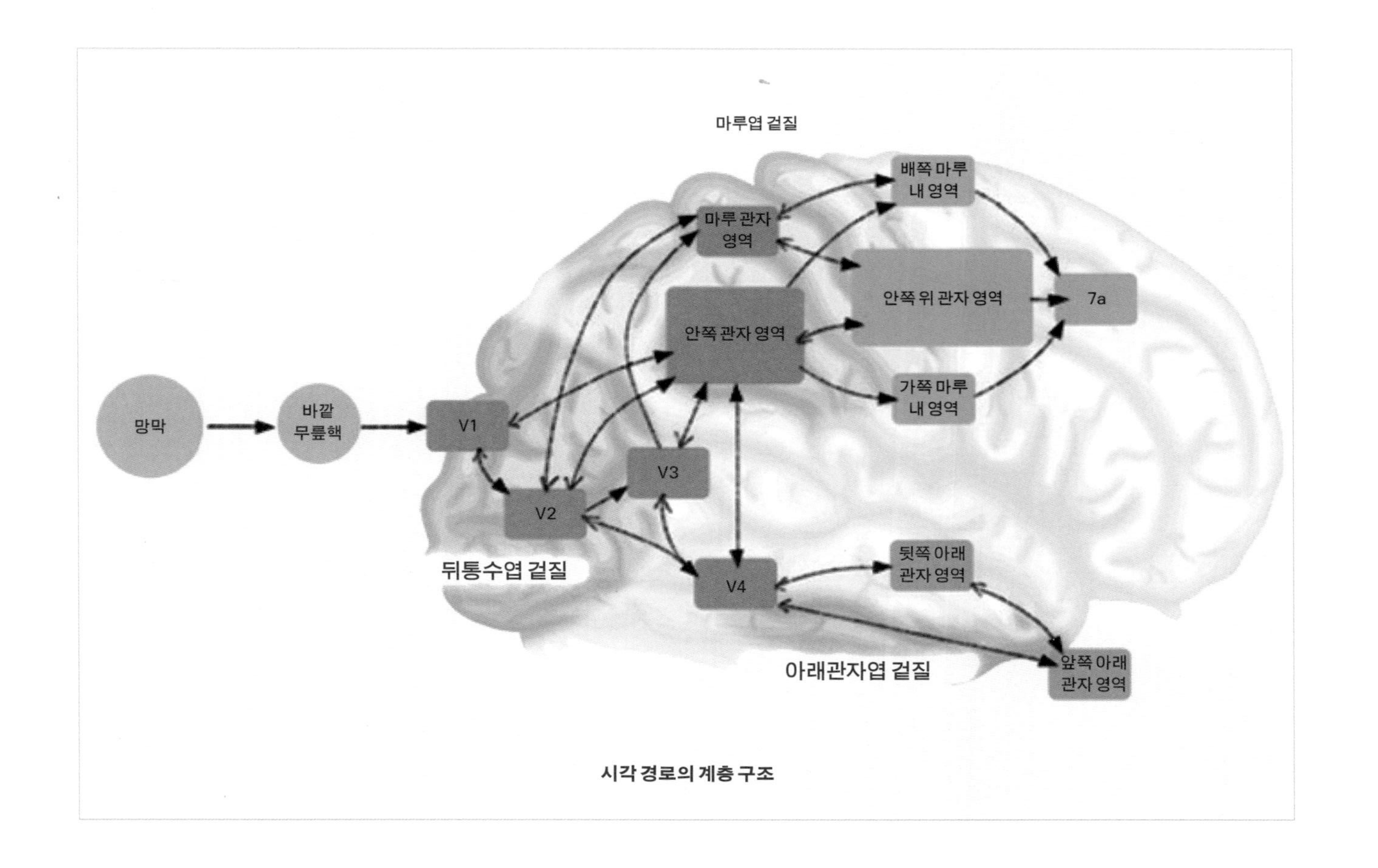
마루엽 겉질
배쪽 마루 내 영역
마루 관자 영역
안쪽 위 관자 영역
7a
안쪽 관자 영역
가쪽 마루 내 영역
망막
바깥 무릎핵
V1
V2
V3
V4
뒤통수엽 겉질
뒷쪽 아래 관자 영역
아래관자엽 겉질
앞쪽 아래 관자 영역

시각 경로의 계층 구조

등으로 전달되어 처리됩니다. 계층 구조는 회사 내의 조직과 비슷합니다. 말단 사원은 자기 일을 세세하게 잘 압니다. 보고 계층의 최상위에 있는 최고 경영자는 말단에서 일어나는 자잘한 일은 잘 모릅니다. 대신 여기저기에서 들어오는 정보를 통합하여 결정을 내리는 역할을 하지요.

한날 한시에 똑같은 사과를 먹더라도 우리에게 전해지는 정보는 사과의 겉모습인 시각 정보, 사과를 씹을 때 나는 청각 정보, 맛(미각), 향기(후각) 등 저마다 천차만별입니다. 시각 중추는 사과의 겉모습만 봅니다. 마찬가지로 청각 중추는 소리만 듣고, 후각 중추는 냄새만 맡는데 이 정보가 계층을 타고 올라가서 이마엽에 모이면 해마에서 사과에 대한 기억까지 불러올 수 있게 됩니다. 내가 언젠가 '먹었던' 사과, '1년 전'의 사과부터 '뉴턴의 사과'라는 개념의 기억까지 연결하는 일을 이마엽에서 합니다.

삼위일체의 뇌

'삼위일체의 뇌'는 뇌가 진화해 온 과정을 이 계층성을 반영해서 설명하려는 모형입니다. 계층성을 시간의 흐름에 따라, 즉 통시적(diachronic)으로 해석해서 맨 처음에는 기본적인 일을 하는 계층만 있던 뇌가 진화를 거치면서 더 고등한 작업을 하는 계층이 덧붙여졌다는 생각입니다. 1960년대 미국의 신경 과학자 폴 맥클린(Paul Maclean)이 처음으로 제시한 이 3단계 구조는 개념상으로 가장 안쪽이 파충류의 뇌, 그다음이 포유류의 뇌, 그다음이 사람의 뇌라고 이야기를 합니다.

처음에는 뇌줄기와 소뇌로 이루어진 파충류(reptile)의 뇌, R 복합체(Reptilian complex)만 있다가 2억 년 전 포유류가 둘레 계통을 만들어 냈고 이후 인간에서 새겉질이 생기게 됩니다. 파충류의 뇌는 본능적인 요소, 즉 호흡이나 심장 박동, 체온 조절 등 생존에 꼭 필요한 것들을 관장합니다. 이 상태에서는 주변 환경의 자극에 즉각적인 반응을 하거나 반사 운동만을 하면서 사는 셈입니다. 파충류의 뇌만 있어도 살 수는 있습니다. 그러나 둘레 계통이 생기면서 우리는 기억을 하고 감정을 느끼게 됩니다. 어디 가면 포식자가 있더라, 어디 가면 먹을 것이 있더라, 어디 가면 안전하더라, 이러한 기억들이 생기고 그것이 좋거나 싫은 감정과 연합하면서 생존과 번식에 유리하게 작용하게 되었습니다.

여기에 새겉질이 더해지면 어떤 이점이 있을까요? 새겉질은 우리가 배우고 익힌 지식과 경험을 바탕으로 의사 결정을 할 때 더 좋은 판단을 내리도록 돕습니다. 한 예로 여러분이 다른 놀잇거리들을 제쳐 두고 지금 뇌를 공부하는 이유는 당장의 욕구보다는 더 멀리 있는 목표를 세우고 실천하는 편이 삶에 도움이 된다는 사실을 '알기' 때문입니다. 바로 새겉질의 도움을 받은 것입니다.

그래서 새겉질이 없다면 우리는 미래를 생각하지 않는 단순한 사람이 됩니다. 마치 시도 때도 없이 울어 대는 갓난아기처럼 말이지요. 아기들의 대뇌 겉질은 아직 완전하게 발달하지 않았기 때문에 외부 환경에 즉각적인 반응만 보입니다. 치매 환자도 그렇습니다. 치매 환자는 새겉질과 둘레 계통이 망가지면서 본능만을 쫓게 됩니다. 파충류의 뇌가 망가지면 어떻게 될까요? 살아가는 데 꼭 필요한 기본적인 일도 하지 못하니까 결국에는 죽습니다. 바로 뇌사(brain death)입니다. 뇌줄기는 살아 있는데 새겉질과 둘레 계통이 망가지는 경우에는 식물인간이 됩니다. 식물인간은 살아 있긴 하지만 내가 누구인지, 여기가 어디인지, 저 사람이 누구인지를 판단하는 능력을 잃어버린 것입니다. 보통 의식(cosciousness)이 없다는 말로 많이 표현합니다. 의식은 크게 각성(awakening)과 자각(self-awareness)으로 나눌 수 있습니다. 의식이 불명이라고 하면 각성을 하지 못하는 혼수 상태(coma)를 말합니다. 자각은 지금 무언가 내 의식에 들어와 있다는 개념입니다. 예를 들면 여러분의 왼쪽 다리가 지금 어디에 있습니까? 제가 말하기 전에는 전혀 의식하지 않으셨지요. 제가 말하는 순간 여러분 의식 속에 왼쪽 다리의 위치가 들어오게 되는 것입니다. 정리하면 파충류의 뇌는 현재, 둘레 계통은 과거, 새겉질은 미래를 맡는다고 할 수 있습니다.

입력, 통합, 출력

그다음에 말씀드릴 것이 뇌가 통합 계산을 통해 정보를 처리한다는 통합성입니다. 주위 환경으로부터 들어온 정보는 먼저 뇌의 1차 영역으로 들어옵니다. 이것이 단일형(unimodal) 영역인 V2, V3 등으로 전달된 이후, 다중형(polymodal)인 연합 영역으로 전달되게 됩니다. 단일형이라는 것은 한 가지 형태의 정보만 처리한다는 것이고 다중형은 시각, 청각 등 여러 특성을 모아 처리한다는 뜻입니다. 이 정보들은 이제 앞이마엽(전전두엽, prefrontal)으로 넘어가 목표를 세우는 데 기여하게 됩니다. '배가 고프다.', '목이 마르다.' 같은 기본적인 욕구나 과거 경험, 기억, 정보 등과 통합되어서 말이지요. 그리고는 운동앞 구역(전운동 영역, premotor area)에서 운동 프로그램을 1차 운동 영역(primary motor area)으로 출력하여 우리가 적절한 행동을 할 수 있게 됩니다.

지형성

마지막 여섯 번째 원리는 지형성입니다. 지형을 이야기할 때는 역시 지도를 보는 편이 좋습니다. 다음 페이지에 등장하는 그림이 대뇌 겉질이 관장하는 인체 부위를 나타낸 감각-운동 호문쿨루스(sensory-motor homunculus)라는 지도입니다. 뇌의 각 부위는 저마다 자신이 맡은 몸의 영역을 지배하거나 그로부터 감각을 받습니다. 즉 1차 영역이 몸에 일대일 대응으로 배치되어 있습니다. 그래서 손가락을 담당하는 뇌의 영역이 망가지면 손가락에 힘이 빠지거나 끝이 저린 감각 이상이 생깁니다. 그런데 그림을 잘 들여다보면 조금 의아한 구석이 있으실 겁니다. 대뇌 겉질에서 각각이 관장하는 인체 부위에 따라, 그 면적 그대로 인체를 재구성하면 결코 우리와 같은 인간의 모습이 나오지 않는다는 것입니다. 몸통은 작고 신체 말단이나 입 부위가 아주 큰, 마치 난쟁이 같은 요상한 모습을 띠게 된다는 것이지요. 이 그림에 중세 연금술사들이 믿었던 작은 인조인간, 호문쿨루스라는 이름이 붙은 것은 바로 이 때문입니다. 이것은 일종의 해상도와 관련이 있습니다. 우리 몸에서 가장 예민한 부위들이 어디일까요? 바로 손끝 같은 말단 부위와 입술 등입니다. 예민하다는 것은 그 부위에 가해지는 자극을 세밀하게 구분할 수 있다는 뜻으로, 그만큼 뇌 영역을 많이 사용하게 됩니다.

간단한 실험으로 이를 확인해 볼 수 있습니다. 이쑤시개 2개를 친구나 가족 몸의 부위에 1개만 찌르거나 2밀리미터 정도의 간격을 두고 2개 다 찌르는 행동을 번갈아 하고서, 개수를 맞추게 하십시오. 그러면 혀나 입끝, 손가락에서는 쉽게 맞추는데 등에서는 간격을 2에서 3센티미터 떨어뜨려 찔러도 2개인지 모릅니다. 운동도 마찬가지입니다. 손가락을 움직이

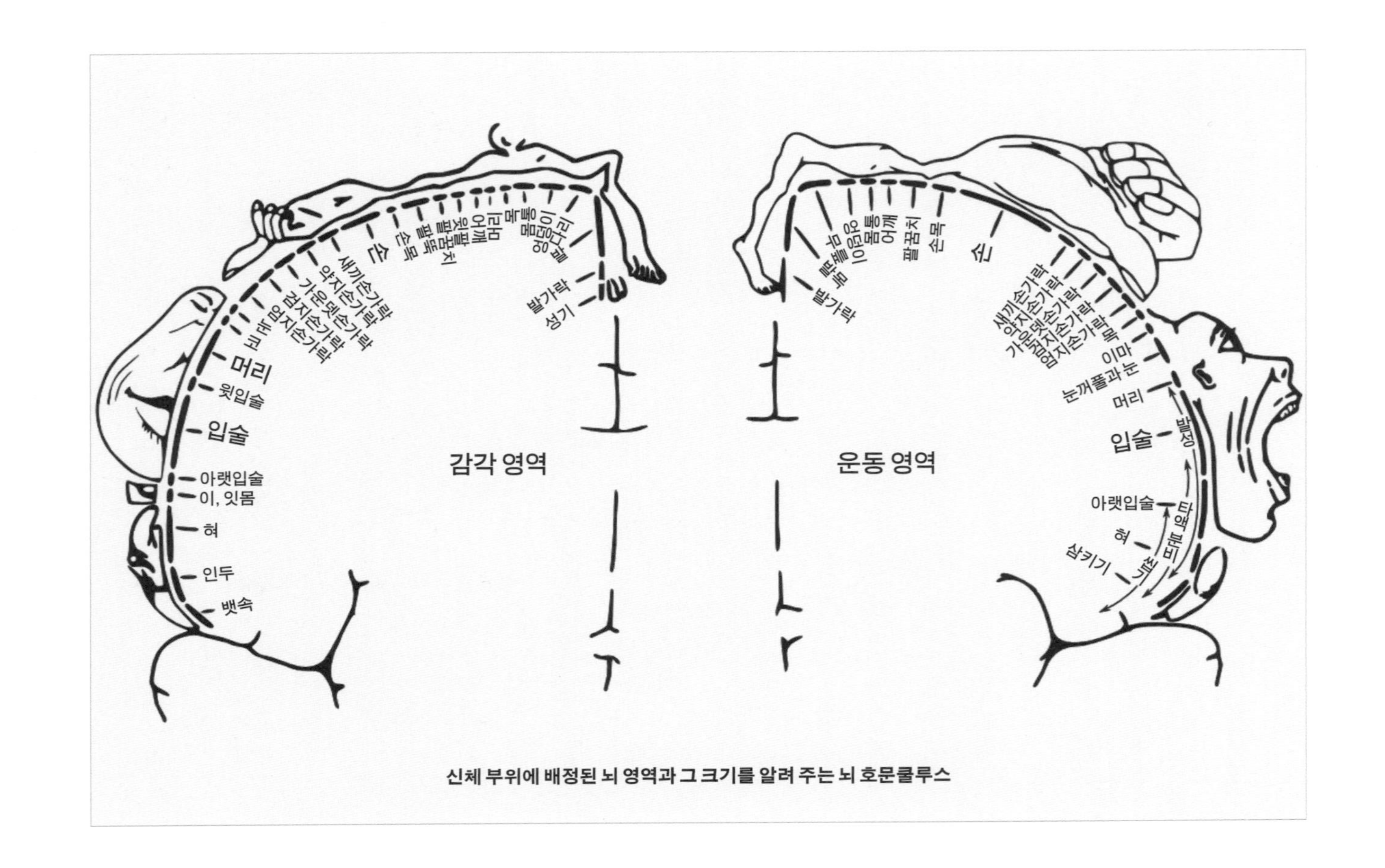

신체 부위에 배정된 뇌 영역과 그 크기를 알려 주는 뇌 호문쿨루스

거나 말을 할 때에는 혀와 입술의 움직임이 정교하게 조절되어야 합니다. 그에 따라서 뇌의 자원도 많이 사용하게 되고요.

시각 또한 뒤통수엽에 망막 위상 지도(retinotopic map)라는 것이 발달해 있어서, 눈앞에서 반짝 하는 자극이 입력되면 그 위치를 담당하는 부위의 신경 세포가 활성화됩니다. 청각은 소리의 높낮이에 따라 고음과 저음으로 배열되어 있습니다.

다시 처음으로: 뇌는 무엇을 위해 생겨났는가?

지금까지 뇌의 발생과 진화, 현재의 모습, 그리고 설계에 대해 살펴보았습니다. 이제 처음으로 되돌아가서 '뇌는 무엇을 위해 생겨났는가?'라는 질문을 다시 생각해 볼 때가 된 것 같습니다. 우리는 뇌를 통해 움직임과 감각, 기억, 마음이라는 큰 선물을 얻었지만 과연 뇌가 이들을 위해 생겨났다고 말할 수 있는 것일까요? 수많은 과학자들의 노력으로 우리는 뇌에 대해 많은 것을 알게 되었지만 아직까지는 '어떻게(how)'에 관한 질문에만 답할 수 있을 뿐 '왜(why)'에 대해서는 답을 내놓지 못하고 있습니다. 뇌가 '왜' 이렇게 생겨났고, '왜' 이렇게 작동하는지에 대해 지금으로써 가능한 답변을 꼽으라면, 첫째 살아남기 위해, 둘째 자손을 번식하기 위해서일 것입니다. 생존과 번식이 생명체의 궁극적인 목적이기에, 생존과 번식을 성공적으로 이루어 내도록 뇌가 지금과 같은 모습으로 설계되고 작동하는 게 아닐까 생각할 수 있습니다. 뇌로 인해 가능해진 생명체의 고등한 전략들에 대해서는 3부에서 KAIST 생명과학과의 김대수 교수님께서 보다 자세히 들려주실 겁니다.

2강

뇌의 삶: 뇌 네트워크

뇌가 무엇인지, 한 개인에서 그리고 생명체의 역사에서 어떤 과정을 거쳐 지금의 모습에 이르게 되었는지 대략 살펴보았으니 이제 뇌가 무슨 일을 하는지 알아볼 차례입니다. 신경 세포들의 물리적인 연결체인 뇌에서 마음이 출현하는 과정은 대부분 베일에 가려져 있습니다. 뇌라는 컴퓨터에서 회로에 해당하는 신경 세포가 작동하는 방식에 대해서는 많은 사실이 밝혀졌지만, 그래서 결국 어떻게 마음이 나타나는지는 아직 풀지 못했습니다. 지금 단계에서 뇌 과학을 통해 마음에 접근하려는 우리 인간은 어느 날 갑자기 지구로 떨어져 지구인의 컴퓨터에서 음악이나 영상이 어떻게 재생되는지를 알아보려 하는 외계인과 크게 다르지 않습니다. 2강에서는 뇌를 이루는 가장 작은 조각인 신경 세포에서 시작해 뇌가 살아가는 방법을 배워 보려 합니다. 우리가 그동안 뇌와 마음의 관계를 이해하기 위해 어떤 노력들을 했으며 어떤 성과를 거두었는지 차근차근 살펴보도록 하겠습니다.

신경 세포의 특징

신경 세포의 세 가지 큰 특징을 다시 정리하겠습니다. 첫째 활동 전위를 만들어 낼 수 있는 흥분성, 둘째 신호를 멀리까지 전달하는 축삭 돌기와 이를 유지하기 위한 미세 소관, 말이집 등의 구조, 셋째 세포막 너머 다른 신경 세포에 신호를 전달하기 위한 신경 전달 물질과 수용체 그리고 시냅스가 그것입니다. 이 특징들은 모두 신경 세포가 몸 구석구석까지 신호를 잘 전달하고 전달 받기 위해 진화한 결과이며, 중요한 점은 신경 세포가 신호를 보내는 방법으로 주로 전기 자극을 사용한다는 것입니다. 세포체에서 만들어진 전기 신호는 축삭 돌기를 따라 길게는 1미터를 넘는 곳까지 먼 길을 떠나는데, 생각보다 속도가 빠르지는 않습니다. 신경 세포에서 흐르는 전기는 전자가 아니라 전하를 가진 이온들로써 만들어지기 때문입니다. 빠를 때는 1초에 100미터, 느릴 때는 1초에 수 미터가 고작이지만 이 속도로도 충분히 우리 몸 구석구석까지 필요에 맞게 신호들을 전달할 수 있습니다.

결국 빛이든 소리든 맛이든 촉감이든 외부 정보를 우리가 느끼기 위해서는 이를 전기 신호로 바꾼 다음에 처리하는 과정을 거쳐야 합니다. 뇌에 전극을 꽂아 보면 이런 전기 신호들을 관찰할 수 있습니다. 어떤 자극에 대해 특정 전기 신호의 방출이 확 올라갔다면 자극과 이 신호 사이에 상관관계가 존재한다는 뜻입니다. 하지만 전기 신호와 자극을 매개로 사람의 생각이 실제로 어떤 신호로 나타나는지를 유추하는 작업은 상당히 어려운 일이어서, 뇌 해독(brain decoding)이라고 부를 정도입니다. 뇌가 살아 있는 수수께끼, 암호 뭉치라는 것이지요. 이렇게 고생하며 알아낸 뇌의 전기 신호를 기계가 이해할 수 있게끔 번역하면 생각만으로 기계를 수족처럼 부리는 일이 가능해집니다. 뇌-컴퓨터 인터페이스(brain-computer interface)라고 들어 보셨는지요? 키보드 없이 컴퓨터를 사용하거나 사지 마비 환자가 로봇 의수를 쓸 수 있게 하는 기술로써 기대 받고 있습니다.

고무공 누르고 있기

신경 세포는 전기 신호를 어떻게 만들까요? 신경 세포가 신호를 만드는 방식을 설명하는 두 가지 이론이 있는데 하나는 발생기(generator) 모형이고 또 하나는 안정기(resting engine) 모형입니다. 신호를 공에 비유한다면 발생기 모형은 내가 공을 들고 있다가 자극이 오면 공을 던져서 신호를 옆 사람에게 전하는 것과 같습니다. 안정기 모형은 부력 때문에 물 위로 뜨려고 하는 공(신호)을 힘으로 누르고 있다가 자극이 오면 손을 놓아 공이 수면 위로 올라오게 하는 방식입니다. 실제 신경 세포는 안정기 모형을 선택했습니다. 이 방식은 평소에 공을 누르고(신호를 억제하고) 있어야 하기에 에너지를 많이 소모하지만, 작은 자극도 놓치지 않고 정확하게 신호를 보내는 장점이 있습니다.

막전위

물에 뜬 공을 계속 누르고 있는 것과 같은 일이 무엇을 뜻하는지 구체적으로 살펴봅시다. 가느다란 유리관을 열에 달구어 쭉 늘어뜨리면 끝이

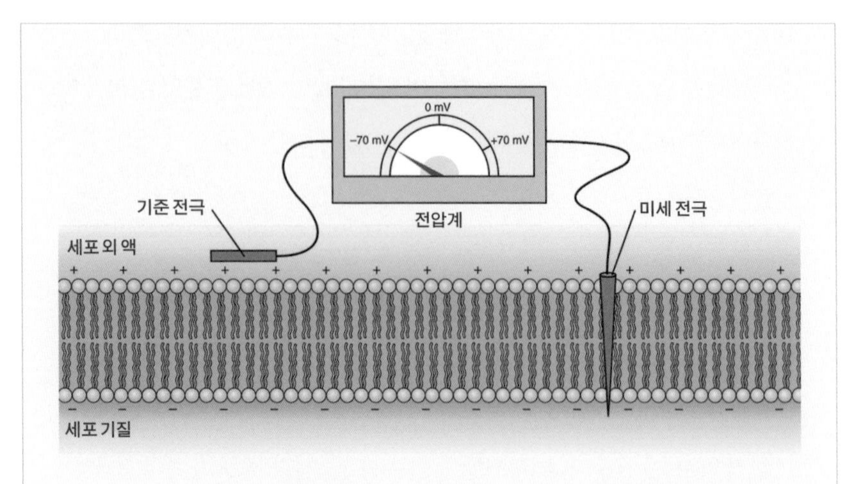

신경 세포에 미세 전극을 꽂으면 약 −70밀리볼트의 안정 막전위를 측정할 수 있다.

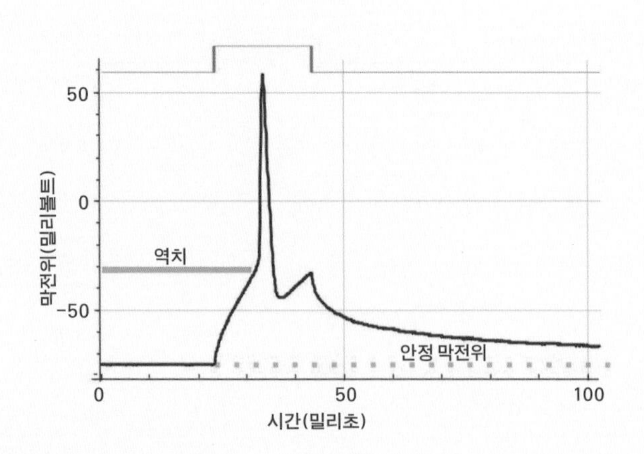

활동 전위의 대략적인 모양. 자극의 크기가 충분히 커서 역치를 넘으면 막전위가 양의 값으로 빠르게 변한 후 다시 안정 막전위로 돌아온다.

아주 가는 전극을 만들 수 있습니다. 이 미세 전극을 세포에 꽂으면 -70밀리볼트 정도로 세포 내부가 외부보다 음전하를 띠는데, 이를 안정 막전위(resting membrane potential)라 합니다.

활동 전위는 신경 세포가 음의 값을 가지는 이 안정 막전위 상태에 있다가 어느 순간 자극에 반응하면서 공이 물 위로 떠오르듯이 전압이 양의 값으로 올라가는 현상입니다. 양의 값으로 변한(흥분한) 막전위는 여러 기전에 의해 다시 안정 막전위로 되돌아갑니다. 신경 세포의 전압이 어떻게 양의 값으로 올라가며 왜 평소에는 음의 값을 띠고 있는지 알아보려면 이제 신경 세포의 안, 분자 크기까지 연구의 단계를 높여야 합니다.

체액과 이온 통로

신경 세포의 경계는 두 층의 얇은 지방질로 된 세포막이 담당하고 있습니다. 확대해 보면 바다같이 펼쳐진 지방 분자 중간중간에 막 단백질들이 섬처럼 떠 있는 모습입니다. 막 단백질들은 세포에서 여러 가지 일을 합니다. 하나씩 살펴보면 외부 물질을 인식하여 알레르기 반응을 일으키거나(세포막 항원), 세포 밖의 특정 물질을 안으로 받아들입니다(수용체). 하지만 신경 세포에서 막 단백질이 하는 일은 조금 다른데 바로 이온 통로로 작용해 세포 안팎의 이온을 통과시키는 것입니다. 이온은 전하를 가지고 있기 때문에 절연체인 지방질로는 이동하지 못하고 이온 통로를 통해서만 이동이 가능합니다. 우리 몸에는 크게 Na^+, K^+, 칼슘(Ca^{++}, calcium), 염소(Cl^-, chloride)에 해당하는 네 가지 통로가 있고 각각에는 기본적인 구조는 비슷하나 조금씩 다른 아형(subtype)이 있습니다. 우리 몸에서 이 네 가지 이온은 물에 녹아 있는 상태로 존재하는데 물은 세포 안에도 있고(세포 내 액) 세포 밖(세포 외 액), 혹은 세포 사이사이나 혈관 속에도 존재합니다. 일반적으로 세포 내 액에는 K^+가 많고 세포 외 액에는 Na^+가 많습니다.

무릇 모든 물질에는 농도가 높은 곳에서 낮은 곳으로 확산해 가려는 성질이 있어, 체액의 농도가 한쪽이 높으면 원래는 이온 통로를 통해서 농도가 낮은 쪽으로 확산해야 합니다. 확산할 때 Na^+는 Na^+ 통로로, K^+는 K^+ 통로로 특이성을 가지고 통과합니다. 그런데 이 법칙을 거스르며 세포 내에는 K^+의 농도가 높고 세포 밖에는 Na^+의 농도가 높게 유지되는(음전하를 가지는) 이유는 세포막 단백질 중의 하나인 Na^+-K^+ 펌프가 에너지를 사용하면서 Na^+와 K^+를 이동시키기 때문입니다. 이때 세포가 사용하는 에너지원이 ATP(Adenosine TriPhosphate, 아데노신3인산)입니다. ATP는 우리 몸이 하는 모든 일에 쓰이는 '세포의 에너지 화폐'입니다. 물

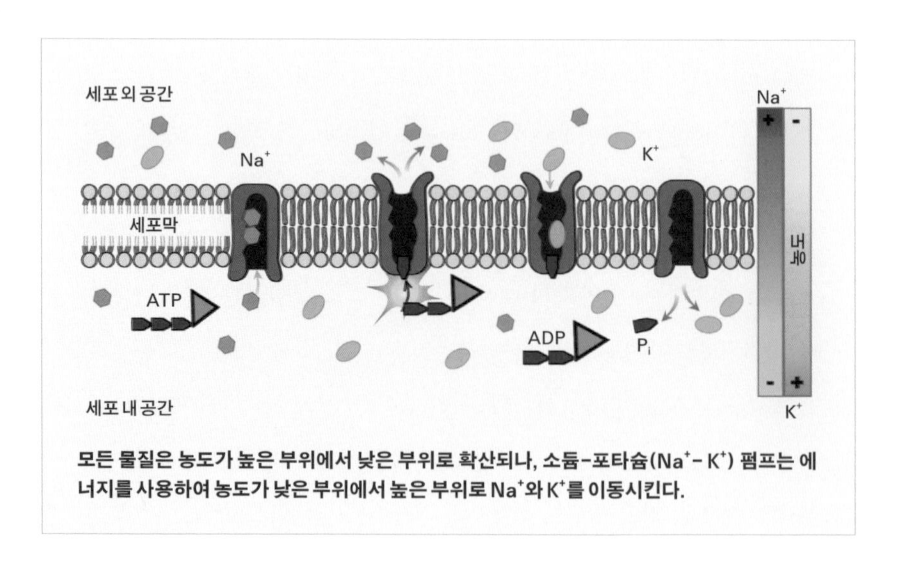

모든 물질은 농도가 높은 부위에서 낮은 부위로 확산되나, 소듐-포타슘(Na^+-K^+) 펌프는 에너지를 사용하여 농도가 낮은 부위에서 높은 부위로 Na^+와 K^+를 이동시킨다.

에 뜨는 공을 누르는 행동에 비유해 안정기 모형을 설명하면서 평상시에 에너지를 많이 소모하는 단점이 있다고 말씀드렸는데, 신경 세포는 ATP를 사용해 Na^{+}- K^{+} 펌프를 계속 돌리는 데 대부분의 에너지를 씁니다. 이온 통로들은 항상 열려 있는 것이 아니라 세포막의 전위 상태나 신경 전달 물질, 다른 여러 가지 물질에 의해서 여닫힘이 조절됩니다. 이에 따라 막전위의 변화가 생기면서 차등 전위나 활동 전위를 만들게 됩니다.

두 가지 신경 반응

자극에 반응해 활동 전위를 만들 때 신경 세포는 실무율(all or none law)의 법칙을 따릅니다. 즉 신경 세포에는 역치 값(threshold value)이 있어서, 그보다 약한 자극에는 반응을 안 하고 있다가 역치 값 이상이 되면 신호를 만들어 냅니다. 이와 달리 가지 돌기의 수용기에서 발생하는 수용기 전위(receptor potential)는 받아들이는 자극이 커질수록 함께 커지며, 때문에 차등 전위(graded potential)라고 불립니다. 이 두 반응은 라디오 방송 방식인 AM과 FM에 비견될 수 있습니다. AM은 진폭 변조(amplitude modulation), FM은 주파수 변조(frequency modulation)의 줄임말입니다. 둘 다 우리가 평소에 듣는 소리, 즉 신호가 변화하는 크기인 진폭과 신호가 반복되는 횟수인 주파수가 불규칙한 음파를 (진폭과 주파수가 일정한) 라디오 반송파에 실어 멀리까지 보내는 기술입니다. AM은 라디오 반송파를 음파의 진폭에 따라서 변화시키는 경우로, 시냅스로 들어오는 여러 입력이 차등 전위로 산술적으로 처리되는 과정이 이와 유사합니다. 시냅스 10개에서 각각 1이라는 입력이 들어오면 10만큼 막전위가 변하게 됩니다. FM은 반송파를 음파의 주파수에 맞추어 변형시켜 사용하는 방식입니다. 이 경우는 입력이 10개 있으면 10개의 전위를, 20이면 20개의 전위를 만드는 활동 전위와 비슷합니다. 자극이 셀수록 반응이 커지는 차등 전위와는 다르게 활동 전위에서는 (역치 값을 넘는) 자극에 맞추어 전위의 발생 빈도가 잦아집니다. 활동 전위가 발생하거나 발생하지 않거나로 나뉘는 일종의 디지털 방식입니다. 정리해서 말씀드리자면 신경 세포에는 많은 시냅스 입력이 들어오는데 이들의 합을 차등 전위로 처리하다가 이 합이 역치를 넘기면 활동 전위를 만들어 내게 됩니다.

가지 돌기나 세포체는 동시에 수천 개 이상의 시냅스 입력을 받습니다. 어떤 것은 1이라는 신호를, 어떤 것은 5라는 신호를 갖고 옵니다. 마이너스 신호도 있습니다. 활동 전위의 역치가 100이라면 들어오는 입력의 합이 100을 넘지 않는 한은 안정 막전위 상태에서 가만히 있게 됩니다. 어느 순간 모든 입력을 더한 결과가 100이 넘었다고 가정해 봅시다. 그러면

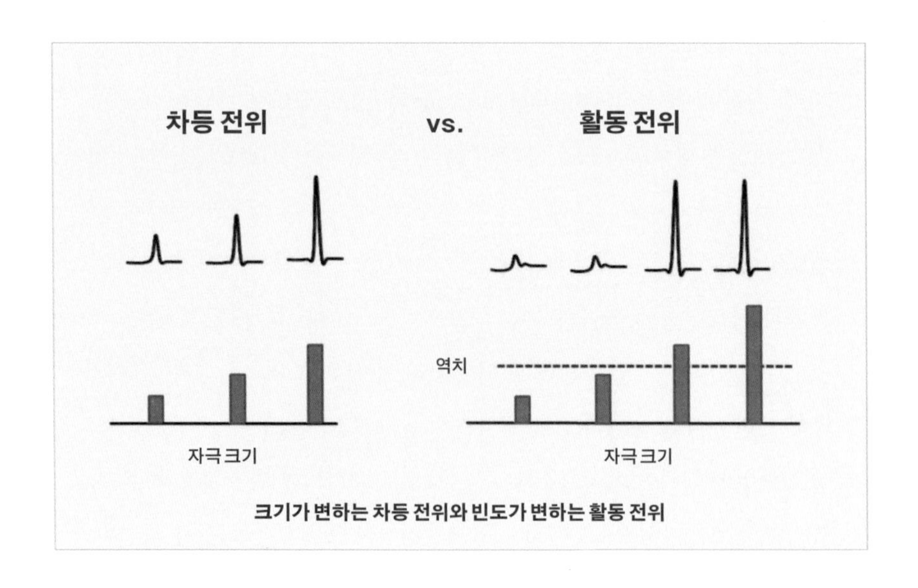

크기가 변하는 차등 전위와 빈도가 변하는 활동 전위

축삭 돌기 시작 부위의 축삭 둔덕(축색 소구, axon hillock)에서 활동 전위가 발생합니다. 100을 넘기는 정도에 따라 활동 전위를 더 자주 만들어 냅니다.

이제 활동 전위는 1강에서 말씀드렸던 대로 경우에 따라서는 1미터 가까이 되는 길이의 축삭 돌기를 최대한 빨리 거쳐 신호를 전달해야 합니다. 이것을 가능하게 하는 방법이 바로 말이집 형성(수초화, myelination)입니다. 전자 현미경으로 신경 세포를 보면, 희소 돌기 아교 세포가 축삭 돌기를 감싼 모습이 보입니다. 희소 돌기 아교 세포는 지방으로 된 세포막으로 축삭 돌기를 말아서 전기가 새지 않게끔 합니다. 또한 아교 세포 사이사이에 띄엄띄엄 떨어져 있는 랑비에 결절(ranvier's node)을 통해 활동 전위가 중간을 뛰어넘는 소위 도약 전도(saltatory conduction)를 하기 때문에 말이집이 없을 때보다 전달 속도가 빠른 효과를 낼 수 있습니다.

축삭 돌기 말단에 도달한 활동 전위는 개수에 따라서 신경 말단의 막 전위를 변화시키며 이에 비례하여 신경 전달 물질이 분비되는 양이 결정됩니다. 예를 들어 활동 전위가 5개 오면 도파민을 100개 내보내고, 10개가 오면 200개를 내보내는 식으로 전기 신호가 화학 신호로 바뀝니다. 그렇게 신경 세포는 입력을 받고 통합 계산을 해서 출력을 만듭니다. 감각계와 중추 신경계에서 받은 입력을 통합해서 운동계로 보내는 뇌의 삶이 신경 세포 하나에서도 똑같이 이루어짐을 알 수 있습니다.

시냅스

신경 세포가 차등 전위라는 형태로 입력 받은 신호는 활동 전위로 통

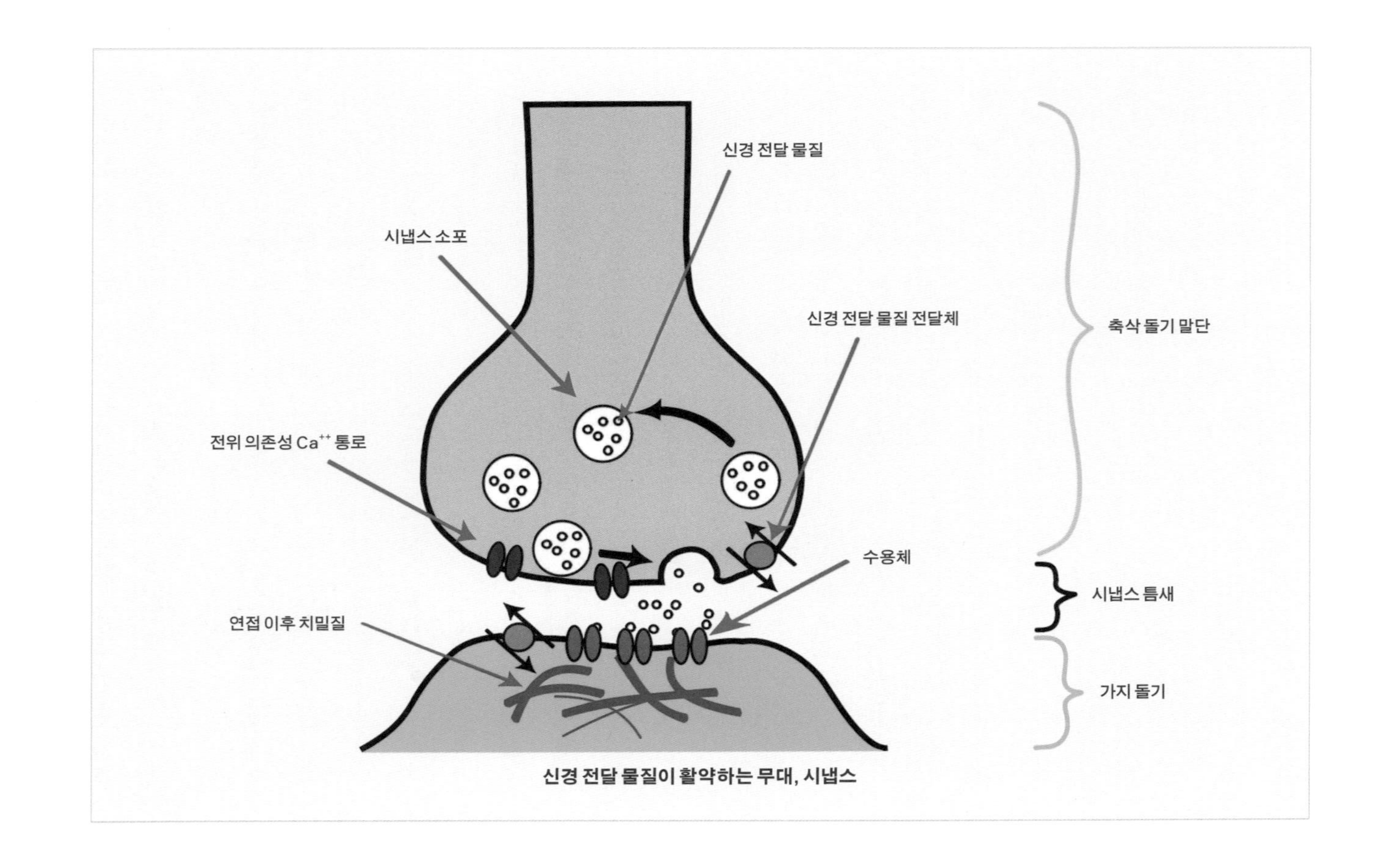

신경 전달 물질이 활약하는 무대, 시냅스

합 계산되어 축삭 돌기를 거쳤고 마침내 신경 전달 물질이라는 화학 신호로 출력되었습니다. 이제 화학 신호가 활약할 무대는 20에서 40나노미터의 좁은 틈인 시냅스입니다. 시냅스는 축삭 돌기 말단이 가지 돌기 또는 세포체와 만나는 부분을 말합니다. 축삭 돌기 말단의 시냅스 소포(synaptic vesicles)에서 분비되어 시냅스 틈새(synaptic cleft)를 건너간 신경 전달 물질은 다음 신경 세포의 가지 돌기에 있는 수용체에 결합해 이온 통로에 영향을 미치는데, 크게 흥분성(excitatory) 전달 물질과 억제성(inhibitory) 전달 물질로 구분됩니다. 조절(modulation) 역할을 하는 신경 전달 물질도 있습니다. 즉 평소에는 흥분을 잘하던 신경 세포를 둔하게 반응하도록 만든다든지 반대로 조그만 신호만 와도 흥분하게 하는 것을 말합니다. 우리 몸에 100종류가 넘게 존재하는 신경 전달 물질은 화학적 형태에 따라 크게 아미노산(amino acid) 계열과 아민(amine) 계열, 펩타이드(peptide) 계열로 나눌 수 있습니다. 도파민, 세로토닌 등이 아민 계열이고 P 물질(substance P), 엔도르핀(endorphin) 등은 펩타이드 계열 신경 전달 물질입니다. 아미노산 계열 신경 전달 물질로는 글루타메이트(glutmate)와 GABA(Gamma-AminoButyric Acid, 감마아미노뷰티르산)가 있습니다.

신경 전달 물질의 종류

각 계열마다 중요한 몇 가지 신경 물질을 알아보도록 하겠습니다. 아미노산 계열의 글루타메이트와 GABA는 각각 흥분성과 억제성 신경 전달 물질 중에서 가장 큰 비중을 차지합니다. 아민 계열에는 우리가 한

번쯤 들어 보았던 이름들이 많습니다. 도파민과 아세틸콜린, 세로토닌이 아민 계열에 속합니다. 아드레날린(adrenalin) 아시지요? 에피네프린(epinephrine)이라고도 불리는 이 물질의 사촌이 노르아드레날린(noradrenalin)으로 노르에피네프린(norepinephrine)이라고도 합니다. 탄소, 수소, 질소 분자로 만들어지는 아민 계열은 주로 조절성 물질입니다. 그래서 신경을 흥분시킬 때도, 억제할 때도 있습니다. 2개에서 100개에 이르는 아미노산이 중합해 만들어지는 펩타이드 계열 신경 물질로는 P 물질과 엔도르핀 외에도 콜레시스토키닌(cholecystokinin), 엔케팔린(enkephalin) 등의 신경 펩타이드(neuropeptide)가 있습니다. 특히 신경 펩타이드는 소화 호르몬하고도 비슷합니다. 그래서 소화관 운동을 조절하는 물질이 뇌에서 신경 전달 물질로도 사용된다고 이야기합니다.

흥분하거나 억제하는 기능이 확실히 정해져 있는 글루타메이트 및 GABA와 조절성 신경 전달 물질의 차이는 이렇습니다. 조절성 신경 전달 물질이 발휘하는 기능은 수용체에 따라서 다릅니다. 똑같은 신호가 오더라도 한 세포가 A라는 수용체를 갖고 있으면 그 세포는 흥분하고, 반면에 B라는 수용체를 갖고 있으면 억제됩니다. 수용체마다 다른 작용을 나타내는 것입니다.

조절성 신경 전달 물질의 대부분을 차지하는 아민 계열의 대표 격인 아세틸콜린은 우리 몸에서 크게 두 가지의 수용체에 작용합니다. 바로 니코틴성(nicotine) 수용체와 무스카린성(muscarine) 수용체입니다. 니코틴은 워낙 많이 회자되기에 다들 알고 계시리라 봅니다. 원래는 담배나 가지, 토마토 등의 가지과(solanaceae) 식물이 천적에게 먹히는 일을 막으려 만들어 낸 독성 물질입니다. 담뱃잎에 포함되어 있는 이 니코틴이 연기를 흡입하거나 구강 점막을 통해 몸속에 들어오면 아세틸콜린의 수용체를 활성화시킵니다. 어떻게 보면 아세틸콜린의 효과를 어느 정도 대신해 주는 셈인데, 니코틴성 수용체가 활성화되면 신경 세포가 흥분합니다. 반면에 무스카린성 수용체는 재미있게도 수용체에 따라 흥분에서 억제까지 다양한 효과를 냅니다. 이 외에도 다양한 신경 전달 물질이 있고, 또 신경 전달 물질마다 다양한 수용체가 존재합니다. 그래서 신경 전달 물질의 양과 수용체의 종류에 따라 다양한 조합과 효과를 낼 수 있습니다.

지금까지의 내용을 정리해 보겠습니다. 신경 세포는 가지 돌기로부터 다른 신경 세포가 전하는 자극을 받아서 활동 전위를 만드는데 신호의 강도가 역치를 넘느냐의 여부에 따라서 활동 전위를 1개 만들 것인지, 10개 만들 것인지 그 빈도가 바뀝니다. 세포체에서 만들어진 활동 전위는 축삭 돌기 말단까지 가서 시냅스에서 신경 전달 물질을 내보내는데, 그 양은 활동 전위의 수하고 비례해서 많아지고 어떤 세포는 도파민을, 어떤 세포는 글루타메이트를 맡는 식으로 세포마다 다른 물질을 내보냅니다. 받는 쪽에서 보면 같은 신경 전달 물질이 오더라도 내가 흥분할지, 억제할지는 어떠한 수용체를 갖고 있느냐에 따라서 달라질 수 있습니다.

시냅스 가소성

시냅스를 통해 이루어지는 신경 세포들의 연결과 신호 전달은 한번 정해지면 평생 그대로인 구조가 아니며 계속해서 변화합니다. 예를 들어 어제 점심 메뉴가 짜장면이라는 사실을 우리가 기억한다면, 이는 우리 머릿속에서 뭔가가 바뀌었다는 뜻입니다. '어제 먹은 것-짜장면'이라는 신경 세포의 연합이 새로이 생겨난 것이지요. 그 변화가 일어나는 곳이 시냅스

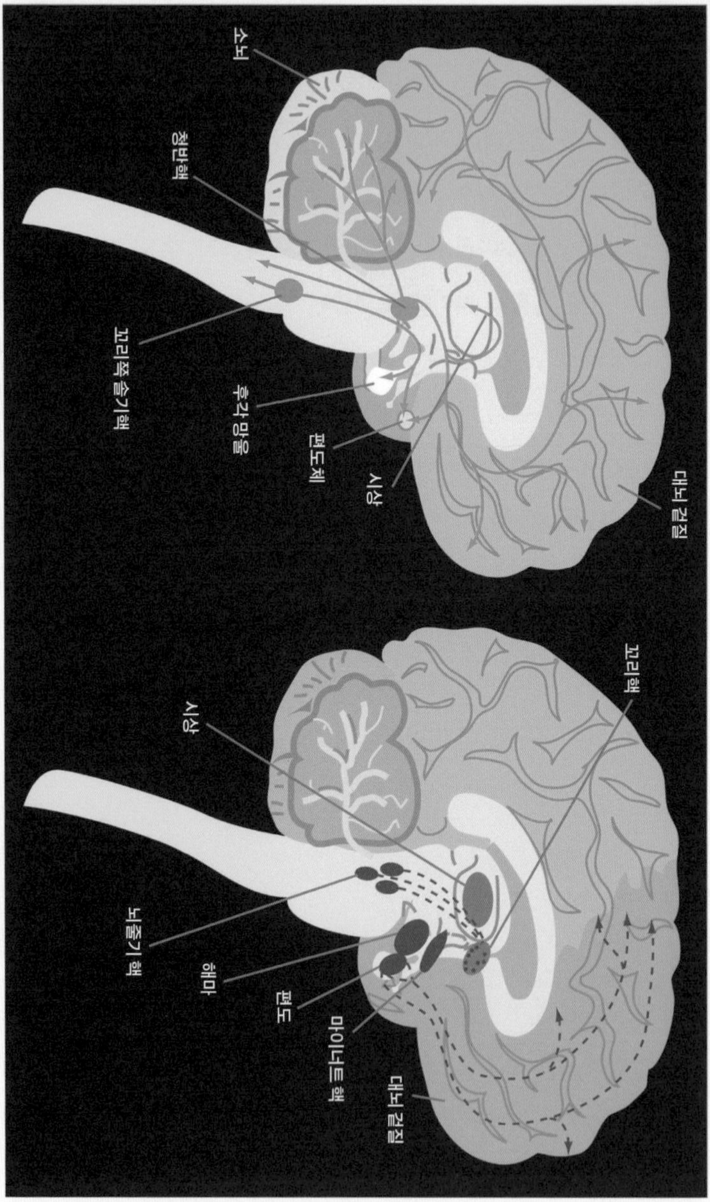

주요한 조절성 신경 전달 물질의 생성과 작용(왼쪽: 노르에피네프린, 오른쪽: 아세틸콜린)

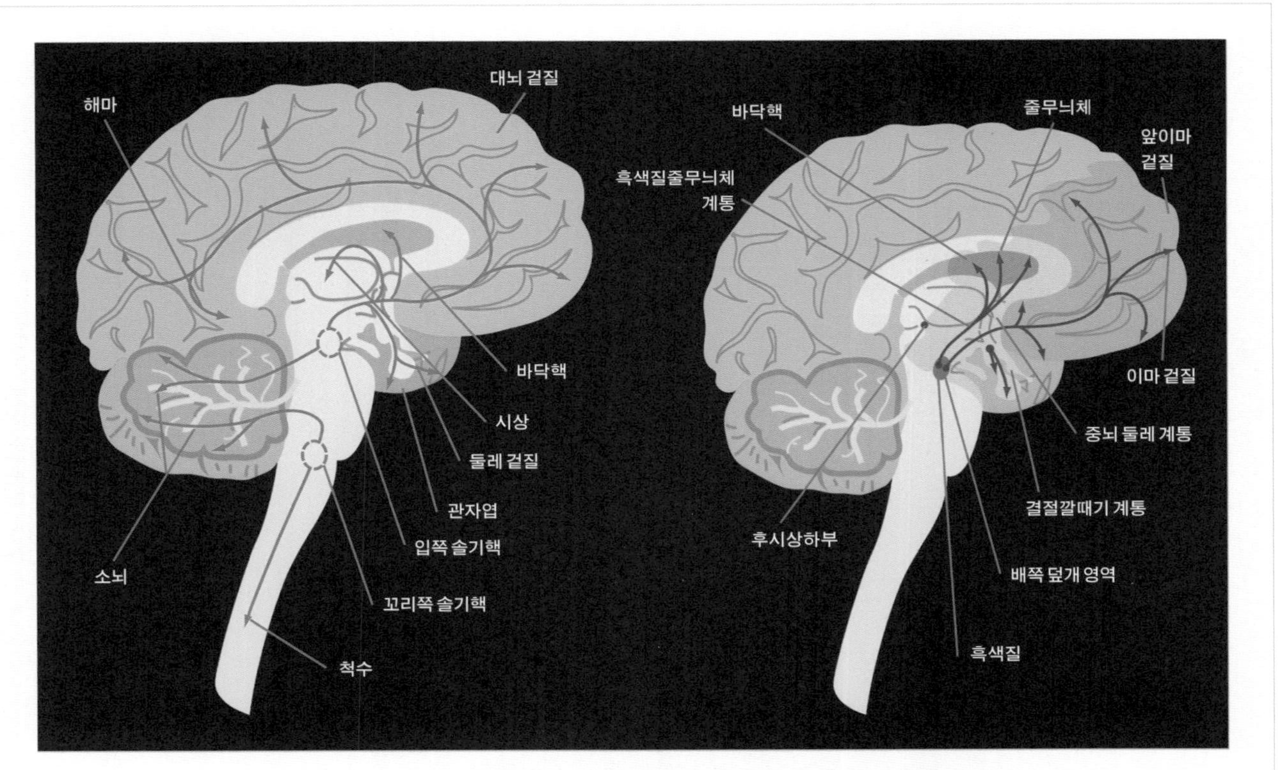

주요한 조절성 신경 전달 물질의 생성과 작용(왼쪽: 세로토닌, 오른쪽: 도파민)

라고 할 수 있습니다.

신경 세포의 수준에서 시냅스가 실제로 어떻게 바뀌는지를 살펴보겠습니다. 평소에는 자극에 5라는 반응을 보인 시냅스 후 세포에 거듭해서 자극을 가하면, 이후에는 같은 자극에 10이라는 반응을 보이게 됩니다. 이를 실험으로 볼 수 있는 대표적인 현상이 장기 강화 작용입니다. 신경 세포에 강한 자극을 여러 번 팍팍 준 후 같은 자극을 가하면 반응이 평소보다 훨씬 커지는 것입니다. 이런 증가된 반응이 오랫동안 지속되는 것을 LTP(Long-Term Potentiation, 장기 강화 작용)라 합니다. 반대로 자극을 가한 시냅스 후 세포의 반응이 감소하는 현상은 LTD(Long-Term Depression, 장기 억압 작용)라고 이야기합니다.

시냅스를 통해 A라는 신경 세포에서 B로 가는 신호는 항상 정해진 게 아니라 상황에 따라 변하고, 이 변화는 우리가 이야기하는 기억이나 습관의 원인이 되는 근본적 메커니즘입니다. 이러한 특성을 시냅스 가소성(synaptic plasticity)이라고 하며, 앞서 살펴본 효율의 변화 외에도 구조적으로 없던 시냅스가 생긴다던지 있던 시냅스가 없어지는 변화도 나타납니다.

단순한 네트워크, 반사

경험을 통해 시냅스를 강화하거나, 새로운 시냅스를 만들면서 신경 세포들은 네트워크를 형성합니다. 네트워크 중에서 가장 단순한 것으로는 반사 네트워크가 있습니다. 의자에 앉은 사람의 무릎을 탁 치면 다리가 펴진다든지, 갑자기 쾅 소리가 나면 자기도 모르게 움찔한다든지, 눈에 강한 빛이 들어왔을 때 동공이 축소된다든지 하는 것이 모두 반사 네트워크 때문에 일어나는 현상입니다. 이런 반사는 우리가 조절할 수 없는 현상으로 누구에게나 일어납니다. 하등 동물은 반사만으로도 생존이 가능합니다. 바퀴벌레를 잡으려고 숨죽여 기다리다 최후의 일격을 내리치려는 순간, 바퀴벌레가 쏜살같이 달아나 허탈해 한 기억이 있으실 겁니다. 이는 바퀴벌레가 고등한 사고나 추론을 이끌어 내서가 아니라 공기의 움직임을 감지하는 감각 신경과 도망을 가도록 하는 운동 신경이 곧장 연결되어 있기 때문입니다. 바퀴벌레는 방금 자신이 느낀 풍압이 무엇을 의미하는지 모르지만, 오랜 진화를 거친 바퀴벌레의 신경계는 그것이 자신에게 해로운 신호임을 감지해 냅니다. 화학 물질도 마찬가지입니다. 그 물질이 예를 들어 영양분의 표지라면 감각 세포는 다가가도록 하는 운동 신경과 연결되고 해로운 물질의 표지라면 도망가도록 하는 운동 신경과 연결이 됩니다. 하지만 정해진 자극에 정해진 반응만 나오는 반사 작용만

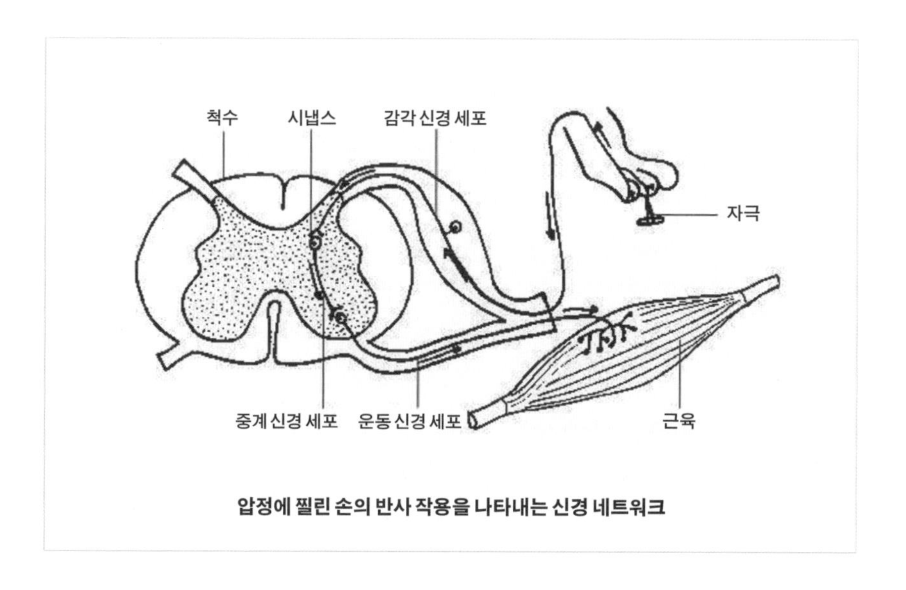

압정에 찔린 손의 반사 작용을 나타내는 신경 네트워크

으로 살기에는 이 세상은 너무나 복잡합니다.

변화하는 네트워크, 행동 가소성

바퀴벌레의 무조건 반사(autonomic reflex)에 이어 변화무쌍한 세상을 따라잡으려 뇌가 만들어 내는 복잡한 네트워크로 조건 반사(conditioned reflex)가 있습니다. 조건 반사가 처음 밝혀진 것은 1902년 러시아의 생리학자 이반 파블로프(Ivan Pavlor)의 실험을 통해서였습니다. 개는 음식을 보면 자동으로 침을 흘립니다. 이것은 개가 원래 가지고 있는 반사 네트워크입니다. 그런데 음식을 주기 전에 종을 치는 일을 계속했더니 나중에는 종소리만 들어도 침을 흘리는 현상이 일어났습니다. 종소리와 음식 사이에 상관관계가 있다는 걸 개가 배워서 원래 가지고 있던 먹이 자극→침 흘림의 연결을 확장한 겁니다. 뇌로 전해지는 소리 자극을 처리하는 회로의 시냅스와 음식물을 소화하는 회로의 시냅스 간에 변화가 이루어졌다는 걸 뜻하지요. 학습과 기억(learning and memory)이 시냅스의 변화로 설명이 되는 순간입니다.

비슷한 신경 세포, 다른 뇌

그렇다면 더 복잡한 일들은 뇌에서 어떻게 처리될까요? 신경 세포 몇 개만으로 이를 설명하기는 어렵습니다. 지금까지의 연구 결과는 대개 흰쥐 등 동물 실험을 통해 얻은 것입니다. 쥐나 원숭이나 사람이나 신경 세포의 기능 면에서는 서로 비슷하고 따라서 동물에게 효과가 있는 약물은 사람에게도 마찬가지로 효과를 보입니다. 하지만 쥐가 할 수 있는 일과 사람이 할 수 있는 일의 차이는 그야말로 천양지차입니다. 집짓기 장난감의 블록처럼 각 구성 요소는 비슷하나 그 블록들로 만든 집은 너무나도 다르더라는 겁니다. 이것을 어떻게 설명해야 할까요? 블록 수, 즉 신경 세포의 개수가 더 많아서 일을 더 잘하는 것일까요? 그렇다면 고래나 코끼리가 우리보다 똑똑해야 할 텐데 꼭 그렇지는 않습니다.

이 질적인 차이를 설명하기 위해 최근 자주 사용되는 것이 네트워크에 의한 창발성(emergent property)이라는 개념입니다. 여러 요소가 모임으로써 각각의 부품과는 전혀 다른 기대하지 않았던 현상이 나타나는 것을 창발성이라고 하는데, 뇌에서는 신경 세포들이 연결되어 만든 네트워크가 창발성을 가진다고 생각하고 있습니다. 여기서의 네트워크는 반사에서 이야기한 단순 네트워크와는 수준이 다른 매우 복잡한 특성을 가지는 네트워크입니다.

뇌 네트워크

어떻게 해야 이 복잡한 네트워크를 쉽게 알아볼 수 있을까요? 먼저 어떤 수준에서 네트워크를 볼 것인지부터 고민해야 합니다. 우리나라의 도로망을 네트워크로 생각해 봅시다. 이때 대한민국 도로 네트워크를 만들기 위해선 전국의 고속 도로와 주요 도로만 그려 넣으면 될까요, 아니면 보다 확대해서 간선 도로까지 모두 포함시켜야 할까요? 모든 샛길까지 집어넣는다고 해서 도로망을 완벽히 이해할 수는 없습니다. 기술적으로도 불가능하고요. 뇌도 마찬가지입니다. 단일 시냅스 수준에서 바라본 뇌 전체 지도가 있다면 가장 좋겠지만 이는 기술적 한계로 불가능하므로 연구 목적에 맞춰 적절한 수준에서 타협할 필요가 있습니다.

현재 우리가 할 수 있는 가장 정밀한, 즉 미시(microscale) 수준의 연구는 뇌를 작은 구획으로 나누어 기계로 조금씩 깎아 가면서 전자 현미경으로 찍고, 다시 깎고 찍고를 반복하는 것입니다. 문제는 폭이 200마이크로미터 정도 되는 아주 작은 구획 하나를 전부 촬영하는 데도 엄청나게 많은 시간과 비용이 든다는 것입니다. 그래도 예전에는 일일이 손으로 하던 것을 이제는 컴퓨터의 도움으로 보다 쉽고 빠르게 각 사진들을 연결할 수 있게 되었습니다. 사진을 모두 연결하고 나면 이를 기반으로 이 조그만 구획에 있는 신경 세포들이 어디서 누구와 시냅스를 형성하는지를 그리게 됩니다. 하지만 시냅스가 사람마다 다르고 시냅스 가소성으로 인해 같은 사람이더라도 오늘과 내일이 다르기 때문에, 한 순간의 연결을 안다는 것이 얼마나 큰 의미가 있을지에 대해 의구심을 던지는 학자들도 있습니다. 또한 연결 구조만으로 어떻게 정보가 처리되는지를 알 수 있는 것은 아닙니다. 실제로 예쁜꼬마선충이라는 선형동물에서 이미 이러한 연구가 시도되었지만 신경 세포의 개수나 시냅스 개수, 그들 사이의 연결에 관해서는 대부분의 사실이 알려졌음에도 여전히 어떻게 작동하는지는 잘 알지 못합니다.

그리하여 최근에는 신경 세포 단위를 넘어서는 보다 높은 차원에서 뇌의 네트워크를 구성하려는 연구들이 부각되고 있습니다. 뇌의 영역들이 서로서로 어떻게 연결되어 있는지에 초점을 맞추는 것이지요. 뇌 영상(brain imaging) 기술을 활용한 연구가 대표적인 경우입니다. 세포 하나하나의 연결에 주목하는 것과 보다 큰 차원에서 뇌의 전체적인 흐름에 주목하는 것, 둘 중 하나가 옳은 방법이라고 딱 잘라 말할 수는 없습니다.

세포의 연결성에 주목하는 학자들은 (비록 불가능한 가정이지만) 모든 신경 세포의 활성을 동시에 기록할 수 있다면 진정 뇌가 어떻게 돌아가는지 알 수 있을 것이라 주장합니다. 개인 소비자의 행동에서 출발해 가격이나 시장 같은 전체 경제 현상을 알 수 있다는 경제학의 주장과도 일맥상통하는 면이 있습니다. 그러나 큰 차원에서 보는 연구자들은 거꾸로 뇌의 전체적인 흐름이 개개의 신경 세포의 활성을 좌우한다고 생각하고 있습니다. 현실 경제에 비추어 생각해 보면 아침에 경제 전망이 안 좋다는 뉴스를 본 개인들이 오히려 지출을 줄여야겠다는 마음을 먹는 격입니다. 개별 활동이 전체를 결정하는 것이 아니라 전체적인 흐름이 신경 세포 하나하나의 활동을 결정한다는 개념입니다. 결국은 세포 하나의 활동을 미시적인 수준에서 보는 동시에 거시적 흐름에 따라 일어나는 세포들의 무수한 상호 작용까지 함께 보아야만이 뇌의 실제 작동에 대한 정확한 정보를 얻을 수 있을 것 같습니다.

MRI로 관찰하는 뇌 네트워크

뇌 네트워크를 거시적으로 보는 방법 중 대표적인 것이 MRI입니다. 예전에는 뇌 구조를 보는 기술로 주로 사용되었다면, 최근에는 기능적 네트워크, 즉 뇌의 기능적 연결성을 관찰하는 기법 중 하나로 쓰이고 있습니다. 뇌 네트워크 관찰에 MRI를 활용하는 방법으로 안정 시에 찍는 fMRI가 있습니다. 보통 fMRI는 특정 과제를 주어서 과제를 수행하는 동안 뇌의 어떤 영역이 활성화되는지를 보는데, 멍하니 아무것도 안 하는 상태에

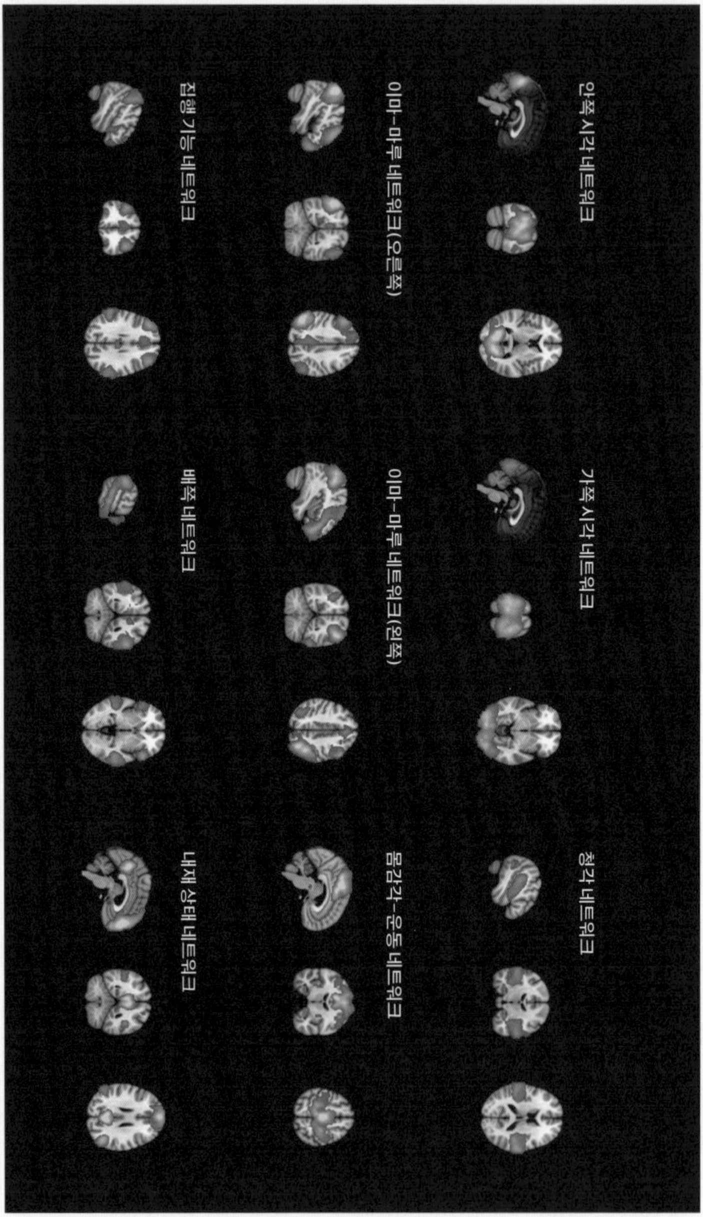

안쪽 시각 네트워크
가쪽 시각 네트워크
청각 네트워크
이마-마루 네트워크(오른쪽)
이마-마루 네트워크(왼쪽)
몸감각-운동 네트워크
집행 기능 네트워크
배쪽 네트워크
내재 상태 네트워크

fMRI로 관찰한 뇌의 기능적 연결성

서 찍은 결과를 가지고도 네트워크를 구성할 수가 있습니다. 이때 만들어지는 네트워크를 내재 상태 네트워크(default mode network)라고 합니다. 컴퓨터가 먹통이 될 때 가끔 초기 상태(default mode)에서 시작하는 것이 해법일 때가 있습니다. 바로 최소한의 운영 체계만이 작동하고 다른 프로그램들이 간섭하지 않는 상태로 돌리는 겁니다. 내재 상태 네트워크는 아무것도 안 할 때 뇌에서 활성화되어 나타나는 부위입니다. 예전에는 아무것도 안 하고 있을 때에는 뇌도 그냥 가만히 있으리라고 생각했습니다. 그러나 내재 상태 네트워크를 통해 우리가 아무것도 안 하는 그 순간에도 뇌는 계속 일하고 있다는 사실이 밝혀졌습니다.

내재 상태 네트워크

뇌는 우리 몸에서 에너지를 가장 많이 사용하는 기관입니다. 무게는 1.4킬로그램에 불과하지만, 우리 몸에서 피의 4분의 1, 하루 섭취 열량의 5분의 1(성인 기준 약 450칼로리)을 소모합니다. 우리 몸은 쉬고 있을 때에도 뇌는 결코 가만히 있는 법이 없습니다. 세포의 에너지원인 포도당과 방사선 동위원소를 결합한 약물을 투여해 인체의 대사 상태를 추적하는 FDG-PET(FluoroDeoxyGlucose-Positron Emission Tomography, 포도당 유사체-양전자 단층 촬영)로 뇌를 찍어 보면 이 사실을 알 수 있습니다. FDG-PET 사진에서 빨간색으로 보이는 부분은 대사가 활발한 곳이고 파란색으로 보이는 부분은 대사가 적은 곳입니다. 피험자들이 아무것도 안 하고 가만히 있는데도 빨간색 부위들이 나타납니다. 이들을 연결한 것이 앞서 얘기한 내재 상태 네트워크입니다.

내재 상태 네트워크는 fMRI로도 볼 수가 있습니다. fMRI는 혈류의 산소 수준(Blood Oxygen Level Development, BOLD)을 반복 측정하는데, fMRI로 촬영한 이 BOLD 신호는 계속 오르락내리락합니다. 여기서 BOLD 신호 주기가 비슷한 부위들이 관찰됩니다. 쐐기앞소엽/뒤띠 이랑(precuneus/posterior cingulate gyrus)과 내측 이마엽의 BOLD 신호 주기가 맞아떨어지는 것이죠. 이것이 무엇을 의미할까요? 두 부위가 기능적으로 연결되어 있다는 뜻입니다. 이처럼 쐐기앞소엽과 BOLD 신호 주기가 비슷하게 오르락내리락하는 부위들을 찾아서 연결하면 내재 상태 네트워크를 그릴 수 있습니다.

내재 상태 네트워크에 속하는 부위들은 신기하게도 가만히 있을 때에는 활발히 활동하다가 우리 몸이 무언가 일을 하기 시작하면 멈추는 특성이 있습니다. 연구자들은 이 부위들이 관장하는 기능을 알아보고자 평상시에 이 부위들이 활성화되는 때를 찾아보았습니다. 바로 자전적 기억(autobiographical memory), 미래 전망(envisioning the future), 마음 이론

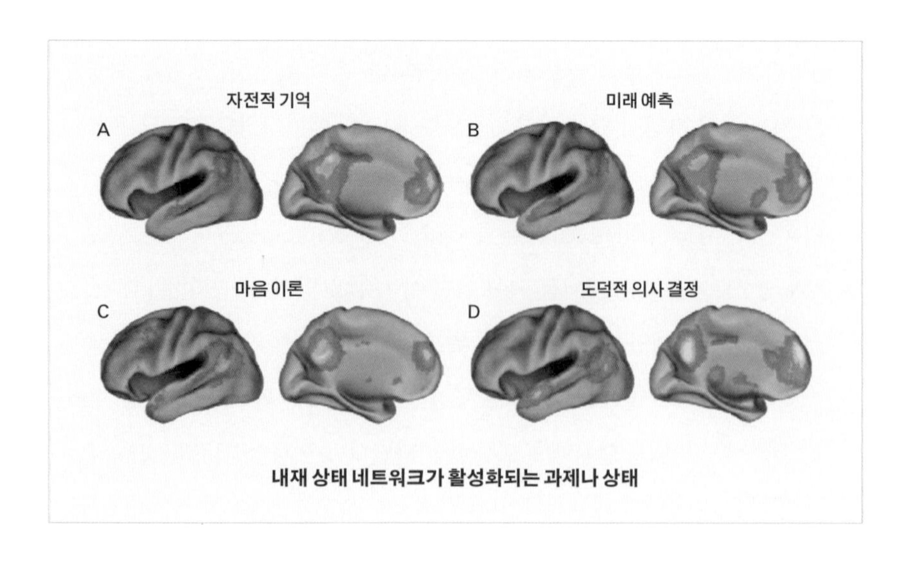

내재 상태 네트워크가 활성화되는 과제나 상태

(theory of mind), 도덕적 결정(moral decision making)을 내릴 때였습니다.

여러분이 fMRI 기계 안에 누워 있다고 한번 상상해 봅시다. 곁에서 연구자가 "가만히 있으세요."라고 말하겠지요. 그렇지만 터널 같은 기계 안에 홀로 덩그러니 누워 있으면 가만히 있으래도 머릿속에서는 이런저런 생각들이 떠오를 겁니다. '내가 방금 전에 무엇을 했지?', '어제는 뭐 했지?' 하는 생각들 말입니다. 이것이 자전적 기억입니다. '실험 끝나면 떡볶이 사 먹어야지.', '친구를 만나야지.'처럼 미래를 전망하는 생각을 떠올리기도 합니다. 한편 '내가 지금 잘하고 있나?', '밖에서 실험하는 저 사람이 나를 어떻게 생각할까?'라고 생각할 수도 있는데 이는 행동과 마음이 어떻게 연결되어 있는지를 이해하는 마음 이론입니다. 단순하게 정리해 보면 내재 상태 네트워크는 주로 내재적인 내용을 처리할 때, 즉 외부 상황이 아니라 자신에 대한 것들을 처리하는 과정에서 활성화되는 부위입니다. 이런 생각들은 보통 어른이 더 많이 하지요. 그래서 내재 상태 네트워크는 어린이에게는 별로 발달되어 있지 않고 어른이 되면서 발달하게 됩니다.

재미있는 점은 내재 상태 네트워크를 형성하는 뇌 부위가 알츠하이머병에서 아밀로이드(amyloid)라는 단백질이 축적되는 부위와 겹친다는 사실입니다. PiB(Pittsburgh compound B, 피츠버그 화합물 B)라는 물질을 사용하여 알츠하이머를 일으키는 아밀로이드판(amyloid plaques)을 빨간색으로 표지해 주는 아밀로이드 PET와 fMRI의 결과를 비교해 보면 둘이 거의 일치합니다. 그래서 현재는 알츠하이머병이 이 내재 상태 네트워크를 공격하는 병이라고 생각을 하고 있습니다. 내재 상태 네트워크를 보다 깊이 연구하면 알츠하이머병의 진단에도 도움이 될 것입니다.

현재 뇌 연구의 방향

이렇게 사람들이 네트워크에 관심을 가지게 되면서 현재 뇌 연구의 중요한 방향 중 하나는 유전자와 행동의 관계를 밝히는 것입니다. 최근 들어 뉴스에서 천재 유전자[1]니 비만 유전자[2]니 바람둥이 유전자[3]니 하는 이야기들을 접해 보셨을 겁니다. 특정 유전자가 있으면 머리가 더 좋다든지, 뚱뚱하다든지, 바람을 더 피우게 된다든지 하는 식으로 설명하려 하는데 여기에는 유전자 결정론적 오류를 일으킬 소지가 있습니다. 유전자와 행동은 대부분 상관관계이지 인과 관계라고 볼 수는 없습니다. 그리고 바람을 피우는 것 같은 복잡한 행동이나 높은 지능 지수는 유전자만으로는 설명이 힘듭니다. 유전자에서 신경 네트워크, 그리고 행동으로 이어지는 기나긴 과정을 고려해야 하고 거기에다 환경적 요인 또한 작용합니다. 우리가 자라면서 어떤 경험을 하고 교육이나 훈련을 받느냐에 따라 신경 네트워크에서 차이가 나타날 수 있습니다. 최근에는 환경이 유전자에까지 영향을 미친다는 사실이 밝혀졌습니다. 이를 연구하는 학문이 후성 유전학(epigenetics)입니다.

그래프로 뇌 네트워크 분석하기

네트워크를 분석하는 방법 중에 그래프 이론(graph theory)이 있습니다. 그래프 이론은 복잡한 연결을 단순한 그래프로 표시해서 분석하는 것입니다. 이 이론은 뇌뿐만 아니라 사회 네트워크나 항공 네트워크 등에서 널리 사용되고 있는데, 여기에는 네트워크 허브(hub), 작은 세상(small worldness) 등의 개념이 있습니다. 그래프 이론이 분석하는 네트워크로는 먼저 네트워크의 구성원들이 서로 고르게 연결되어 있는 규칙적 네트워크(regular network)가 있습니다. 두 번째는 구성원들의 연결에 아무런 규칙이 없는 무작위 네트워크(random network)이고, 세 번째가 이 둘의 중간인 작은 세상 네트워크인데 뇌는 이 세 번째 네트워크라고 여겨집니다. 이 네트워크의 특징은 한 영역에서 다른 영역으로 가는 효율이 매우 좋고 연결 숫자가 멱함수(power law)를 따른다는 것입니다.

작은 세상 네트워크의 예로 이 세상 모든 사람은 6명만 거치면 알 수 있다는 6단계 법칙이 있습니다. 저와 오바마 대통령도 중간에 6명만 거치면 아는 사이라는 거지요. 우리나라의 싸이월드는 더 좁아서, 4.6명, 즉 네다섯 명만 넘어가면 서로 아는 사이입니다. 먼 거리에서도 서로 연결이 되는 이러한 특성이 뇌 네트워크에서도 보이는 것은 어찌 보면 당연한 일입니다. 여러 영역이 함께 일을 하려면 효율을 최대화하는 방향으로 서로 연결되어야 하고 작은 세상 네트워크가 그것을 가능하게 해 줍니다. KAIST 명강 1권 『구글 신은 모든 것을 알고 있다』를 보시면 작은 세상 네트워크에 대한 자세한 정보를 얻으실 수 있습니다. 이렇게 뇌를 네트워크적으로 분석하여 우리가 어떤 과제를 수행할 때나 병에 걸렸을 때 네트워크의 어떤 특성이 변화하는가를 알아내 병을 더 빨리 진단하고 치료하려 시도하고 있습니다.

신경 세포가 말하는 미래의 가능성

이번 강의에서는 우리 뇌를 구성하는 개개의 신경 세포가 정보를 어떻게 처리하는지, 그리고 세포의 이해만으로는 한계가 있기에 네트워크의 관점에서 뇌에 접근하려는 다양한 뇌 과학의 시도들을 살펴보았습니다. 아직은 갈 길이 많이 멉니다. 과연 우리가 뇌의 작동 원리를 모두 알 수 있을지 의심하는 회의론적 시각도 있습니다. 그러나 이러한 이해가 가능해지면 우리를 괴롭히는 다양한 뇌 질환에서 해방되는 것은 물론, 인간의 뇌와 비슷한 원리로 작동하는 컴퓨터나 로봇까지도 만들어 낼 수 있지 않을까 기대됩니다. 이번 강의를 통해 뇌 과학이 말하는 미래가 더 이상 SF 영화 속에 등장하는 허구의 이야기가 아니라 곧 우리에게 다가올 현실임을 알게 되셨다면 좋겠습니다. 감사합니다.

3강

뇌의 죽음: 뇌세포의 운명과 뇌 질환

요람에서 무덤까지 뇌의 한평생을 통해 뇌가 어떤 모습을 하고 어떤 역할을 하는지 살펴보는 제 강의도 이제 마지막입니다. 그리스 신화에는 인간의 운명을 결정하는 세 여신이자 세 자매가 나옵니다. 클로토(Clotho)는 운명의 실을 잣고, 라케시스(Lachesis)는 그 실을 감으며, 아트로포스(Atropos)는 운명의 실을 가위로 잘라 생명을 거둡니다. 조금 무거운 주제일 수도 있지만 죽음은 어느 생명체에게나 피할 수 없는 운명입니다. 3강에서는 이 죽음을 향해 가는 과정에서 우리 뇌가 맞닥뜨리게 되는 일들을 질병을 중심으로 살펴보고자 합니다.

삶과 죽음의 경계

지금 이 글을 읽으며 자신의 '살아 있음'에 조금이라도 의심을 품는 분은 없으실 겁니다. 밥을 먹고 책을 읽고 가족들과 함께 대화를 나누며 웃고 떠드는 일상에서 '살아 있음'을 떠올릴 일은 거의 없습니다. 숨을 쉬고 있다는 걸 생각하지 않는 것처럼 말이지요. 그러나 '죽음'에 대해 이야기하기 위해서는 '살아 있음'에 대해서도 이야기해야만 합니다. 살아 있다는 것은 무엇일까요? 우리 몸을 이루는 세포가 반 이상 살아 있으면 살아 있는 걸까요? 뇌가 깨어 있으면 살아 있는 걸까요? 삶과 죽음이 갈리는 순간은 언제일까요?

대한 의학 협회 산하 '죽음의 정의 위원회'의 1989년 발표에 따르면 심폐 기능의 불가역적 정지(심장사) 또는 뇌줄기를 포함한 앞뇌 기능의 불가역적 소실(뇌사)이 일어났을 때 법률적으로 사망이 인정됩니다.

이 기준에 기대면 삶과 죽음의 경계가 뚜렷하고 간단해 보이지만 실제로는 좀 더 복잡합니다. 지금 이 순간에도 우리 몸 어딘가에서는 세포의 죽음과 새로운 세포의 탄생이 동시에 일어나고 있습니다. 머리를 덮고 있는 두피는 60일이면 전부 새 세포로 바뀌고, 장 내벽의 점막은 닷새 만에 바뀌며, 근육은 15년 정도면 바뀝니다. 죽음과 탄생이 절묘한 균형을 이루며 만들어 내는 '살아 있지도, 죽어 있지도 않은' 상태 속에서 우리가 존재한다고 볼 수 있습니다. 실제로 우리 몸은 대부분 태어날 때하고는 전혀 다른 세포들로 구성되어 있습니다.

뇌세포는 재생하지 않는다?

삶과 죽음이 함께 존재하는 이런 상태는 뇌라고 예외가 아닙니다. 우리 사회에는 다른 신체 세포들과는 달리 뇌세포는 한 번 죽으면 그것으로 끝이며 성인이 된 후에는 다시 생겨나지 않는다는 생각이 널리 퍼져 있습니다. 그래서 머리를 때리지 마라, 과음하지 마라는 얘기를 흔히들 하는 것입니다. 그러나 스웨덴 카롤린스카 연구소(Karolinska Institutet)의 요나스 프리센(Jonas Frisén) 박사는 2013년 《셀(*Cell*)》에 발표한 논문[1]에서 기억을 담당하는 해마의 신경 세포 나이가 전부 제각각이라는 것을 보여주었습니다. 날마다 약 1,400개의 신경 세포가 새로이 태어나고 있는 것입니다. 뇌에서 삶과 죽음이 동시에 존재한다는 사실은 노력에 따라서 그 능력이 얼마든지 좋아질 수 있다는 가능성을 우리에게 줍니다.

뇌사와 심장사

이번에는 1강에서 배웠던 삼위일체의 뇌 모형으로 뇌의 죽음을 생각해 보겠습니다. 이 모델은 뇌를 파충류의 뇌, 포유류의 뇌, 사람의 뇌, 3단계로 구성된 것으로 본다고 말씀드렸습니다. 이 모형에서 제일 안쪽에 있고 생존에 꼭 필요한 기능을 담당하고 있는 파충류의 뇌가 고장 나면 그것이 뇌사입니다. 앞서 '죽음의 정의 위원회'는 뇌사와 심장사를 구분해서 사망을 설명했습니다. 원칙적으로는 뇌사는 심장사로 이어지는 중간단계입니다. 가끔 신문에서 뇌사 판정을 받았는데 갑자기 살아났다는 이야기[2]를 접하기도 합니다. 사실은 판정이 잘못되었을 가능성이 높지만, 한 번 뇌사에 빠지면 소생할 여지가 정말로 없는 것인지 현대 의학의 수준에서는 아직까지 확실치 않습니다. 현재 뇌사는 완전한 죽음인 심장사를 인공호흡기 등의 연명 장치로 2주일 정도 연장한 것으로, 이 기간 동안에 장기 이식 수술을 할 수 있기 때문에 만들어진 공리적인 개념입니다.

기술이 발달하고 인공 장기가 많아져서 장기 이식이 필요 없는 사회가 되면 뇌사 개념도 없어질 것입니다. 이렇게 죽음에는 생물학적, 의학적인 단계를 넘어선 복잡한 문제가 존재합니다. 언제 사망했느냐의 판단에 따라 보험이나 유산 분배 등이 달라질 수도 있습니다.

건강과 질병의 기준

삶과 죽음의 경계가 이토록 모호할진대, 정상인과 병에 걸린 환자를 가르는 기준은 또 어떨까요? 많은 사람의 상태를 측정하여 그래프로 그리면 대부분 평균값이 가운데 있고 거기서 많이 벗어나지 않는 종 모양의 정규 분포(normal distribution) 곡선이 나옵니다. 키, 몸무게, 혈압, 콜레스테롤 수치 등이 그렇습니다. 이렇게 연속선상으로 존재하는 값들에

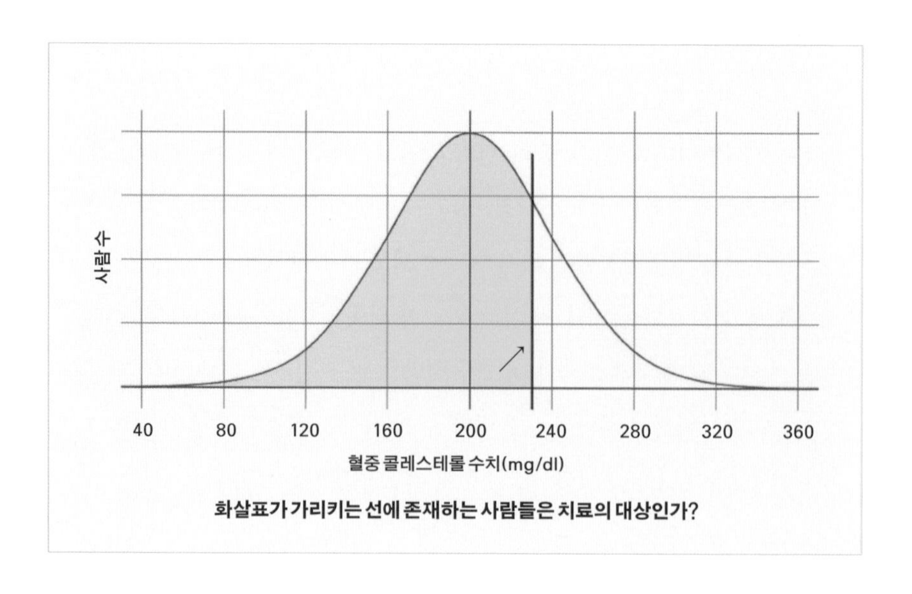

화살표가 가리키는 선에 존재하는 사람들은 치료의 대상인가?

서 어디를 기준으로 정상과 비정상을 나누어야 할까요? 표준 편차를 구해서 평균에서 +1 표준 편차나 +2 표준 편차 이상이면 정상이 아닐까요? 고콜레스테롤혈증 기준이 혈액 1데시리터(dl)당 240밀리그램이라면, 239는 정상이고 241은 비정상일까요? 이렇듯 정상과 비정상을 구분하기란 대단히 어렵습니다. 정상, 비정상을 확실하게 구분 가능한 병은 암입니다. 조직 검사에서 암세포가 있느냐 없느냐로 확실하게 구분할 수 있죠.

신경계 질환이나 다른 병은 암처럼 기준이 뚜렷하지 않습니다. '침묵의 살인자'라고 불리는 고혈압이 좋은 예입니다. 고혈압은 뚜렷한 증상이 없는 대신 높은 혈압이 10년 넘게 이어지면서 혈관과 장기가 파괴되는 합병증이 유발되기 때문에 어디서부터 고혈압이라고 정의해야 할지는 매우 중요한 문제입니다. 이때는 보통 고혈압 기준을 수축기 혈압 140수은주밀리미터(mmHg)로 정해 놓고 자료를 수집합니다. 그러면 혈압이 140 이상인 사람들에게서 고혈압의 합병증인 뇌졸중이나 심장병이 얼마나 발생하는지를 알 수 있습니다. 그다음 이 결과를 기준을 135로 정한 경우와 비교해 기준을 낮추었을 때 합병증에 걸리는 사람이 얼마나 늘어나는가를 봅니다. 예상되는 것 이상으로 합병증 발병 사례가 많다면, 기준을 낮추어 미리 관리하는 편이 더 많은 사람을 살릴 수 있다는 뜻이므로 고혈압의 기준이 140에서 135로 바뀌게 됩니다.

콜레스테롤도 마찬가지입니다. 혈중 콜레스테롤 수치가 높으면 다른 합병증이 많이 생기기 때문에 240밀리그램 이상은 현재 미국 국가 콜레스테롤 교육 프로그램(NCEP) 기준으로 치료 대상입니다. 이 고콜레스테롤혈증의 기준 또한 언젠가 '230 이상'으로 바뀔 수도 있는 유동적인 것입니다. 기준선의 변경으로 더 많은 사람의 목숨을 살리게 될지, 아니면 그저 사회적 비용의 낭비만을 초래하게 될지가 결정되는 만큼, 기준을 선정할 때에는 어디까지나 엄정한 과학적 태도로 접근해야 합니다. 그런데 여기에 시장 논리가 개입할 때가 있습니다. 제약 회사 입장에서는 고혈압 기준이 낮으면 낮을수록 좋습니다. 140에서 135가 되면 고혈압약 시장이 크게 확대될 것은 자명합니다. 게다가 고혈압약은 한 번 먹으면 평생을 먹어야 하는 약입니다. 따라서 같은 맥락으로 어느 날 갑자기 질병이 된 경우들도 꽤 있습니다. 예를 들면 비만은 1997년 FDA(Food and Drug Administration, 미국 식품 의약국)가 승인한 비만약 리덕틸(Reductil)이 나올 즈음에 질병으로 분류되었습니다. 대머리, 발기 부전도 관련된 약이 나오면서 질병이 되었다고 볼 수 있습니다.

건강은 어떨까요? 저로 말하자면 큰 병은 없지만 조금 뚱뚱하고 무좀에다가 비염도 있습니다. 이런저런 병이 있지만 사는 데 별문제가 없으면 건강하다고 말할 수 있는 것인지, 병이 하나라도 없어야 건강하다고 할 수 있는 것인지 모호합니다. 게다가 건강에 영향을 주는 요인에는 질병만 있는 것이 아닙니다. 환경이나 영양 상태, 스트레스, 생활 수준, 종교, 보건 의료 같은 체계들도 대단히 중요한 역할을 합니다. 이런 것들을 감안해 WHO(World Health Organization, 세계 보건 기구)에서는 건강을 "신체적·정신적·사회적으로 완전히 안녕한 상태에 놓여 있는 것"이라고 정의하고 있습니다.

병의 정의

우리에게 병은 그냥 병일 뿐이지만, 의학에서는 이를 더 세분해서 질병(disease), 증후군(syndrome), 질환(disorder/illness), 장애(disability) 이렇게 네 가지로 구분합니다. 먼저 증후군은 병이 초래하는 이상인 증상과 증후를 분류를 위해 일단 모아 놓은 것입니다. 후천적으로 면역 결핍을 보이는 증상을 뜻하는 AIDS(Acquired Immune Deficiency Syndrome, 후천성 면역 결핍 증후군)가 좋은 예가 되겠습니다.

미국은 전국에서 어떤 병이 유행하고 어떤 약이 많이 사용되는지 등을 관찰하는 국가 기관으로 CDC(Centers for Disease Control and prevention, 질병 통제 조절 센터)가 있습니다. 1980년대에 CDC 관찰 결과, 폐포자충 감염 폐렴(pneumocystis carinii pneumonia)이나 카포시 육종(kaposi's sarcoma) 같은 보통 사람은 웬만해서는 걸리지 않는 희귀 병들이 증가하고 있었습니다. 역학 조사(epidemiologic survey, 현상의 배후에 어떤 인과 관계가 놓여 있는지를 알기 위해 하는 조사를 말합니다.)를 해도 도무지 원인을 알 수 없었습니다. 그래서 후천적으로 면역이 결핍되는 일련의 증상을 AIDS라고 부르기로 했습니다. 이후에 환자들의 혈청에서 병의 원인인 바이러스를 분리해 낼 수 있게 되자 HIV(Human Immunodeficiency Virus, 인체 면역 결핍 바이러스) 감염이라고 명명했습니다. 이 사례에서 알 수 있듯 어떤 병에 증후군이라고 이름이 붙여져 있다는 이야기는 원인을 아직 잘 모른다는 뜻입니다. 감기도 콧물, 기침, 열이 나는 증상이 합쳐진 일종의 증후군이라고 이야기할 수가 있습니다. 이 경우는 확인은 안 했지만(또 굳이 확인할 필요도 없겠지만) 감기 바이러스에 의한 것입니다.

질환은 치료의 대상을 가리키는 질병과는 조금 다르게 병을 앓는 과정에서 바뀐 생각, 감정, 행동 등의 상태까지 포괄하는 개념입니다. 대부분의 정신과 질환이 여기 해당됩니다. 이때 기준은 환자 본인이 증상으로 고통 받거나 사회에서 제대로 역할을 할 수 있는지의 여부입니다. 우울 장애를 예로 들면 자신이 우울하다고 말하는 사람은 모두 우울 장애 환자일까요? 아닙니다. "성격이 안 좋다."라는 주변의 평가만 가지고는 그 사람이 성격 장애(personality disorder)인지 아닌지 알 수 없는 것과 마찬가지입니다. 성격이나 사람의 기분은 말로 정의하기에는 범위가 너무 넓어서 어디까지 정상이고, 어디까지가 비정상인지 이야기하기가 참 어렵습니다. 그래서 그 기준이 '증상이 살아가는 데 문제를 일으키느냐.'입니다. 우울하기는 하지만 회사를 잘 다니고 학업에서도 꾸준히 좋은 성적을 낸다면 문제라고 볼 수 없습니다. 우울해서 밥도 못 먹고, 일도 못하고, 잠도 못 잘 정도가 되어야 치료가 필요한 우울 장애인 겁니다. 성격이 안 좋은 사람 역시 주변 사람을 힘들게 하지 않으면 괜찮지만 계속 갈등을 일으킬 때에는 치료가 필요할 수 있습니다. 그래서 사회 구성체로서 제대로 한몫을 하느냐가 질환의 기준이 됩니다.

장애는 불완전한 신체나 정신 능력 때문에 불편한 상태를 말합니다. 이때 선천적 장애인지 후천적 장애인지는 관계없습니다. 병이 있는 게 아니라 손가락이 하나 없다든지, 다리 한쪽이 약하다든지 하는 상태입니다. 이 경우도 사회 구성원으로서 제대로 역할을 할 수 있다면 치료나 재활이 필요하지는 않습니다.

신경과/정신과에서 다루는 질환

이제 우리의 주된 관심사인 뇌와 관련된 질환들을 살펴보겠습니다. 병원에서 뇌 질환을 다루는 곳으로는 신경과와 정신과, 신경외과가 있습니다. 신경외과는 뇌출혈(cerebral hemorrhage)이나 뇌종양(encephaloma)을 주로 수술로 치료하는 곳입니다. 신경과나 정신과는 수술보다 약물이나 상담으로 치료를 합니다.

신경과 진료가 필요한 증상에는 반신마비, 하반신 마비, 언어 장애, 의식 장애, 의식 소실, 경련 발작, 실신, 근육 위축증, 기억 장애, 걸음걸이 장애, 시력 변화, 두통, 어지러움, 손 떨림, 손 저림, 얼굴 마비, 통증, 복시(複視) 등이 있습니다. 신경과에서 환자를 진료할 때 가장 먼저 하는 일이 환자의 증상이 정말로 신경계의 이상에 의한 것인지 아닌지를 확인하는 것입니다. 다른 질환의 증상과 겹치는 경우가 많기 때문입니다.

정신과적 증상에는 집중력 같은 의식적 정신 활동이나 지각, 사고의 내용, 언어, 감정, 기억력 등에 발생하는 장애가 포함됩니다. 그 외에 지능, 판단, 성격 등에도 장애가 일어나는데 이는 증상인 동시에 진단명이기도 합니다. 즉 정신 질환은 증상에 따라 진단하는 증후군적 진단입니다. 이러한 증상이 사회 생활에 문제를 일으킬 정도라면 앞에서 얘기했듯 질환이 됩니다. 이는 본인이 자각하는 경우도 있고, 주위에서 이야기해 주어야 깨닫는 경우도 있습니다. 사회와 시대의 변화에 맞추어 진단의 기준도 바뀝니다. 예를 들면 동성애는 한때 정신 질환으로 분류되었지만 지금은 그렇지 않습니다.

정신과 질환 중에서 가장 흔한 것은 우울 장애이고 그다음이 조현증(정신 분열증, schizophrenia)입니다. 그 외에도 양극성 장애(조울증, bipolar disorder), 불안 장애, 정동 장애(affective disorder), 성격 장애 등 매우 다양한 질환들이 있습니다. 중풍이나 간질은 이름도 바뀌었습니다. 환자를 차별하는 낙인으로 작용했기에 각각 뇌졸중과 뇌전증으로 바뀌었습니다. 치매나 운동 장애, 두통, 뇌염, 어지럼증, 말초 신경 근육 질환, 수면 장애도 신경과 질환의 분류에 들어갑니다.

뇌 위치에 따른 병변

뇌의 부위마다 기능이 다르다는 모듈성에서 가장 널리 알려진 사례가 좌뇌와 우뇌입니다. 보통 좌뇌는 수학, 과학 문제를 푸는 데 사용되는 분석적·논리적인 뇌, 우뇌는 예술을 즐기며 직관적인 뇌라고 이야기를 합니다. 그런데 좌반구와 우반구의 기능 차이는 그리 크지 않으며 절대적이지도 않습니다. 제일 큰 차이라면 언어 기능입니다. 좌반구 인지 기능에서 두드러지는 것이 언어, 계산, 도구 사용이고 우반구가 더 잘하는 것이 공간상에서의 정보 처리나 말의 높낮이, 주의 집중 등입니다. 좌반구가 고장 나서 나타날 수 있는 증상으로는 말을 못하는 실어증(aphasia), 글을 못 읽는 실독증(alexia), 글을 못 쓰는 실서증(agraphia), 계산을 못하는 실산증(acalculia), 도구 사용을 못하는 실행증(apraxia)이 있습니다. 우반구에 문제가 생기면 길을 찾지 못하거나, 장난감 블록을 못 맞추는 시공간 장애, 말의 높낮이나 운율이 없이 로봇처럼 말하는 무운율증(aprosodia), 그리고 세상의 절반을 보지 못하는 편측 무시 증후군(unilateral neglect syndrome)에 걸리게 됩니다.

실어증은 형태가 매우 다양한데, 대표적인 것이 브로카 실어증(Broca's aphasia)입니다. 1861년에 프랑스 의사 폴 브로카(Paul Broca)가 특정한 유형의 실어증을 앓고 있는 환자들에서 뇌 좌반구 이마엽의 한 부위가 망가져 있음을 확인하였습니다. 이 브로카 영역은 입으로 말하는 언어 기능을 관장하는 부위로, 여기에서 문제가 생기면 말을 유창하게 하지 못합니다. 한 예로 브로카가 처음 본 환자는 별명이 탄(tan)이었습니다. 그 사람이 할 수 있는 말이 '탄'이라는 단어밖에 없었기 때문입니다. 그래도 어조의 높낮이를 바꾸어서 자신의 희노애락 정도는 알릴 수 있었다고 합니다. 이 사례는 병이 심하게 진행되었을 경우이고, 보통은 문장을 길게 말하지 못하고 문법을 틀리게 되는 정도의 증상을 보입니다. 1874년 독일 의사 카를 베르니케(Carl Wernicke)가 발견한 베르니케 실어증(Wernicke's aphasia)도 있습니다. 좌반구 위쪽 후방에 있으면서 언어 정보의 해석을 담당하는 베르니케 영역(Wernicke's area)에 병변이 생겨 발생하는 질환으로 베르니케 실어증인 환자는 다른 사람의 말을 잘 못 알아듣습니다. 말을 유창하게 하는 듯 보이지만 자세히 들어 보면 국적불명의 외국어 같은 말을 하거나 엉뚱한 이야기를 하고, 심지어는 새로운 말을 만들어 내기까지 합니다. 이 외에도 다양한 실어증이 있는데 모두 좌반구의 병변으로 나타납니다.

우반구가 관장하는 시공간 기능은 공간에서 길을 찾는 능력입니다. 길을 찾을 때 하늘에서 내려다본 지도 형태를 머릿속에 즉각 떠올리는 사람도 있고 그렇지 못한 사람도 있습니다. 그게 시공간 능력의 차이입니다. 간단한 시구성 기능(visuoconstructive function)은 2차원 공간에서 그림을 그리거나 3차원 공간에서 집짓기 블록을 맞추는 능력을 이야기합니다.

우반구 병변으로 나타날 수 있는 증상 중에 흥미로운 것이 편측 무시 증후군입니다. 주로 우반구 뒤마루엽(후두정엽, posterior parietal lobe)이 고장 나서 생기는 이 병은 반대쪽 시야인 왼쪽 공간을 무시해 버립니다. 편측 무시 증후군이 있는 환자에게 긴 선을 가로로 보여 주고 "선 가운데에 표시해 보세요."라고 요청하면 오른쪽으로 치우쳐서 표시합니다. 저도 이런 환자를 대상으로 연구를 한 적이 있는데 신기한 현상을 많이 목격했습니다. 식탁에서 오른쪽에 있는 음식만 먹고, 면도도 얼굴 오른쪽만, 옷도 오른팔만 끼우고 다닙니다. 길을 걸으면 두 갈래 길에서 항상 오른쪽을 선택합니다. 단순히 한쪽 눈의 시야만 무시하는 것이 아니라 생각

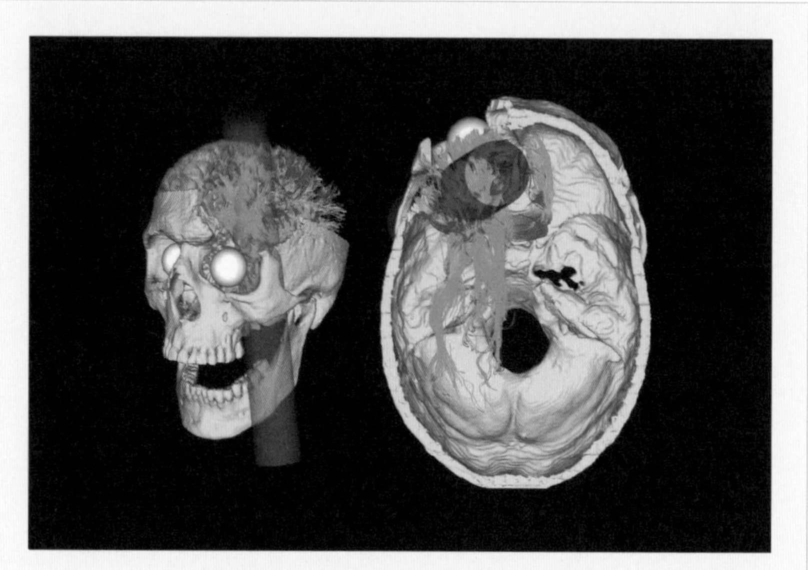

컴퓨터로 재구성한 피니어스 게이지의 외상 부위

과 기억에서도 무시가 나타납니다. 예를 들어 광화문 광장에서 광화문을 바라본다고 생각하고서 떠오르는 건물을 이야기해 달라고 요청하면 환자는 오른쪽 건물만 이야기합니다. 그런데 만약에 거꾸로 광화문을 등지고 있다고 생각하고서 떠오르는 건물을 이야기하라고 하면 앞선 질문에서는 오른쪽에 있어서 무시했던 건물을 이번에는 떠올리게 됩니다. 머릿속에 양쪽 모두에 대한 정보가 있음에도 상상 속에서조차 의식적인 접근이 한쪽을 무시하고 있음을 보여 줍니다.[3]

감각과 생각 속에서 무시되는 요소를 환자들이 전혀 인식하지 못하는 것은 아닙니다. 편측 무시 증후군 환자를 대상으로 한 어느 유명한 실험에서는 환자들에게 2개의 집을 그린 그림을 보여 주었습니다. 한 집은 멀쩡했지만 다른 한 집은 오른편에 불과 연기가 올라오고 있었습니다. 환자들은 2개의 집이 똑같다고 답변했습니다. 하지만 어느 집에 살고 싶으냐고 묻자 불이 안 난 멀쩡한 집을 가리켰습니다. 의식적으로 떠올릴 수는 없지만, 무시된 공간의 정보가 무의식적으로는 처리되고 있음을 나타내는 결과입니다.[4]

이 외에도 이마엽에 문제가 생기면 판단력이 떨어지고 자제력이 없어지거나 아무것도 하기 싫은 무기력증 등의 증상이 나타날 수 있습니다. 대표적인 예가 피니어스 게이지(Phineas Gage)입니다. 미국의 철도 노동자였던 게이지는 1848년 폭발 사고로 쇠기둥이 뇌의 이마엽을 뚫고 지나가는 사고를 당했습니다. 목숨은 건졌지만 사고 이후에 성격이 포악해지고 계획성이 없어지는 등의 변화가 나타나 주위에서 "더 이상 그는 게이지가 아니다."라고 이야기할 정도였습니다. 앞이마엽 겉질에 외상을 입은 사람이나 이마관자엽 변성(전두 측두 치매, frontotemporal degeneration) 환자에게서 이와 같은 증상을 관찰할 수 있습니다.[5]

이마엽은 새겉질 중에서도 사람이 사람으로서 사는 데 매우 중요한 기능들을 담당하고 있습니다. 이 부위는 유아기에는 발달하지 않았다가 성장해 가면서 함께 발달합니다. 주된 기능은 본능적인 행동의 억제입니다. 이마엽이 발달하지 못했거나 고장 난 환자는 본능에 충실해지고 외부 자극에 예민해지는 경향이 있습니다. 그래서 많이 먹으려 하고, 눈에 띄는 물건은 무엇이든 자꾸 만지려고 하고, 아무거나 입에 넣으려 합니다. 마치 한 살배기 아이처럼 말이지요. 여기에 두 가지 중요한 개념이 숨어 있습니다. 첫째, 이마엽이 덜 발달한 아기 때는 본능대로 만지고 따라 하면서 배움을 얻기 위해 뇌가 작동하다가 나이가 들고 이마엽이 성숙해지면서 이러한 행동을 억제하게 됩니다. 둘째, 환자들에게 이런 행동이 다시 나타나는 이유는 이마엽에 문제가 생겨서입니다.

우리나라 사망 원인 1위가 암, 2위가 뇌혈관 질환, 3위가 심장 질환입니다. 협심증이나 심근 경색 같은 심장 질환도 혈관이 막히거나 좁아져서 생기는 병이므로 결국 사망 원인 2위, 3위 모두가 혈관 질환인 셈입니다. 뇌혈관 질환은 엄격하게 말하면 뇌에 문제가 발생하는 것은 아니지만 사망 원인으로 높은 순위에 꼽히는 만큼 짚어 보지 않을 수가 없습니다.

뇌에 산소와 영양분을 공급하는 혈관이 막히거나 터지면 신경 세포들이 죽으면서 손상된 뇌 부위에 따라 다양한 증상이 나타날 수 있습니다. 우리말로는 흔히 뇌졸중이라고 하는데, 세분해 보면 혈관이 막히는 뇌경색(ischemic stroke)과 혈관이 터지는 뇌출혈(cerebral hemorrhage)이 있습니다. 뇌출혈도 뇌 안에 생기는 경우와 뇌를 둘러싸는 뇌막(cerebral meninges)에 생기는 경우로 나뉩니다.

뇌출혈을 유형별로 조사해 보면 뇌 실질에 출혈이 생기는 경우가 많습

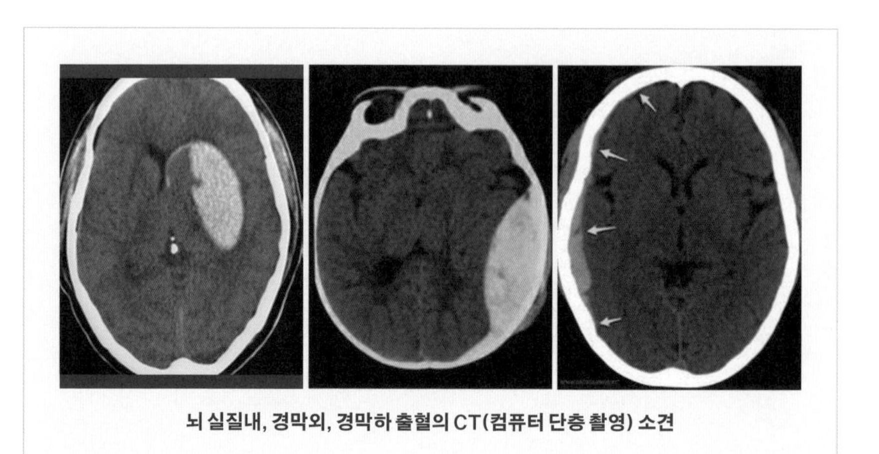

뇌 실질내, 경막외, 경막하 출혈의 CT(컴퓨터 단층 촬영) 소견

니다. 그래서 뇌출혈이 생기더라도 출혈량이 많지 않으면 대부분 흡수가 되기 때문에 수술을 안 해도 괜찮습니다. 출혈량이 많을 때에는 위험할 수 있습니다. 뇌출혈 중에서 뇌 실질에서 일어나는 출혈은 고혈압이 가장 큰 원인입니다. 제일 흔한 사례가 추운 겨울 아침에 화장실에서 힘을 주다가 혈관이 터지는 것입니다. 다행히 최근에는 고혈압 관리가 잘되어 이런 환자들이 많이 준 편입니다.

뇌는 충격으로부터 보호 받기 위해 단단한 머리뼈로 둘러싸여 있어서 출혈이 많아지면 피가 고이면서 뇌의 공간을 대신 차지하게 됩니다. 그 압력으로 밀려난 뇌는 반대쪽 반구를 누르기도 하면서 아래쪽으로 내려갑니다. 아래쪽에는 뒤뇌를 구성하는 기관인 뇌줄기가 있습니다. 뇌줄기는 앞에서 얘기한 대로 파충류의 뇌이기 때문에 뇌줄기가 눌리면 갑자기 심장이 멈추거나 호흡을 못하는 등 목숨까지 위험해집니다.

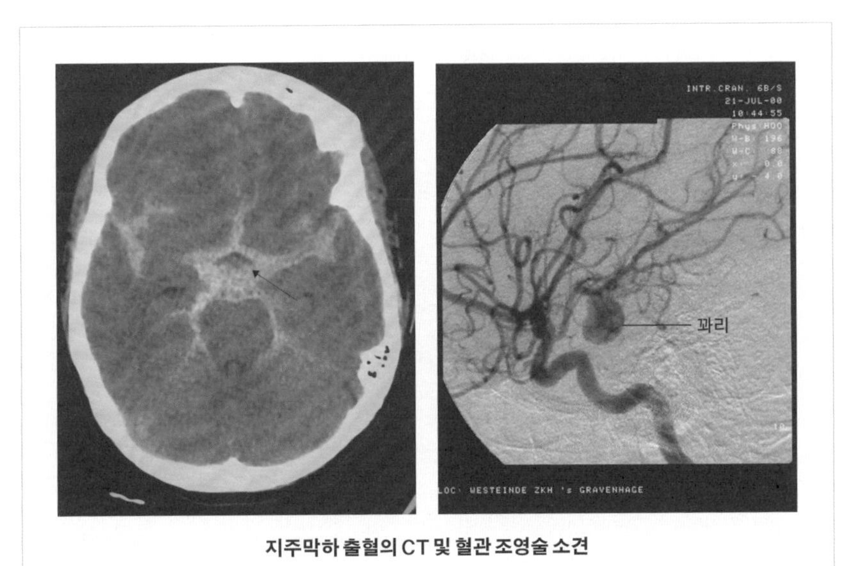

지주막하 출혈의 CT 및 혈관 조영술 소견

뇌를 둘러싸고 있는 뇌막 바깥쪽에 출혈이 생길 때도 있습니다. 이 경우에도 마찬가지로 피가 흡수되기를 그냥 기다리거나, 출혈 부위의 머리뼈에 구멍을 뚫어서 핏덩이를 제거합니다. 한 가지 예외는 지주막하 출혈(subarachnoid hemorrhage)입니다. 지주막하 출혈은 뇌막 안쪽 뇌척수액이 있는 공간에 출혈이 일어나는 것을 말합니다. 가장 흔한 원인으로는 혈관 벽이 약해지면서 부풀어 올라 형성된 꽈리(aneurysm)가 어느 순간 터져 버리는 것입니다. 절반은 사망에 이르고 절반은 살아남아도 신경학적 후유증이 남습니다. 흔히 말하는 급사의 원인 중 하나입니다. 문제는 꽈리가 있는지 없는지 검사해 보기 전까지는 전혀 이 병에 대해 예측할 수 없다는 것입니다. 일종의 시한폭탄을 안고 사는 셈인데, 지금은 뇌 영상 검사로 3차원 형태의 꽈리를 볼 수가 있습니다. 과거에는 머리뼈를 열고 꽈리 목 부위에 클립을 끼워 막는 시술을 했다면, 최근에는 혈관에 가는 도관(catheter)을 삽입하여 꽈리가 있는 부위까지 가게 한 후 GDC(Guglielmi Detachable Coil, 굴리엘미 백금 코일)라는 조그만 코일을 꽈리 안에 채우는 시술을 합니다. 뇌를 손상시키지 않기에 후유증도 덜한 장점이 있습니다.

뇌경색의 원인은 여러 가지인데 대부분은 혈관이 동맥 경화로 좁아지면서 나타납니다. 주로 목에 있는 경동맥에서 문제가 발생합니다. 동맥 경화로 혈관 내벽이 두꺼워지면서 플라크(plaque)가 생기는데 표면이 울퉁불퉁해서 피가 굳은 덩어리인 피떡(혈전, thrombus)이 여기에 잘 들러붙습니다. 이게 떨어지면 혈관을 타고 표류하다 혈관을 막습니다. 심장 판막증(valvular heart disease)이나 부정맥(arrhythmia)이 있어서 심장이 규칙적이지 않게 뛰면 피가 굳어서 역시 피떡을 만들고 이 피떡이 떨어져 나가면서 혈관을 막아 버립니다.

혈관성 질환의 치료

모든 병이 그렇듯이 혈관성 질환도 예방이 최선의 치료입니다. 먼저 위험 요인인 당뇨나 고혈압, 고지혈증을 조절하고 담배를 끊는 방법이 있습니다. 그리고 예방을 위해 항혈소판제제나 항응고제를 복용해야 합니다.

뇌경색이 발생하면 3시간 안에 병원에 도착해야 한다는 이야기를 들어 보셨을 겁니다. 이 시간 안에 오면 약을 써서 피떡을 녹일 수가 있습니다. 그 이후가 되면 막힌 곳 너머 피가 흐르지 못한 부위는 이미 뇌와 혈관이 손상되었을 확률이 높습니다. 그런 상황에서 혈관을 뚫어 주면 손상된 부분에서 출혈이 발생하여 더 나빠질 수도 있습니다. 최근에는 도관을 넣어 집게 같은 것으로 피떡을 끄집어내기도 합니다.

적절한 치료를 통해 다행히 완전히 회복될 수도 있지만 후유증이 남기도 합니다. 이 경우 재활 치료가 필요합니다. 운동을 열심히 하면 근육이 굵고 강하게 발달하듯이 뇌도 쓰면 쓸수록 강해집니다. 물론 많이 쓴다고 해당 영역이 굵어지는 것은 아닙니다. 시냅스가 많이 형성되는 효과가 있는 것이지요. 재활 치료는 고장 난 부위를 많이 쓰게 해서 제 기능을 찾도록 돕습니다. 제일 무식한 방법 중 하나가 오른손 마비가 있는 사람의 왼손을 묶어 마비된 오른손을 억지로 쓰게 만드는 것입니다.

그다음으로 중요한 것은 재발의 방지입니다. 재발할 확률이 높은 탓에 앞서 이야기한 위험 요인들, 혈압이나 당뇨 등은 조절하는 처치를 반드시 취해야 합니다. 이 과정에서 새로운 효능이 발견된 약이 바로 아스피린(aspirin)입니다. 아스피린에는 해열, 진통 외에도 피떡을 억제하는 효과가 있어 매일 조금씩 복용하면 뇌졸중과 심혈관 질환을 가장 경제적으로 예방할 수 있습니다. 경동맥의 경우에는 플라크를 미리 떼어 내는 수술을 하기도 하고 스테인리스로 만들어진 철망인 스텐트(stent)를 혈관에 넣어 좁아진 부위를 넓혀 주기도 합니다.

뇌전증

뇌전증은 뇌에서 일시적으로 너무 많은 비정상적인 전기 신호를 만들어 내어 문제가 되는 질병입니다. 예전에는 간질이라고 했지만 간질 환자에 대한 차별적 태도로 인해 현재는 뇌전증으로 쓰고 있습니다. 찰스 디킨스(Charles Dickens)나 윈스턴 처칠(Winston Churchill)처럼 저명 인사들 중에도 뇌전증을 앓은 사람이 많습니다. 실제로 뇌전증은 전 인구의 약 1퍼센트가 앓을 정도로 흔한 질병입니다. 여러분도 기억을 더듬어 보면 어렸을 때 반에 1명 정도는 경기를 하는 친구들이 있었을 겁니다. 그만큼 흔합니다.

보통은 발작의 양상을 관찰하고 뇌파 검사를 통해 뇌전증 진단을 내립니다. 그리고 약물에 잘 반응하기 때문에 80퍼센트에서 90퍼센트의 환자는 약물로 조절이 가능합니다. 2강에서 말씀드린 바와 같이 신경 세포의 흥분성을 떨어뜨리는 약물이 주로 사용됩니다. 그러나 약물에 반응하지 않는 환자에게는 수술적 치료가 필요합니다. 이 경우 발작이 시작되는 부위를 찾아야 하는데, 뇌파 검사만으로 가능할 때도 있지만 머리뼈를 열고 뇌 표면에 전극을 붙인 후 발작이 일어나기를 기다려서 확인하기도 합니다. 발작의 근원지를 알아낸 후에는 그 부위를 잘라 내거나 주위에 칼집을 넣어 뇌전증파가 퍼지지 않도록 수술을 합니다. 발작이 여러 군데에서 시작되고 의식을 잃는 것이 반복되는 심한 경우에는, 좌반구와 우반구를 연결하는 뇌들보(corpus callosum)의 일부를 절제하여 반대쪽 반구로 뇌전증파가 넘어가지 않도록 합니다.

퇴행성 뇌 질환

퇴행성 뇌 질환은 발병 부위에 따라 다양합니다. 대뇌 겉질에 생기는 제일 흔한 퇴행성 질환이 바로 치매의 원인이 되기도 하는 알츠하이머병입니다. 뇌의 바닥핵 부위에 생기는 경우가 운동 조절이 잘 안 되는 파킨슨병이나 헌팅턴병(Huntington's disease), 소뇌나 뇌줄기에 생기는 것으로 척수 소뇌성 실조증(spinocerebellar ataxia)이 있습니다. 잘 걷지 못하고 균형을 잡지 못하는 증상으로 시작되는 루게릭병은 운동 신경계에 퇴행성 질환이 발생한 것입니다. 퇴행성 질환은 오랜 시간 동안 병이 진행되기 때문에 발병 시점을 정확히 알기 힘듭니다. 진단도 헌팅턴병이나 척수 소뇌성 실조증은 유전자 검사로 진단이 가능하나 알츠하이머병이나 파킨슨병은 뇌 조직을 현미경으로 직접 보지 않고는 확진이 어렵습니다.

알츠하이머병

알츠하이머병은 1906년에 독일인 의사 알로이스 알츠하이머(Alois Alzheimer) 박사가 처음 보고한 병입니다. 알츠하이머 박사는 기억력 장애와 언어 장애 등을 앓은 환자의 사후 뇌 조직에서 아밀로이드판과 신경섬유 소체(neurofibrillary tangle)를 발견했습니다. 그 후로 같은 증상을 나타내는 질병에 알츠하이머병이라는 이름이 붙여졌습니다.

알츠하이머병을 앓는 환자는 뇌세포가 많이 죽은 탓에 정상인과 비교해서 쪼글쪼글하게 뇌가 줄어들어 있습니다. 진행 초기에는 기억력이 조금씩 떨어지고, 길을 헤매고, 말할 때 단어가 생각이 안 나서 "그거 있잖아.", "그걸로 저거하자." 등등 지시 대명사를 자주 쓰게 됩니다. 그러다가 더 진행이 되면 판단력이 떨어지고 이상 행동을 보이며 말기에는 움직이는 것도 힘들어져 누워만 지내다 합병증으로 사망에 이르게 됩니다. 그 기간이 10년에서 15년 정도 걸리는 것으로 알려져 있습니다.

그런데 왜 알츠하이머병의 증상은 이러한 경과를 보일까요? 그 비밀을 풀 실마리는 증상이 처음 생기고 번져 가는 양상을 분석하면 알 수 있습니다. 기억 장애가 제일 먼저 진행되는 이유는 병리 현상이 시작되는 부위가 해마를 중심으로 한 기억력을 담당하는 곳이기 때문입니다. 그러다가 병이 진행되어 중기가 되면 앞서 소개한 베르니케 영역 같은 언어 관련 영역, 시공간 기능을 담당하는 마루엽에 침범하며 길 찾기 장애나 언어 장애가 생기고 말기가 되면 이마엽을 침범하면서 의사 소통 장애, 판단력 장애와 이상 행동들이 나타납니다. 의사들은 거꾸로 환자의 증상을 가지고 뇌의 어느 부위가 침범되었는지를 알 수 있습니다.

알츠하이머병의 원인은 무엇일까요? 현재까지는 처음 알츠하이머 박사가 관찰한 아밀로이드판과 신경 섬유 소체가 중요 원인으로 여겨지고 있습니다. 아밀로이드판은 아밀로이드 단백질(amyloid protein)이, 신경 섬유 소체는 타우 단백질(tau protein)이 엉겨 붙은 것입니다. 아직 정확히 밝히지 못한 어떤 요인 때문에 이 단백질들이 엉겨 붙고 축적되면서 시냅스가 손상되고, 결국 신경 세포가 죽게 됩니다. 타우 단백질은 긴 축삭 돌기에서 물질 이동을 위해 일종의 철로를 형성하는 미세 소관을 고정해

정상인의 뇌

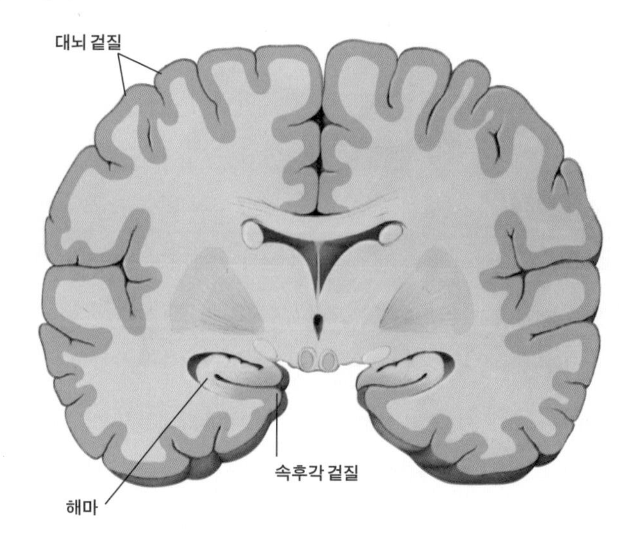

알츠하이머병 환자의 뇌

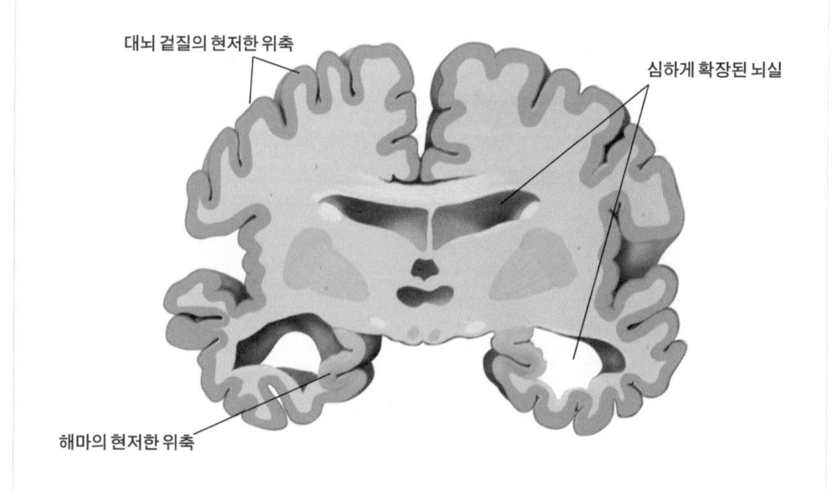

알츠하이머병 환자의 뇌 변형

주는 역할을 합니다. 타우 단백질이 떨어져 나와 엉켜 버림으로써 미세소관이 제 기능을 못하게 되고 축삭 돌기가 망가져 버립니다.

알츠하이머병은 제 연구 주제이기도 해서 잠깐 제가 연구하고 있는 내용을 소개해 드릴까 합니다. 예전에는 알츠하이머병에 걸린 환자들의 인지 기능과 뇌 영상 등 임상 연구를 주로 하다가 현재는 실험동물을 이용한 기초 연구를 함께 진행하고 있습니다. 실험동물로는 유전자 조작으로 알츠하이머병에 걸린 생쥐가 쓰이는데, 사람에게는 할 수 없는 침습적인 연구가 가능하다는 이점이 있습니다. 아시겠지만 사람의 뇌 연구에는 MRI나 PET가 많이 동원됩니다. 하지만 이 방법들은 제가 관심 있는 세포 수준이나 자세한 생리학적 현상들을 관찰하기에는 한계점이 있습니다. 그래서 저는 다소 잔인하게 들릴지 모르겠습니다만 쥐의 머리뼈를 조금 떼어 내고 거기에다가 유리창을 달아 놓는 방법을 택했습니다. 이 창문으로 빛을 비추면 살아 있는 뇌와 신경 세포들을 현미경으로 관찰할 수가 있습니다. 알츠하이머병의 주요 원인인 아밀로이드판이 어떻게 생기고 주위 신경 세포들에는 또 어떻게 영향을 미치는지를 이 뇌 창문을 통해 들여다보며 연구하고 있습니다.

알츠하이머병의 치료

알츠하이머병은 현재로서는 증상을 치료하는 단계입니다. 네 가지 약이 나와 있는데 그중 세 가지는 신경 전달 물질인 아세틸콜린을 분해하는 효소를 억제하는 약물입니다. 이 효소가 억제되면 아세틸콜린의 분해가 줄어들어, 시냅스에 아세틸콜린이 더 많이 존재하는 효과를 냅니다. 아세틸콜린이 증가하면 집중력이 올라가고 다른 인지 기능도 어느 정도 호전됩니다. 나머지 치료제는 글루타메이트의 수용체 중 하나인 NMDA(N-Methyl-D-Aspartate, N-메틸-D-아스파르트산염) 수용체를 차단하는 효과를 가지고 있습니다. 이 수용체가 차단되면 신경 세포가 과다하게 흥분하면서 사멸하는 과정을 억제할 수 있습니다. 다만 약을 먹었을 때 병의 진행이 중단되거나 진행 속도가 더뎌지는 증거가 아직 확실치는 않습니다. 그 외에도 항산화제, 항염증약 등이 역학 조사에서는 효과가 있는 것으로 보고되었지만, 실제 알츠하이머병 환자에게 투여했을 때는 효과가 없는 것으로 판명이 났습니다. 백신이나 줄기세포를 이용한 치료도 계속 시도되고 있습니다. 주요 원인인 아밀로이드판을 없애는 백신의 경우 능동 면역 작용으로 인해 뇌염 등이 부작용으로 나타났고, 이를 개량하여 항체를 주는 수동 면역 백신의 경우에도 최근 임상 시험에서 실패한 것으로 보고되었습니다. 줄기세포는 죽은 신경 세포를 대체할 수 있지 않을까 하는 희망에서 시도되었으나 남아 있는 세포들이 죽지 않게끔 도와주는 일종의 보약 같은 역할만을 하는 것으로 나타났습니다. 파킨슨병에서 주로 사용되던 전극을 삽입하는 치료를 알츠하이머병에 적용하려는 시도도 진행이 되고 있습니다.

파킨슨병

퇴행성 뇌 질환에서 알츠하이머병과 함께 큰 비중을 차지하는 파킨슨병은 운동 조절 기능에 장애가 생겨 주로 손이 떨리고 움직임이 늦어지며 몸이 뻣뻣해지는 병입니다. 파킨슨병 환자의 뇌를 보면 중간뇌의 흑색질(substantia nigra) 부분이 탈색이 되어 있습니다. 흑색질은 도파민을 만드는 신경 세포가 모여 있는 부위로 파킨슨병에 걸린 환자들에서는 여기 세포들이 죽어 있습니다.

파킨슨병의 치료는 알츠하이머병과 마찬가지로 도파민을 분해하는 효소를 억제하거나 도파민 수용체를 자극하는 약물을 사용합니다. 더 쉽게는 도파민을 직접 공급하는 방법이 있는데, 그냥 먹으면 도파민이 혈액 뇌 장벽(blood-brain barrier)를 잘 통과하지 못하기 때문에 도파민이 되기 전의 전구체인 레보도파(levo dopa)를 투약합니다. 이 약이 처음 개발되었을 때 비슷한 증상을 보이는 후기 기면성 뇌염(encephalitis lethargica) 환자에게 사용되기도 했으며, 그 실제 사례를 바탕으로 한 영화가 로버트 드 니로와 로빈 윌리엄스가 주연한 「사랑의 기적(awakening)」입니다. 그런데 이 약물은 오래 쓰면 효과가 잘 안 나타나는 데다가 약효가 났다 하면 너무 강해서 마치 춤을 추듯 과다한 행동을 표출시킨다는 문제가 있습니다. 최근에는 이런 환자들에게 뇌에 전극을 꽂아서 자극하는 DBS(Deep Brain Stimulation, 심부 뇌 자극)가 널리 사용되고 있습니다. 도파민 세포의 소실로 활성이 증가되어 있는 시상밑핵(subthalamic nucleus)을 전기 자극으로 억제함으로써 운동 조절 네트워크를 안정화하는 것입니다.

퇴행성 질환은 앞으로 점점 더 큰 사회 문제가 될 것입니다. 우리나라 남성의 평균 수명이 약 77세, 여성이 84세라는 통계 조사에서도 보듯이 장수하는 인구가 늘어남에 따라 퇴행성 질환도 함께 늘어 갈 것입니다. 65세 이상의 알츠하이머 유병률이 5에서 10퍼센트라면 85세 이상의 유병률은 40에서 50퍼센트입니다. 퇴행성 질환은 환자 본인만이 아니라 주변 가족들에게까지 고통을 줄 수 있는 만큼 원인을 규명하고 치료 방법을 개발하려는 의학계의 노력은 물론이고 사회적, 정책적 차원에서도 많은 관심을 기울여야 할 것 같습니다.

앞으로의 숙제

이제 제 강연을 마무리하고자 합니다. 최근 뇌에 관심을 갖는 사람들이 참 많아졌습니다. 서점에 가면 뇌를 다루는 책을 많이 찾아볼 수 있습니다. 강연 초반에 말씀드린 대로 뇌에 대한 관심은 뇌가 만들어 내는 생각, 마음, 기억에 대한 관심이라고 생각합니다. 현재 수준에서 뇌가 어떻게 작동하는지를 모두 이해할 수는 없습니다. 저를 포함한 많은 연구자들이 아이작 뉴턴(Issac Newton)의 고전 역학에서 알베르트 아인슈타인(Albert Einstein)의 상대성 이론으로의 전환처럼 기존 패러다임을 완전히 바꿀 수 있는 이론이 나오기 전까지는 뇌를 완벽히 이해하기란 어려울 것으로 생각하고 있습니다. 그럼에도 현재 우리가 알고 있는 지식만으로도 뇌는 참으로 멋지고 신기하고 대견합니다.

지구상의 모든 생명체는 탄생과 죽음이라는 과정을 거칩니다. 우리 몸의 모든 장기나 세포들도 마찬가지지요. 그러나 그중에서도 뇌는 '나'라는 존재를 정의하는 가장 커다란 부분이기에 그 탄생과 죽음이 특별한 의미를 지닙니다. 뇌 과학과 생물학, 의학의 발달로 존재의 근원적인 문제들을 이제는 과학적인 관점에서도 접근할 수 있게 되었습니다. 철학적인 관점에 대해 과학적인 관점으로 우리의 뇌, 마음, 기억, 사고를 살핌으로써 좀 더 객관적이고 냉철하게 우리 삶과 우리 자신을 바라볼 수 있지 않을까 합니다. 이것으로 제 강의를 마치겠습니다. 감사합니다.

Q & A

Q_ 뇌에 신경 세포가 1000억 개 있다고 말씀하셨는데 이 1000억이라는 숫자가 어떤 근거로 나온 것인지 궁금합니다.

A_ 시청 앞 광장에서 집회가 열리면 수많은 사람들이 몰려듭니다. 참가 인원을 파악해 보겠다고 이들을 일일이 셀 수는 없습니다. 뇌세포의 개수를 세는 법은 집회의 참가 인원을 계산하는 방법과 비슷합니다. 세포의 밀도를 부위별로 파악하고서 몇 군데를 샘플로 정합니다. 거기에 신경 세포가 몇 개 있는가를 센 후에 전체 부피를 곱하는 식입니다.

Q_ 인간의 몸 중에서 진화의 압력을 가장 강력하게 받는 부위가 뇌라는 이야기를 들은 적이 있습니다. 그동안 역사적으로 인류의 뇌 진화에 어떤 단계가 있었는지, 있었다면 몇 단계 정도였는지 궁금합니다. 만약 진화 과정이 실제로 존재했다면 그것이 특정한 부위만 발달한다든지 하는 식으로 방향성을 갖고 있었나요?

A_ 진화를 몇 개의 단계로 구분해서 설명하기는 어려울 것 같습니다. 그리고 저는 진화에 방향성이 있다고는 보지 않습니다. 예를 들면, 오랫동안 우리 인간은 종이에 인쇄된 활자를 읽어 왔습니다. 그러다가 최근에는 스마트폰이나 태블릿으로 E-book을 읽는 행동이 생겨났습니다. 진화에 어떤 방향성이 있어서 이런 행동이 가능해진 것일까요? 인류가 문자를 발명하고 사용해 온 기간인 5,000년으로 시간을 늘려도 마찬가지입니다. 진화가 일어나기에 5,000년이라는 기간은 너무 짧습니다. 그 사이에 진화라고 부를 만한 변화는 없었다고 감히 말씀드릴 수 있습니다. 그런데도 기존에 없었던 E-book 읽기라는 행동이 가능한 이유는 우리 뇌에 숨겨진

능력이 있기 때문입니다. 뇌 호문쿨루스에서 입과 손가락 부위가 상대적으로 넓었던 것을 기억하실 겁니다. 손을 많이 쓰는 사람의 뇌로 호문쿨루스 그림을 그리면 해당 부위들이 더 넓게 나옵니다. 진화가 아니라 뇌가 가진 유연성, 가소성의 결과인 것입니다.

최근 인간이 겪고 있는 가장 큰 환경 변화로 디지털 혁명을 꼽을 수 있을 것 같습니다. 쏟아지는 정보의 홍수 속에서 주의 집중을 지속하기가 힘든 시대가 되었습니다. 저도 태블릿 컴퓨터로 논문이나 E-book을 보긴 하지만 한 번에 3페이지 이상은 힘듭니다. 화면이 작은 휴대 전화는 더 힘들겠죠. 이런 환경 변화가 어떤 식으로든 뇌의 가소성을, 그리고 나아가서는 우리의 행동 양식을 바꿀 텐데 왜 그렇게 변했으며 앞으로 어디로 갈는지는 알 수 없습니다. 그냥 그렇게 가는 수밖에요.

Q_ 뇌는 간이나 심장처럼 이식하는 것이 불가능하다는 이야기를 들었습니다. 이유가 무엇인가요? 미래에 뇌를 이식하거나 줄기세포를 이용해 손상된 뇌 부위를 재생할 가능성에 대해서도 알고 싶습니다.

A_ 뇌 이식은 우선 기술적으로 힘듭니다. 연결되는 부위의 수십만 개 신경을 일일이 다 맞추어야 하는데 보통 일이 아닙니다. 자칫 잘못 연결했다간 팔을 움직이려고 하는데 다리가 번쩍 들린다든지 하는 혼선이 일어납니다. 실제로 동물을 대상으로 뇌 이식을 실험한 적이 있습니다. 1959년에는 개로, 1970년에는 원숭이로 실험을 했는데 며칠은 살아 있었다고 합니다. 그러나 이 실험은 머리를 통째 잘라 다른 몸에 붙였던 것이어서 뇌가 제대로 작동했다기보다는 그저 혈액이 공급되면서 얼마간 살아 있었던 것으로 생각됩니다.

나노 기술이 발전하여 신경을 하나하나 연결할 수 있는 시대가 온다면 불가능한 일은 아닐지도 모릅니다. 그런데 정말 문제는 뇌가 정신/마음과 이어져 있다는 것입니다. 예를 들어 야구 선수 류현진의 뇌와 내 것을 서로 바꾸었다고 생각해 봅시다. 누가 '나'이고 누가 '류현진'일까요? 심장이나 간은 내가 타인의 장기를 이식 받는 것이지만, 뇌 이식은 거꾸로 다른 사람이 내 몸을 이식 받은 것이나 다름없습니다. 류현진의 뇌를 이식 받은 나는 지금의 내 몸으로 류현진처럼 공을 잘 던질 수 있을까요? 내 뇌를 이식 받은 류현진은 자신의 몸으로 원래처럼 공을 잘 던질 수 있을까요?

줄기세포를 이용한 재생에도 문제점이 있습니다. 일단은 이식될 신경 세포가 가야 할 곳을 제대로 찾아가기가 어려울 것입니다. 신경 세포는 1미터가 넘는 긴 축삭돌기를 가지고 있는데 뇌에서 허리까지 이 축삭 돌기가 자랄 수 있을까요? 축삭 돌기가 자라는 속도는 하루에 수 밀리미터도 안 됩니다. 그리고 엉뚱한 신경 세포에 시냅스가 형성되어 합선될 가능성도 높습니다. 신경 세포가 이런 오류를 막기 위해서 가급적 세포 분열을 안 하는 방식을 선택한 것이라고 추론하는 학자도 있을 정도입니다.

Q_ 뇌의 부분마다 제어하는 신체 부위가 다르다고 말씀하셨잖아요. 팔이나 다리를 잘린 아이가 몸의 다른 부위를 만지자 잘려 있는 부위의 감각을 느꼈다는 이야기를 들은 적이 있습니다. 그런 감각의 혼선은 왜 일어나게 되는 건가요?

A_ 환상지(phantom limb)라는 현상이 있습니다. 수술이나 사고로 없어진 손발 부위가 마치 실제로 존재하는 것처럼 아프고 간지러운 증상입니다. 이유는 이렇습니다. 손발이 사라져서 그곳으로부터 들어오는 입력이 더 이상 없게 되면 뇌 영역의 재배열이 일어납니다. 검지가 잘리면 검지를 맡았던 뇌 부위가 (검지 대신) 중지에서 들어오는 신호를 같이 처리하고, 손이 없어지면 팔뚝 부위가 더 넓어지면서 손의 영역을 차지합니다. 따라서 팔뚝을 만져도 손을 만진다고 느끼게 되는 것입니다.

팔은 잘렸지만 팔을 담당하던 뇌의 영역은 남기 때문에 뇌가 자극이 되면 이미 사라지고 없는 팔이라는 사실을 분명히 자각하고 있음에도 감각을 느끼게 됩니다.

Q_ 치매 같은 질병에 걸려 손상된 뇌 부위에 컴퓨터 칩을 이식하는 방법으로 이마엽의 역할을 대신해 줄 수는 없을까요?

A_ 그런 기술을 '브레인 이식' 또는 '신경 세포를 닮은 칩(neuromorphic chip)'이라고 합니다. 신경 세포의 전기 신호를 모방하는 반도체 칩을 뇌에 이식하는 것인데 실험동물에서 이미 시도되었고 최근에는 사람에서도 시도되고 있습니다. 인공 해마를 만들어 치매 환자들의 기억을 증진시키기를 기대하고 있습니다.

Q_ 신경 세포나 시냅스는 무한으로 증식하나요?

A_ 암세포가 아닌 다음에야 우리 몸의 그 어떤 세포도 무한 증식은 하지 않습니다. 대부분의 신경 세포는 태어날 때 형성이 되어 있습니다. 그 후로는 더 이상 세포 증식이 일어나지 않는다고 생각했으나 최근에 와서 성인의 뇌에서도 성체 줄기세포가 생긴다는 사실이 밝혀졌습니다. 신경 세포가 새로이 생겨나는 부위가 두 군데 있는데 하나는 해마이고, 다른 하나는 뇌가 발생할 때 뇌실 옆에서 신경 세포가 분열하던 그 부위입니다. 그러나 죽는 세포들이 있기 때문에 전체적으로는 신경 세포의 수가 줄어들게 됩니다. 시냅스의 경우도 무한할 수는 없습니다. 시냅스를 형성할 수 있는 세포 표면 공간에 제약이 있기 때문입니다. 시냅스는 생후 8개월경이 가장 밀도가 높고 이후에는 필요 없는 시냅스가 제거되는 과정을 거칩니다. 이렇게 생후 경험과 교육으로 어떤 시냅스는 강화되고 나머지는 없어지는 현상을 시냅스 가소성이라고 합니다.

Q_ 시냅스가 늘면 IQ(Intelligence Quotient, 지능 지수)도 올라갈 수 있을까요?

A_ 우리 뇌의 작동 능력을 IQ라고 한다면 여기에 영향을 미치는 것은 크게 유전과 경험입니다. 일단 좋은 유전자를 받아야 합니다. 그리고 이후에 교육이나 영양 공급 등의 영향을 받게 됩니다. 시냅스가 많을수록 이래저래 좋을 것 같지만 사실 네트워크 측면에서 보면 너무 많은 시냅스는 비효율적이고 에너지를 소모합니다. 따라서 시냅스의 수와 IQ가 관계는 있지만, 직접적인 선형 관계라고 확답할 수는 없습니다. 양보다는 오히려 시냅스의 질적인 면을 봐야 합니다. 아직 확실치는 않지만, 시냅스가 많을수록 조그마한 신호라도 여기저기 써먹을 수 있으니까 그런 것을 질적인 요소로 이야기할 수 있을지도 모르겠습니다.

알츠하이머성 치매에서 가장 중요한 요인 중 하나가 교육입니다. 초등학교까지만 나온 사람이 대학을 나온 사람보다 2배 이상 치매에 더 많이 걸린다는 조사 결과도 있습니다. 과학자들은 이를 인지 보유고(cognitive reserve)라는 개념으로 설명합니다. 인지적으로 가난한가, 부자인가를 따지는 것입니다. 분명히 치매라는 병은 우리의 인지 기능을 갉아먹습니다. 공부를 많이 한 사람은 병에 걸려도 원래 인지 기능이 높아서 그 영향이 빠르게 나타나지 않지만, 교육을 많이 못 받은 사람은 조금만 지나도 금방 증상이 나타난다고 해석하고 있습니다. IQ도 같은 맥락에서 생각할 수 있습니다. 시냅스의 수가 늘어나는 것은 IQ와 분명 관계가 있습니다. 그러나 수가 중요한 것은 아닙니다. 얼마나 효율적으로 시냅스가 작동하는가가 더 중요할지도 모릅니다. 즉, 양도 중요하지만 시냅스 개수만 가지고 IQ를 설명할 수는 없습니다.

Q_ 뇌 활동이 네트워크 기반이라고 말씀하셨는데 그런 네트워크가 어떻게 변해서 학습과 기억이 이루어지는가요?

A_ 현재의 수준에서 네트워크의 특성이 변하는 가장 단순한 단위는 2개의 신경 세포 사이의 시냅스에서 일어나는 LTP나 LTD입니다. 이러한 일시적인 변화가 반복되면 시냅스의 면적이 넓어지거나 옆에 새로운 시냅스가 추가로 생기는 등의 구조적인 변화가 초래된다고 봅니다. 만약 약물로 이 과정을 차단하면 뇌는 새로운 것을 배우거나 기억하지 못하게 됩니다.

이것을 네트워크 수준에서는 어떻게 확인할 수 있을까요? 그것도 저희 연구실의 연구 주제 중 하나인데 일종의 훈련을 시킨 후 네트워크를 분석하는 것입니다. 저희가 했던 실험 중 하나는 피험자에게 8주 동안 왼손 젓가락질로 콩을 옮기는 훈련을 시키고 훈련 전후의 네트워크 변화를 안정 시 fMRI로 보았습니다. 그랬더니 훈련 후에 네트워크의 효율이 높아졌습니다. 《네이처(*nature*)》에 실린 논문 중에는 일반인에게 저글링을 연습시켰더니 특정 부위의 뇌 두께가 두꺼워지고 그 영역에서 연결하는 신경 섬유도 더 탄탄해졌다는 보고도 있습니다. 현재는 그래프 이론을 적용하여 네트워크의 어떤 변수나 특성이 이러한 기억이나 학습을 반영하는지 분석하고 있습니다.

Q_ 신경 세포를 모델링해서 컴퓨터로 시뮬레이션한다는 이야기가 굉장히 인상 깊습니다. 혹시 국내에도 그런 연구를 하는 연구실이 있는지요?

A_ 그와 같은 연구를 하는 분야를 계산 신경 과학(computational neuroscience)이라고 합니다. 국내에도 학회가 있습니다. 계산 신경 과학의 시작은 호지킨과 헉슬리 두 과학자가 유럽창꼴뚜기의 축삭 돌기에서 이온 통로의 행동을 나타내는 수학 모델을 만든 것입니다. 가상의 입력을 주면 실제와 거의 같은 출력이 나오는 것을 보여 1963년에 노벨상을 받았습니다. 지금은 개인이 사용할 수 있는 프로그램도 있습니다. 예일 대학교(Yale University)와 듀크 대학교(Duke University)가 공동으

로 개발한 뉴런(NEURON)이라는 프로그램으로 개인 컴퓨터에서도 신경 세포의 네트워크를 시뮬레이션할 수 있습니다.

Q_ 치매 환자를 보면 대부분 최근 기억이 감소하는 반면 과거 기억은 더 많아지는 것 같습니다. 성격에도 변화가 생겨서 폭력적이고 본능에 가까운 행동들을 많이 보이고요. 이런 증상들이 시냅스에 변화를 주면 치료가 되는 것인지요? 아니면 뇌 네트워크 기능과도 관련이 있어서 학습을 해야 치료가 가능한 것인지 궁금합니다.

A_ 알츠하이머병의 진행에서 장기 기억이 더 오래 가는 이유는 시냅스가 튼튼해서입니다. 그래서 초기에는 별로 손상을 받지 않습니다. 상대적으로 단기 기억들은 시냅스가 약하기 때문에 초기에 손상이 나타나서 최근 기억들이 먼저 사라집니다. 성격이 변하는 것은 판단력이나 성격을 결정하는 이마엽까지 질환이 침범하면서 폭력성을 드러내게 되기 때문입니다. 치매는 시냅스가 제대로 작동하지 않는 것일 수도 있지만, 결국은 신경 세포 자체가 죽는 것이기 때문에 회복시킬 여지가 없습니다. 다시 말씀드리면, 시냅스가 기능적으로 떨어지는 증상이 치매 초기에 있기는 하지만 결국은 세포가 물리적으로 없어지고 모두 사멸하는 수순을 밟기 때문에 시냅스에 변화를 주는 것만으로는 치료가 어렵다고 볼 수 있습니다. 줄기세포 주입에 희망을 걸었지만 아직까지는 모든 시도가 실패로 끝났습니다. 이식된 줄기세포가 네트워크상에서 원래 세포의 역할을 하는 것이 거의 불가능하기 때문에, 이 역시 힘들다고 보고 있습니다.

Q_ 최근 젊은 사람들에게서도 기억력 감퇴가 문제가 되고 있습니다. 이 같은 건망증이 흔한 병인지, 원인이 무엇인지 알고 싶습니다.

A_ 치매냐, 건망증이냐의 기준을 흔히 '남자들이 화장실에서 나올 때 지퍼를 안 올리면 건망증이고, 화장실에 들어갈 때 지퍼를 안 내리면 치매다.' 이렇게 이야기를 하곤 합니다. 사람들은 뇌의 기능이 무한하다고 생각하지만, 사실 너무나도 제한되어 있고 주의 집중을 통해 꼭 필요한 것들만 처리할 수 있습니다. 젊은 사람들이 겪는 건망증의 경우, 너무나도 많은 정보에 둘러싸인 복잡한 현대 사회에서 한 가지 일을 하면서도 머릿속으로 계속 다른 정보를 처리하는 통에 경험하는 일종의 과부하 현상이라고 생각됩니다. 제일 좋은 해결책은 정보의 가지치기인 것 같습니다. 명상이나 휴식을 통해 머릿속을 정리하고 처리해야 하는 정보를 줄여 지금의 일에 집중하는 것이죠. 최근 건망증의 원인으로 가장 큰 비중을 차지하는 것이 바로 세상의 복잡성입니다.

나이가 들수록 삶의 복잡성은 점점 늘어납니다. 어린 시절에는 1만 개의 선택지 중에서 하나를 고르면 되지만, 어른이 되면 10만 개 중에서 하나를 골라야 합니다. 시간이 더 걸리고 반응도 늦어질 수밖에 없습니다. 필요 없는 것들을 가지치기하는 과정을 통해 시간을 잘 나누어 써야 합니다. 한 번에 여러 가지를 하는 멀티태스킹으로 한두 가지 일은 가능할지도 모릅니다. 하지만 가짓수가 늘어나면 날수록 뇌에서 처리를 다 못하기 때문에 기억력이 떨어지는 현상이 나타납니다. 치매 클리닉을 찾는 젊은 분들의 십중팔구는 이런 경우입니다.

Q_ 뇌에는 감각 기관이 없으니까 사실 아픔을 못 느끼잖아요. 그러면 두통은 모두 혈관성 질환인가요?

A_ 우리가 느끼는 두통에는 거의 뇌막이 작용하고 있습니다. 뇌막은 통증을 느끼지 못하는 뇌를 감싸는 기관으로 그만큼 대단히 민감합니다. 뇌수막염 환자에게서 발열과 함께 찾아오는 극심한 두통은 뇌막에 염증이 생기면서 발생하는 것입니다.

혈관 벽도 통증을 느낄 수 있습니다. 우리가 평소에 경험하는 가장 흔한 두통은 긴장성 두통으로, 이것은 뇌의 바깥쪽이 아픈 것입니다. 긴장을 하게 되면 자기도 모르게 목이나 어깨가 위축이 됩니다. 그러면 근육이 뭉치고 목에서 올라와 머리로 가는 신경이 자극되면서 두통이 옵니다. 이때 제일 좋은 방법은 근육을 풀어 주는 스트레칭입니다.

2

우리는 어떻게 선택하는가?

의사 결정의 신경 과학

정재승 KAIST 바이오및뇌공학과 교수

KAIST에서 물리학을 전공하여 학부를 마치고 비선형 동역학과 복잡성 과학을 신경 과학(neuroscience)에 접목한 치매 환자의 대뇌 모델링으로 박사 학위를 받았다. 예일 의대(Yale School of Medicine) 정신과 박사 후 연구원, 고려대학교 물리학과 연구 교수, 컬럼비아 의대(College of Physicians and Surgeons at Columbia University) 정신과 조교수를 거쳐 현재 KAIST 바이오및뇌공학과 부교수로 재직 중이다. 의사 결정(decision-making) 신경 과학, 정신 질환 모델링, 뇌-로봇 인터페이스 등에 관해 70여 편의 논문을 썼다. 특히 수학과 물리학의 관점에서 컴퓨터를 활용하여 정신 질환자의 대뇌를 모델링하는 연구의 세계적인 전문가이다. 2009 다보스 세계 경제 포럼(The World Economic Forum)에서 '차세대 글로벌 리더'로 선정되었으며 2011년 대한민국 과학 문화상을 수상한 바 있다. 저서로는 『물리학자는 영화에서 과학을 본다』, 『정재승의 과학 콘서트』, 『정재승+진중권 크로스 1, 2』(진중권 공저), 『눈먼 시계공』(김탁환 공저), 『쿨하게 사과하라』(김호 공저), 『뇌과학자는 영화에서 인간을 본다』 등이 있다. 특히 『정재승의 과학 콘서트』는 13년간 50만 부 이상 팔리면서 과학 교양서 분야에서 가장 사랑 받는 베스트셀러로 자리매김했다. 최근에는 세계적인 제약 회사 머크(Merck & Co.), 뉴로 마케팅(neuromarketing) 회사 뉴로포커스(NeuroFocus) 등에서 경영 자문도 맡고 있다.

1강

인간은 합리적인 의사 결정자인가?

안녕하세요. KAIST 바이오및뇌공학과의 정재승입니다. 저는 앞으로 3번에 걸쳐 인간의 뇌가 가진 아주 놀라운 능력을 소개하고, 이를 바탕으로 "우리는 어떻게 사고하고 판단하고 결정하며 실행에 옮기는 존재인가?", "그런 우리가 모인 사회는 또 어떻게 움직이는가?"라는 의문에 도전하는 뇌 과학의 현장으로 여러분을 안내하려 합니다. 비록 짧은 강의지만 이 3번의 강의가 우리가 평생을 품고 살아가는 질문, "인간이란 과연 무엇인가?" 하는 물음에 여러분 스스로 해답을 구해 보는 계기가 되었으면 합니다.

저는 뇌를 연구하는 물리학자입니다. 대학교와 대학원에서 물리학을 공부하는 것으로 연구자 생활의 첫발을 내디뎠습니다. 시작은 천체 물리학이었습니다. 초등학교 5학년 무렵부터 '우주의 기원을 고민하는 철학자'가 가장 고귀한 인간이라 생각했고 모든 서양 학문의 아버지라고 칭송받는 소크라테스(Socrates)나 아리스토텔레스(Aristoteles) 같은 사람이 되고 싶었습니다. 그런데 아리스토텔레스가 지금 시대에 태어났다면 무엇을 했을까 생각해 보니 아마도 천체 물리학자가 되었을 것 같았습니다. 천체 물리학자라면 과학이라는 관점과 도구로 철학의 궁극적 목표인 존재 의의에 대한 물음에 답해 줄 수 있으리라 생각했습니다.

하지만 막상 천체 물리학을 공부하고 보니, 이 분야에서는 이미 전 세계의 걸출한 천재들이 거대한 학문의 탑을 일구어 놓은 터라 제가 평생을 연구해도 그 탑에 작은 조약돌 하나 더하기 힘들다는 사실을 깨닫게 되었습니다. 많은 사람들이 그저 이름 없이 사라지고 있었습니다.

고민하던 그때 프랙털(fractal, 작은 세부 구조가 전체를 그대로 닮은, 자연에서 흔히 발견되는 패턴)이라는 개념을 세상에 내놓은 브누아 망델브로(Benoît B. Mandelbrot)의 강연을 듣게 됐습니다. 다양한 현상에서 발견되는 자연의 본질을 통일된 관점으로 볼 수 있다는 생각에 엄청난 감동을 받았습니다. 자연이 만들어 내는 복잡한 패턴과 역학적인 특성을 탐구하는 학문인 '복잡계 과학(complex system science)'은 당시 만들어진 지 이삼십 년밖에 되지 않은 신생 학문이었습니다. '아, 이 분야를 연구하면 하나의 학문이 만들어지는 과정을 곁에서 지켜볼 수 있겠구나!' 혹은 '나도 뭔가 하나의 학문이 탄생하는 데 기여할 수도 있겠구나.'라는 생각이 들었습니다. 그렇게 뛰어든 복잡계 과학에 지금까지 계속 몸담고 있으면서 여러 가지 연구를 진행하고 있습니다. 다른 사람들이 하지 않는 새로운 분야를 오랫동안 꾸준히 연구해서 언젠가는 선구자 소리를 듣는 것, 무디긴 하지만 제 전략입니다.

예전에 물리학자들은 복잡한 현상을 단순화하길 좋아했습니다. 복잡함을 다룰 능력도, 복잡한 현상을 만들어 내는 시스템의 근본 원리를 탐구할 능력도 없었기 때문입니다. 그런데 20세기에 접어들어 수학과 컴퓨터가 눈부시게 발전하면서 복잡한 문제를 단순화하지 않고도 있는 그대로 대면할 수 있게 되었습니다. 그렇게 해서 탄생한 것이 복잡계 과학입니다. 복잡계 과학은 어떤 시스템이 만들어 내는 현상이 복잡할지라도, 그 시스템을 움직이는 근본 원리는 우리가 이해할 수 있을 만큼만 복잡하다는 가정 내지는 희망 위에 서 있는 학문입니다.

아주 단순한 원리로도 복잡한 현상을 만들 수 있습니다. '나비 효과(butterfly effect)'라고 들어 보셨을 겁니다. 브라질에서 나비가 날갯짓을 하면 미국 텍사스에서 태풍이 일어난다고 일컬어지는 이 현상이 대표적인 예입니다. 현상을 설명하는 원리는 정말로 간단하지만 처음의 작은 차이가 초기 조건의 민감한 의존성(sensitive dependence on initial conditions)으로 완전히 다른 결괏값을 낳기 때문에 관찰자가 예측하기 힘든 상황이 될 수 있습니다.

우리 주위에 있는 많은 복잡한 시스템들이 복잡계 과학의 연구 대상입니다. 저와 함께 공부한 연구실 선배들은 인공위성에서 관측하는 데이터를 분석해서 GPS(Global Positioning System, 위성 위치 확인 시스템)를 만드는 일을 하기도 했고, 증권 회사에서 주가를 예측하기도 했습니다. 저는 이 이론을 인간이 지금까지 발견한 가장 복잡한 시스템 중 하나인 뇌에 적용해 보기로 했습니다. 뇌는 그저 복잡하기만 한 게 아니라, 체계를 가지고 있고, 스스로 복잡한 패턴을 만들어 내는 능력이 있으며, 그것이 시스템의 기능과 구조에 매우 중요한 역할을 한다는 점에서 저 같은 물리학자에게 무척 흥미로운 탐구 대상입니다.

우주에서 가장 복잡한 시스템, 뇌

인간의 뇌는 1000억 개의 신경 세포가 제각기 주변에 있는 다른 신경 세포 1,000여 개와 복잡한 시냅스를 형성하며 얽혀 있는 세포 공동체입니다. 이를 위해 하나의 신경 세포에는 수천 개의 가시가 돋아 있으며, 이 가시 하나하나에서 복잡한 계산이 벌어집니다. 이런 신경 세포들이 주변 세포와 전기 신호를 주고받으면서 정보를 처리하고 처리된 정보는 또다시 더 먼 곳의 세포들과 상호 작용을 하니 뇌는 그야말로 '복잡한 정보 처리를 하는 신경 세포들의 사회'라고 할 수 있습니다. 마치 때로는 가까운, 또 때로는 지구 반대편의 사람들과 소통하며 사회를 이루어 살아가는 인류처럼 말이지요. 저는 복잡계 과학을 통해 이 우주에서 가장 복잡한 시스템인 뇌가 어떻게 사고하고 의식을 갖게 되었는지, 뇌가 가진 다양하고 놀라운 기능을 '영혼'이라는 가설을 도입하지 않고도 설명이 가능한지를 탐구하고 있습니다. 처음의 제 관심이 '철학의 존재론적인 질문', 그러니까 우주가 어떻게 탄생해서 지금의 모습이 되었는지를 고민했다면 현재는 (비록 천체 물리학에서 멀리 떠나왔지만) 뇌를 통해 우주를 우리가 어떻게 인식하는지를 묻는 '철학의 인식론적 질문'으로 옮겨 왔다고 볼 수 있습니다.

뇌의 다양한 기능 중에서 제일 많이 연구된 영역은 시각계(visual system)입니다. 많은 신경 과학자들이 저와 같이 인식론적 측면에서 "뇌는 눈을 통해 어떻게 세상을 인식하는가?" 하는 질문을 던지며 탐구의 여정을 출발했던 것 같습니다. 한편 1960년대 들어 신경 과학자들이 인지 과학자들과 함께 "학습과 기억이 어떻게 이루어지는가?"를 연구하면서 인공 지능(artificial intelligence)이라는 새로운 분야가 탄생하게 됩니다. 학습과 기억 시스템은 시각계와 더불어 뇌에서 연구가 가장 많이 이루어진 영역에 속합니다.

저는 최근에야 주목 받기 시작한 신생 분야를 연구하고 있습니다. 바로 "사람은 무엇을 언제, 어떻게, 왜 선택하는가?"를 다루는 의사 결정(decision-making) 신경 과학입니다. 자신 앞에 여러 다양한 선택지(option)가 놓여 있을 때 사람은 어떻게 행동할까요? 보통은 하나를 골랐을 때 무슨 일이 벌어지는지, 혹은 나한테 더 큰 이익을 주는 선택이 무엇인지를 비교한 다음 가장 적절한 답을 고를 것입니다. 의사 결정에는 이렇게 나에게 돌아올 이익, 특히 경제적 이익이 우선하지만, 이 외에도 "이걸 고르면 내가 저 사람과 관계가 더 좋아질 거야." 같은 사회적 이익이나 "예전에 이걸 한번 써 봤는데 좋았어." 같은 과거 경험, "이게 제일 먼저 눈에 띄었어." 같은 주의 집중까지 관여합니다. 그래서 사람이 선택하는 동안에는 뇌의 전 영역이 바쁘게 움직이는 모습을 볼 수 있습니다. 심지어 이마 바로 뒤 앞이마엽에서 일어나는 "어떤 게 더 옳으냐? 혹은 더 공평하냐?" 같은 고등한 '도덕적 의사 결정(moral decision-making)'이 작용하기도 합니다. 우리는 항상 이런 것을 두루 고민하면서 의사 결정을 합니다. 인간은 경제학자들이 생각하는 것보다 훨씬 더 복잡한 동물이며, 선택 기준도 다양하고 복잡하며 때에 따라 달라집니다. 저 같은 물리학자에게는 이 전형적인 '복잡한 과정'이 매우 흥미롭습니다.

이런 관점에서 보자면, 오랫동안 경제적 이익이라는 측면에서 합리성을 정의하고 의사 결정을 탐구한 미시 경제학자들의 연구 결과는 매우 제한된 것일 수밖에 없습니다. 20세기까지 우리 지식은 주류 경제학이 게임 이론에서 인간을 합리적 의사 결정자로 가정한 '합리적인 동물 가설(*Homo economicus*)'이라는 테두리에서 크게 벗어나지 못했습니다. 신경 과학자들이 뇌의 영역들이 어떻게 복잡한 상호 작용을 하면서 의사 결정을 내리는지 연구해야겠다는 생각을 품고 fMRI같이 뇌 전체를 관찰할 수 있는 방법의 도움을 받아 연구를 시작한 지 이제 10년 정도 됩니다. 제가 앞으로 3번에 걸쳐 진행할 강연 전체를 관통하는 주제도 바로 이것입니다.

인간은 어떻게 선택하는가?

복잡계를 탐구하는 물리학자인 제게 인간의 의사 결정은 다양하고 시시각각 바뀌는 기준과 뇌의 각 영역에서 역동적으로 이루어지는 상호 작용을 제대로 알아야만 비로소 이해할 수 있는, 복잡한 문제입니다. 따라서 선택하는 과정을 정교하게 기록해야 하며, 선택에 영향을 주는 다양한 요소를 뇌 안에서 찾아보는 일도 게을리해서는 안 됩니다. 이때 주의 집중이나 학습과 기억 시스템, 사람 사이의 관계와 관점 같은 **내적 요인**과 함께 **외적 요인**들도 고려해야 합니다. 선택지를 어떻게 배치하고 제시하는지, 그리고 사전에 어떤 상황을 겪었는지 등 뇌와 인간의 바깥세상에 존재하는 요소들 또한 의사 결정에 영향을 미칠 수 있기 때문입니다.

저는 경제학이나 생물학과는 달리 단순한 문제에서 접근하지 않고 복잡한 의사 결정 자체에 정면으로 도전하고자 합니다. 그것이 인간의 의사 결정이 지닌 가장 중요한 본질이라 생각해서입니다. 그리고 어쩌면 그 원리는 우리가 이해할 수 있는 수준으로만 복잡할지도 모르고 말입니다.

이번 강연에서는 제가 최근에 쓰고 있는 논문 대여섯 편의 아주 따끈

따끈한 최신 연구 결과들을 소개해 드리려고 합니다. 이 연구들을 통해 물리학자들은 과연 의사 결정이라는 인간의 뇌 기능을 어떤 식으로 탐구하는지 어렴풋하게나마 짐작하실 수 있을 겁니다.

초밥을 먹는 순서로 사람의 성향을 알 수 있다?

몇 해 전 《내셔널 지오그래픽(*National Geographic*)》에서 놀랍게도 사람은 하루에 1만 번이 넘는 선택을 한다는 기사를 본 적이 있습니다. 작게는 '아침 몇 시에 일어날까?', '점심은 무엇을 먹을까?'에서 크게는 '그 사람과 결혼할까?', '이 직장에 취직할까?'까지 다양한 선택이 우리를 기다립니다. 삶은 그야말로 선택의 연속이며, 선택을 잘하느냐 못하느냐는 인생에 매우 중요한 영향을 미칩니다. 이렇게 중요한 선택을 하는 동안 뇌에서 무슨 일이 벌어지는지를 연구한 역사가 아직 10년밖에 안 됐다는 사실이 오히려 더 놀라울 정도입니다. 머리뼈를 열지 않고도 뇌 활동을 관찰할 수 있게 된 지 이제 20년이 된 탓도 있지만, 이는 역설적으로 의사 결정 신경 과학이 연구거리가 풍성한 매력적이면서도 중요한 분야라는 것을 말해 줍니다.

우리가 고민하는 의사 결정 중에 이런 것이 있습니다. 밸런타인데이에 남자 친구나 여자 친구로부터 선물을 받았다고 상상해 봅시다. 상자의 뚜껑을 열었더니 가지각색의 초콜릿이 보입니다. 이 중에서 제일 먼저 어떤 걸 드시겠습니까? 그다음 무엇을 먹겠습니까? 맨 마지막에는 어떤 초콜릿이 남을까요? 이것이 질문입니다. 여러 선택지가 죽 늘어선 목록에서 한 번에 한 가지만 고를 수 있다면 그때 나는 어떤 순서로 선택을 할까 하는 문제입니다. 이렇게도 생각해 봅시다. 등굣길이나 출근길 아침에 지하철을 타서는 MP3 플레이어를 켭니다. 재생 목록이 뜨겠죠? 그중에 어떤 곡부터 들으시겠습니까? 무슨 생각에서 그 곡을 결정하셨나요? 다른 예를 들어 볼까요? 근사한 일식 식당에 가서 초밥을 시켰더니 접시에 초밥이 담겨 나왔습니다. 제일 먼저 무엇부터 드시겠습니까?

인간은 어떤 사고와 판단을 통해 의사 결정을 내리는가에 관련된 이 문제는 제가 오랫동안 고민해 온 연구 주제입니다. 흥미로운 것은, 이런 질문은 뭘 고르는지가 옳으냐/그르냐 혹은 합리적이냐/불합리하냐와는 전혀 상관이 없다는 사실입니다. "아몬드 초콜릿을 먹은 후에 트러플을 먹는 게 옳은 선택이란다." 혹은 "연어 다음에는 당연히 참치 초밥을 먹어야지! 넌 참 바보구나!" 같은 말을 할 수는 없는 거죠.(물론 초밥에는 '흰살 생선부터 먹는다.' 같은 규칙이 있기도 합니다만.) 음악도 마찬가지입니다. 저마다 기호와 선호(preference)가 다를 뿐, 경제적 가치를 매기고 합리적으로 판단할 수 있는 성질의 것이 아닙니다. 이런 선택을 '선호 기반 의사 결정'이라고 하는데, 이 과정은 아직은 많은 부분이 베일 속에 가려져 있습니다. 이유는 여러 가지입니다. 첫 번째로 개인의 선호를 측정하거나 정량화하기가 쉽지 않습니다. 즉 한 사람이 각각의 초밥 혹은 초콜릿 중에 무엇을 더 좋아하고 무엇을 덜 좋아하는지, 명확하게 관찰하기가 어렵습니다.

저는 여기에 도전해 보기로 했습니다. 이른바 '초밥 문제(sushi problem)'를 풀어 보기로 한 겁니다. 식당에서 7개로 구성된 모듬 초밥 한 접시를 주문했다고 가정해 보겠습니다. 여러분은 예전에 초밥을 먹은 적이 있어서 각각의 맛을 잘 알고, 각각의 초밥에 적절한 수준의 선호를 가지고 있습니다. 그렇다면 여러분은 앞에 놓인 7개의 초밥 중에서 어떤 것부터 드시겠습니까? 왜 그걸 고르셨나요? 이것이 제가 정의한 '초밥 문제'입니다.

어떤 초밥을 가장 먼저 먹을 것인가?

저는 이 질문에 답하기 위해서 엄청나게 값비싼 실험을 해야 했습니다. 이걸 그냥 '사탕 문제'라고 했어야 하는데! 어떤 실험인지 짐작이 가시죠? 피험자들에게 진짜 초밥을 제공하며 선호 기반 의사 결정을 직접 관찰하려 했던 겁니다.

이 실험의 핵심은 개인의 다양한 선호를 정확하게 관찰하는 것입니다. 실험이 시작되면 먼저 전혀 모르는 두 사람이 모여 한 조를 이룹니다. 물론 과거에 초밥을 먹은 경험이 있는 사람들입니다. 그들에게 자신이 좋아하는 초밥을 골라 달라고 부탁을 합니다. 초밥 20개가 담긴 접시가 놓여 있는 식탁에 마주 앉은 두 사람은 이제 가위바위보를 7번 하게 됩니다. 첫 판에서 이긴 사람은 20개의 초밥 중 하나를 자기 접시에 가져오고, 진 사람이 그다음 남은 19개의 초밥 중 하나를 자기 접시에 가져옵니다. 다시 가위바위보를 해서 이번에도 이긴 사람이 먼저, 진 사람이 그다음으로 초밥을 가져갑니다. 가위바위보를 7번 마치고 나면 자기가 고른 7개의 초밥이 자기 접시에 놓이게 됩니다.

실제로 실험을 하면 가위바위보를 할 때 사람들이 접시를 뚫어지게 쳐다보며 무엇부터 먹을지, 가위바위보에서 이기면 무엇을 고를지 생각하고, 지면 상대방이 그것을 고를까 봐 조마조마해 하는 흥미진진한 광경이 펼쳐집니다. 이 실험을 무려 200명이 넘는 사람을 대상으로 진행했습니다. 초밥 7개씩을 다 가져가고 나면 "실험이 끝났습니다. 두 분이 편하게 대화를 나누면서 초밥을 드시고, 다 드셨으면 가셔도 좋습니다. 실험 참가비는 계좌에 입금됩니다."라고 안내합니다. 이제 참가자들은 초밥을 먹을 수 있습니다. 이 실험은 오전 11시부터 오후 1시 반까지 점심시간에만 이루어졌습니다. 그래야 초밥을 향한 동기(motivation)가 더 이글이글 불타오를 테니까요. 그리고 (실험 종료라고 믿었던) 그들이 별생각 없이 초밥을 먹는 동안 몰래 카메라로 무엇부터 먹는지를 관찰했습니다. 문제는 실험을 마치고 학교에다 영수증 처리를 하려고 보니까, "레스토랑에서 초밥 드신 걸 실험비로 청구하시면 안 됩니다."라는 답이 돌아오더라는 겁니다. 꼼짝없이 제 개인 돈으로 100쌍에게 초밥 20개씩을 제공하는 실험을 하게 된 겁니다. 이 연구 결과는 반드시 좋은 학술지에 실려야 합니다!

가위바위보라는 승부를 통해 승자와 패자가 정해지고 승자가 먼저 선택할 기회를 얻다 보니, 사람들은 매번 제일 좋아하는 초밥부터 선택합니다. '좋아하는 것을 제일 나중에 갖고 와야지.' 이런 생각을 하는 사람은 없습니다. 그 초밥을 상대방이 먼저 가져가 버릴 수 있으니까요. 그래서 우리는 이 실험에서 가위바위보를 통해 개인의 초밥 선호도(degree of preference)를 측정할 수 있었습니다. 몰래 카메라로는 먹는 순서(eating order)를 관찰할 수 있었고요. 이 둘 사이에는 어떤 상관관계가 있을까

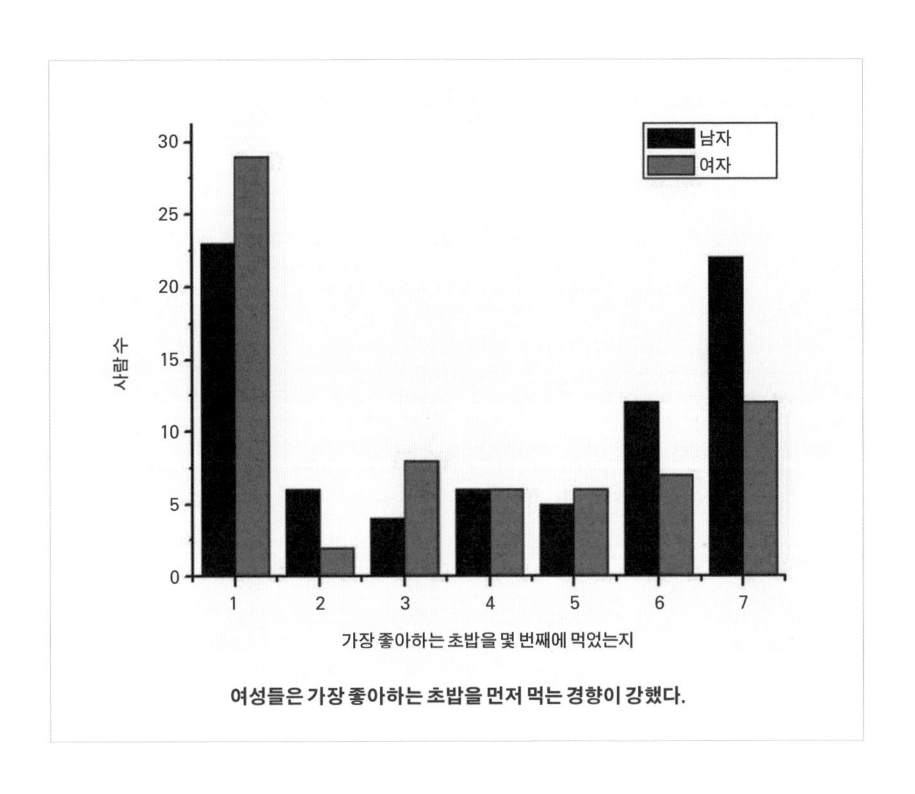

여성들은 가장 좋아하는 초밥을 먼저 먹는 경향이 강했다.

요? 실험 결과, 가장 좋아하는 초밥을 가장 먼저 먹는 사람(first picker)이 가장 많았으며 좋아하는 초밥을 맨 마지막에 먹는 사람(last picker)이 그 다음으로 많았습니다. 이 두 집단이 거의 70퍼센트를 차지했고 나머지는 그냥 되는 대로 먹거나, 앞에 놓인 것부터 먹었습니다. 흥미로운 것은 여성들은 좋아하는 초밥을 먼저 먹는 경향이 남성보다 강했다는 점입니다.

초밥은 알고 있다

이 연구에서 더 흥미로운 결과는 '제일 먼저 뭘 먹는지 알면, 그다음 무엇을 선택할지 그 패턴을 예측할 수 있다.'라는 사실입니다. 다시 말하면 그냥 '제일 맛있는 것만 먼저 먹는다.' 또는 '맛있는 것을 제일 마지막에 먹는다.'에서 끝이 아니라, 7개 초밥의 선호를 스스로 잘 파악해서 '맛있는 것부터 먹고 그다음에는 두 번째로 맛있는 것, 그다음 세 번째로 맛있는 것을 차례대로 먹어야지.' 혹은 '맛없는 것부터 먹으면서 맛있는 것들을 계속 아껴 두어야지.'라는 식으로 사람들의 선호 정도가 먹는 순서에 막대한 영향을 미친다는 겁니다. "이제 실험이 다 끝났으니까 알아서 드세요."라는 안내를 받고 피험자들이 서로 대화를 나누면서 초밥을 먹는 아주 일상적인 상황에서도 사람들은 나름의 전략을 가지고 먹는 순서를 결정합니다.

앞서 말씀드렸던 '제일 좋아하는 초밥을 먼저 먹는' 사람들은 두 번째로 좋아하는 초밥을 그다음에 먹고, 세 번째로 좋아하는 걸 그다음에 먹습니다. 맛없는 초밥부터 먹는 사람들은 마지막에 먹는 두 가지가 확실히 제일 좋아하는 초밥 1, 2순위입니다. 이 사실을 명확하게 판단하기 위해 아무렇게나 마구잡이로 먹었을 때의 패턴을 컴퓨터로 만든 다음 비교해 보았더니 그 차이가 매우 분명했습니다. 다시 말해 사람들은 선호도, 즉 내가 이 초밥을 다른 것보다 얼마나 더 좋아하는지를 매 순간 충분히 고려하면서 다음에 뭘 먹을지를 결정하고 있었습니다.

초밥을 먹는 순서를 교육 수준과 비교해 보면, 교육을 많이 받았다고 해서 맛있는 걸 먼저 먹어 버리는 비율이 높다거나 또는 그 반대이거나 하는 상관관계는 발견되지 않았습니다. 연 수입과도 그다지 관계가 없었습니다. 잘사느냐 못사느냐가 별로 영향을 미치지 않았다는 뜻입니다. 평소에 지출을 얼마나 많이 하느냐? 이런 것도 거의 관계가 없었습니다. 통계적으로 제일 유의미한 요소는 형제가 많은 사람일수록 가장 맛있는 초

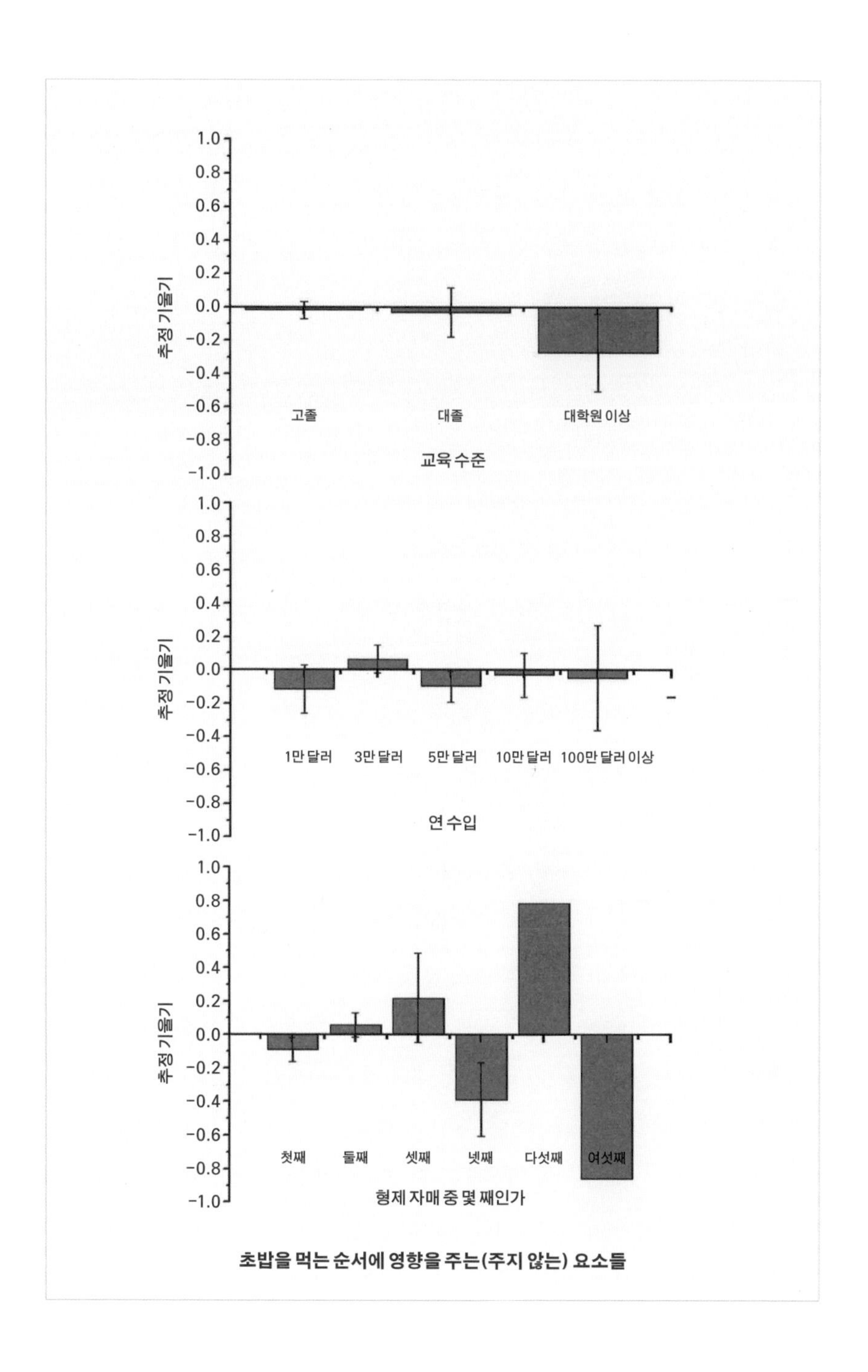

초밥을 먹는 순서에 영향을 주는(주지 않는) 요소들

밥을 먼저 먹는 경향이 있다는 것이었습니다. 형제가 많을수록 제일 맛있는 걸 아껴 먹는 바보 같은 짓을 안 하더라는 뜻이지요. 같은 이유로 첫째보다는 둘째, 둘째보다는 셋째가 맛있는 초밥을 먼저 먹습니다. 이제는 제가 굳이 설명을 안 드려도 짐작이 되시지요? 장남이나 장녀는 맛있는 것에 상대적으로 느긋했습니다. 이것이 저희 연구의 중요한 발견입니다. 과연 좋은 학술지에 실릴 수 있을까요?

경제학으로는 의사 결정을 충분히 설명하지 못한다

제가 이 사소하다면 사소한 실험으로 강연을 시작하는 이유는 이렇습니다. 사실 제가 던진, 초밥을 먹는 순서에 관한 이 질문은 미시 경제학자들에겐 별로 중요하지 않을뿐더러 심지어 바보 같기까지 한 질문입니다. 왜냐하면 경제학 이론에서 하나의 초밥이 개인에게 주는 보상은 초밥에 내재한 속성으로 이미 결정되어 있고, 인간의 선호는 쉽게 변하지 않고 일정하며, 그것들을 선택해서 얻은 보상의 총합은 각각의 보상을 그냥 더한 것과 같기 때문입니다. 내가 어떤 순서로 먹든 보상의 합은 똑같으므로 애초에 문제가 성립하지 않습니다. 그런데 만약 경제학자들의 주장이 맞다면, 즉 초밥이 우리에게 주는 보상의 합이 순서에 상관없이 똑같다면 사람들은 왜 고민하고 다양한 전략을 짜서 초밥을 먹는 걸까요? 인간의 실제 행동에 관심을 두는 경제학의 새로운 분야, 행동 경제학(behavioral economics)을 연구하는 학자들은 먹는 순서가 보상에 영향을 미친다는 사실은 인정하지만 무엇이 그 순서와 패턴을 결정하는지는 제대로 답하지 못할 겁니다. 제 연구 결과는 각각의 초밥이 개인에게 주는 보상이 정해져 있더라도 그것을 먹는 순서에 따라 보상의 총합은 달라질 수 있으며 적절한 패턴으로 (사람마다 다르겠지만) 더 큰 보상을 얻을 수 있음을, 즉 '부분의 합이 전체가 아니다.'라는 것을 보여 줍니다. 이것은 비선형적인 복잡계가 보이는 굉장히 중요한 현상입니다.

내가 가진 초밥 목록 중에서 하나를 먹고 나면 이제 곧 다른 것을 먹을 수 있다는 기대감, 혹은 설렘을 그동안 주류 경제학자들은 크게 고려하지 않았습니다. 하지만 앞으로 먹을 것에 대한 기대감 역시 보상이 될 수 있다는 사실을, 때로는 실제로 그것을 먹을 때 얻는 보상보다 기대감이 훨씬 더 클 수도 있다는 걸 알아야 합니다. 그런 면에서 저는 이 연구 결과에 중요한 의미가 있다고 믿습니다.

선택은 시간의 미학이다

'초밥 문제' 실험에서 알아본 것처럼 의사 결정에서 가장 중요한 요소 중 하나는 타이밍, 즉 '언제 선택할 것인가?'라는 문제입니다. 우리는 항상 시간을 염두에 두고 선택을 합니다. 예를 들면 이런 것이 있습니다. 우리가 홈쇼핑 같은 곳에서 종종 보는 **마감 임박!** 표시입니다. 무언가를 다른 사람이 원하고 있으며 이제 더는 그것을 선택할 수 없다는 조바심이 들면, 그 물품의 가치가 갑자기 높아집니다. 그래서 마감 임박이라는 단어는 계속 우리를 유혹하지요.

다른 예도 있습니다. 바로 일시불 결제입니다. "3개월 무이자 되는데 할부하시겠어요?"라는 말을 들으면 우리는 무이자 할부가 가능한 상황에서도 종종 일시불 결제를 선택합니다. 생각해 보면 이것은 정말로 비경제적 선택입니다. 내 통장에 돈이 조금이라도 더 오래 있게 해서 은행 이자율만큼 경제적 이득을 보려면 무이자 할부를 선택해야 합니다. 그런데 왜 많은 사람이 일시불을 선택할까요?

"쿨 하게 일시불."이란 말처럼 일시불 결제가 속이 시원하고 할부는 왠지 찜찜해서? 맞습니다. 바로 그겁니다! 다시 말하면, 내가 이번 달에 번 돈에서 지불할 돈이 모두 처리되므로 수입과 지출 계산이 편하기 때문입니다. 우리는 '이번 달에 결제할 금액', '다음 달에 결제할 금액' 이런 식으로 마음속 회계 장부(mental account)를 시간상으로 여러 개 나누어 관리하고 있습니다. 다른 장부로 넘겼다가는 구매를 할 때마다 그걸 다시 불러와서 계산에 넣어야 하니까 심리적으로 귀찮은 일이 됩니다. 그래서 이번 달 안에 한 장부에서 문제를 다 해결하려는 마음에 일시불을 선택하는 것이지요. 이 장부들은 용도에 따라서도 구분됩니다. 한 달을 열심히 일해서 번 월급 100만 원과 보너스로 한 번에 받은 100만 원은 씀씀이부터가 다릅니다. 보너스는 쉽게 쓰지요. 같은 돈이지만 마음속에서는 별개의 회계 장부, 혹은 계좌에 기록됩니다. 시간도 마찬가지입니다. 무이자 할부로 결제한 다음, 석 달의 계획을 짜서 운영하면 되는 거잖아요. 그런데 사람들은 "한 달에 한 번 월급이 들어오니까 나는 한 달로 끝낼 거야."라며 마음속 회계 장부에 시간 표시(time tag)를 붙이고, 그 표시에 맞추어 의사를 결정합니다.

시간이 영향을 주는 다른 예는 그리스 연구자들이 했던 행동 실험에서 볼 수 있습니다. 피험자에게 2개의 식사권을 선물해 줍니다. 하나는 그리스 식당에서 2명이 밥을 먹을 수 있는 식사권이고, 다른 하나는 프렌치 레스토랑에서 2명이 먹을 수 있는 식사권입니다. 가격은 똑같습니다. "둘 중에 무엇을 가지겠습니까?"라고 물으면 열이면 열 프랑스 요리를 선택해 프렌치 레스토랑의 식사권을 가지려 합니다. 우리에게는 그렇게 감이 잘 오지 않지만, 사실 프랑스와 그리스 요리는 수준이 많이 다릅니다. 당연히 프랑스 요리가 훨씬 훌륭하지요.

그런데 두 식사권을 모두 주면서 "하나는 이번 주 안에, 다른 하나는 한 달 뒤에 사용하셔야 합니다. 어떤 식사권을 지금 쓰고 어떤 식사권을 한 달 뒤에 사용하시겠습니까?"라고 질문을 바꾸면 피험자 대부분이 그리스 식당 식사권을 지금 쓰겠다고 대답합니다. 프렌치 레스토랑에서 갖는 식사를 한 달 동안 기대하는 과정이 큰 기쁨을 주기 때문입니다. 같은 보상이라도 언제 얻느냐가 기쁨의 크기에 영향을 미칩니다.

반대의 예도 있습니다. 피험자들에게 실험 참가비를 주면서 fMRI를 찍는 상황에서 "지금 10만 원을 드릴까요, 아니면 한 달 후에 12만 원을 드릴까요?"라고 물으면 70퍼센트 정도가 "지금 10만 원 주세요."라고 대답합니다. 그런데 "12개월 후에 10만 원을 드릴까요? 13개월 후에 12만 원을 드릴까요?"라고 질문을 바꾸면, 대부분 "13개월 후에 그냥 12만 원 주세요."라고 합니다. 같은 한 달인데 '지금'과 '1년 후'라는 조건이 붙었을 때 인지적으로 기억되는 길이가 전혀 다른 겁니다. 시간이 같아도 사람들은 현재를 훨씬 더 중요하게 생각하는 경향이 있습니다. **지금** 무엇을 받는 것을 굉장히 중요하게 생각합니다.

이런 점을 고려하면 보험이 매력적인 상품이 아닌 이유를 바로 알 수 있습니다. 너무 가입하고 싶어서 사람들이 조급해 하는 보험 상품을 혹시 아시나요? 혹은 시중의 상품을 다 알아본 다음에 설계사에게 스스로 전화해서 보험에 가입한 적이 있으신가요? 법으로 강제되어 있는 의무 가입인 자동차 보험 같은 것이 아니라면, 생명 보험이나 건강 보험을 우리가 가입할 때는 대부분 보험 설계사가 된 친구에게 거절하기 힘든 전화가 오거나 보험 설계사를 만나 설득당하는 경우가 대부분입니다. 고객이 자발적으로 창구에 찾아와서 "이 상품에 가입하고 싶습니다."라고 말하는 사례는 매우 드뭅니다. 모두 스스로 보험을 들면 설계사가 필요 없어서 보험 회사의 인건비 지출도 줄어들고 혜택을 더 볼 텐데, 사람들은 그렇게 하지 않습니다.

왜 그럴까요? 신경 과학적인 관점에서 보면 보험은 내가 지금 지불해야 하는 지출이 매우 명확한 상품입니다. 하지만 내가 얻을 이득은 언제가 될지, 얼마나 될지 명확하지 않습니다. 게다가 이득이 매우 긴 시간 후에야 지불될 가능성이 높습니다. 사람들은 지금 지불해야 하는 적지만 명확한 지출과 언젠가 얻게 될 불명확한 큰 이득 중에 전자에 훨씬 더 민감하게 반응합니다. 언제일지 모르는 사고로 받게 될 큰 혜택보다 지금 무언가 작게라도 지출을 해야 하는 상황을 훨씬 더 싫어합니다. 이 역시 인간의 의사 결정에 시간이 어떻게 관여하는지를 단적으로 보여 주는 예입니다. 따라서 시간이 의사 결정에 미치는 영향을 살펴보는 것은 매우 중요한 일입니다.

초밥 문제보다 복잡한 올드 보이 문제

이제 두 번째 실험을 소개할 때가 되었습니다. 이 실험에서는 우리가 매일 해야 하는 의사 결정 중 하나인 '무엇을 언제 할 것인지 명확하지 않은 상황'에서의 선택이 뇌에서 어떤 방식으로 처리되는지를 보려 합니다. 이른바 '올드 보이 문제(Old Boy problem)'입니다. 영화 「올드 보이(Old Boy)」의 시작 부분을 떠올려 주십시오. 주인공 오대수는 영문도 모른 채

여관방에 갇혀 15년 동안 매끼 군만두만 먹는 벌을 받습니다. 15년 후 풀려난 그가 군만두 맛을 실마리로 자신이 감금된 동네의 중국집을 찾아 나서면서 이야기가 전개되지요. 저 역시 피험자를 방에 감금한 후 끼니마다 정해진 음식만을 주려 합니다. 다만 저는 박찬욱 감독보다 관대해서, 군만두만 주는 게 아니라 네 종류의 음식을 피험자가 선택할 수 있도록 할 생각입니다. 짜장면, 짬뽕, 볶음밥, 그리고 군만두 중에서요. 물론 15년간 실험에 참가해야 합니다. 다시 말해 15년간 이 네 가지의 음식만 먹어야 한다면 사람들은 무엇을 제일 많이 먹을까요? 언제 어떤 순서대로, 어떤 패턴으로 먹을까요? 제가 던지려는 질문이 바로 이것입니다.

이 질문은 "오늘 점심 뭐 먹지? 이 식당에서 뭐 먹을까?" 같이 우리가 일상에서 자주 하는 고민과 맞닿아 있습니다. 매일 반복되는 이런 의사결정은 과연 어떻게 이루어질까요? 그래서 저희는 이 질문을 '구내식당 문제'라고도 부르고 있습니다. 실험을 위해 저희가 15년간 감금 상태에서 네 종류의 음식만 드실 피험자를 모집 중인데, 아직 성공하지 못했습니다. 모집은 계속되니 관심 가져 주시고요. 기다리는 동안에 저희는 똑같은 실험을 쥐를 대상으로 진행하기로 했습니다.

동물의 행동을 분석하는 장치인 스키너 상자(skinner box)라는 곳에 실험용 생쥐를 살게 합니다. 상자 속에 갇힌 쥐가 코로 레버 하나를 누르면, 반대편에 4개의 레버가 나타납니다. 그중 하나를 만지면 작은 음식 덩어리가 나옵니다. 이 음식들은 같은 영양소로 이루어져 있으나 향이 달라 맛도 다르게 느껴집니다. 맛은 바나나 맛, 커피 맛, 초콜릿 맛, 시나몬 맛의 네 가지입니다. 즉 선호가 다른 네 종류 맛의 음식을 선택할 수 있도록 제공하는 겁니다. 쥐가 레버를 누르고 음식을 먹을 때마다 언제 무엇을 선택했는지 자동으로 기록됩니다.

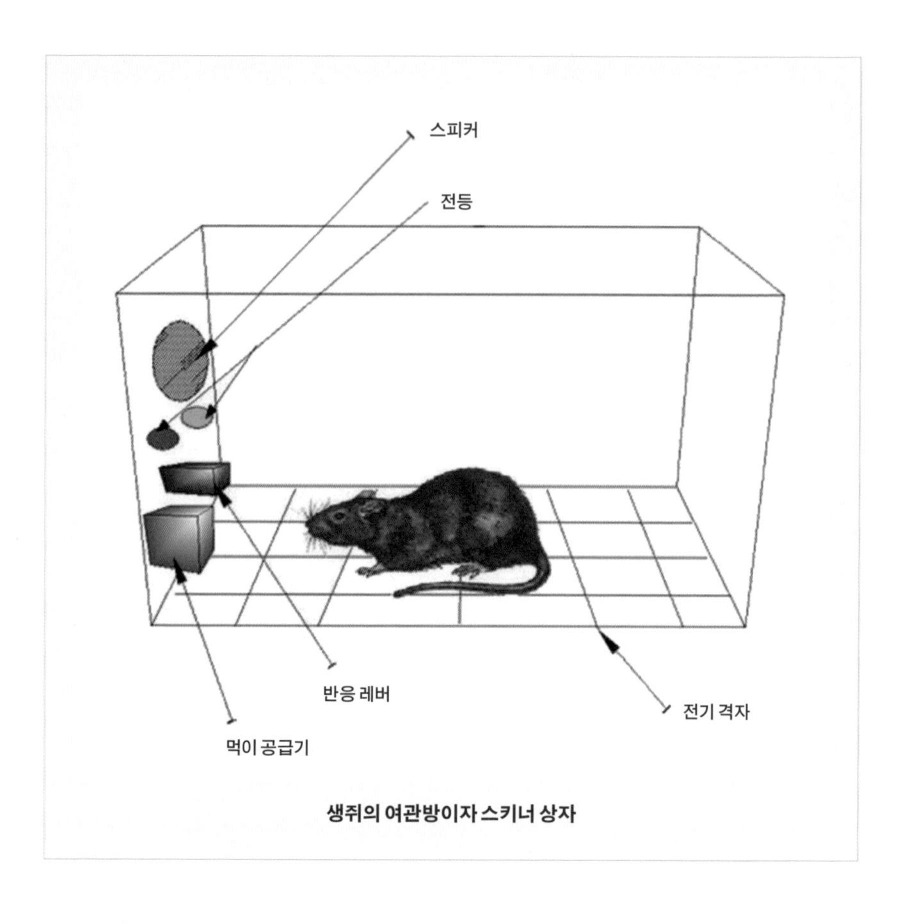

생쥐의 여관방이자 스키너 상자

쥐는 우리보다 몸길이가 훨씬 작습니다.(약 10센티미터) 성인 남성의 평균 신장(170센티미터)을 기준으로 보면, 부피는 몸길이의 세제곱 분의 1로 줄어드는데(1/(17×17×17)=1/4913) 표면적은 제곱 분의 1로 줄어드니까(1/(17×17)=1/289) 표면적이 부피보다 상대적으로 훨씬 덜 줄어드는 셈입니다. 표면적이 넓다는 것은 피부에서 일어나는 열 손실이 많다는 뜻이고, 따라서 많이 먹어서 그 손실을 만회해야 합니다. 게다가 쥐는 위가 아주 작아서 한 번에 먹는 음식의 양이 제한되어 있습니다. 그래서 쥐는 하루에 200끼 정도를 먹습니다. 쥐를 석 달에서 넉 달 정도 감금해서 매끼 뭘 먹는지 관찰하면 얼추 한 사람을 15년간 감금한 효과를 얻을 수가 있습니다.

원함 체계/좋아함 체계

이 실험에 대한 저희 가설은 간단했습니다. 우리가 무엇을 언제 먹을지 결정하는 일에는 행동을 조절하는 뇌의 구조인 보상 체계(reward system) 중에서 이른바 '원함 체계(wanting system)'가 관여할 것입니다. 원함 체계는 무언가 결핍되었을 때 우리를 욕망하게 하는 뇌의 영역으로, 실험에서는 **언제** 쥐가 먹이를 먹을지를 결정할 겁니다. 네 가지 맛 중 뭘 먹어도 원함 체계는 충족이 되는 것으로 보아 이 체계는 무엇을 먹을지를 결정하는 문제와는 관련이 없습니다. 그 문제에 관여하는 영역은 '좋아함 체계(liking system)'입니다. 네 가지 맛 중에서 **무엇**을 더 좋아하는지 파악하고, 그것을 추구하는 영역입니다.

이 두 체계가 뇌 속 어디에 있는지는 어느 정도 알고 있습니다. 뇌의 중심부 근처에 존재하는 측좌핵(nucleus accumbens, 보상 중추)의 오피오이드(opioid)계 신경 세포들은 기호품을 보여 주면 마구 활동이 늘어납니다. 이곳은 좋아함 체계의 일부입니다. 반면에 측좌핵의 도파민계 신경 세포는 원함 체계로, 배고플 때 이곳이 활성화되면 포만감을 느낍니다. 서로 떨어져 있는 이 두 체계는 끊임없이 상호 작용하며 우리 선택에 영향을 미칩니다. 물론 이들이 어떻게 상호 작용하는지는 아직 잘 모릅니다. 그래서 저희가 이 실험을 하기로 마음먹은 것이죠. 물리학적 관점에서 보면 과학자들은 오랫동안 쥐가 언제 무엇을 먹을지는 무작위로 결정된다고 설명해 왔습니다. 하지만 쥐와 인간이 다를까요? 저는 그 점을 확인해 보고 싶었습니다.

쥐들에게도 선호가 있다

147쪽의 그래프를 보는 순간 아마 여러분은 머리가 지끈거리실 테지만 저 같은 물리학자는 "너무 아름답다."며 황홀해 합니다. 실험 결과를 보면, 쥐는 조명을 밝게 한 12시간(낮 시간)보다 어둡게 한 12시간(밤 시간) 동안에 먹이를 더 많이 먹었습니다. 야행성 동물이라 주로 어두울 때, 그러니까 하루 200끼를 야식으로 먹는다는 걸 알 수 있습니다.

쥐들이 네 가지 향에 뚜렷한 선호를 가지고 있다는 사실도 발견했습니다. 어떤 향을 좋아하는지는 저마다 제각각이긴 하나 향이나 맛에 대해 뚜렷한 선호를 갖는다는 것은 흥미로운 결과입니다. 쥐에게도 취향이 있다는 겁니다. 그냥 '아무거나 주는 대로 잘 먹겠지.'라고 생각하면 안 됩니다. 바나나, 초콜릿, 커피, 시나몬 향을 섬세하게 구별해서 어떤 건 더 많이 먹고 어떤 건 덜 먹는 행동을 아주 명확하게 보입니다. 좋아하는 순서대로 맛의 1, 2, 3, 4등이 잘 정의된다는 사실은 쥐를 통해 선호 기반 의사결정을 연구할 수 있다는 의미이기도 합니다.

저희가 얻은 가장 중요한 결과는 쥐가 수만 번에 달하는 끼니의 반 이상을 제일 좋아하는 향, 즉 가장 선호하는 음식(초콜릿일 수도 있고, 시나몬일 수도 있겠지요.)으로 먹는다는 것입니다. 그 많은 끼니 중에 말이죠. 그리고 두 번째로 좋아하는 향의 음식을 가장 선호하는 음식의 반 정도로 먹습니다. 마찬가지로 세 번째로 좋아하는 음식은 두 번째로 좋아하는 음

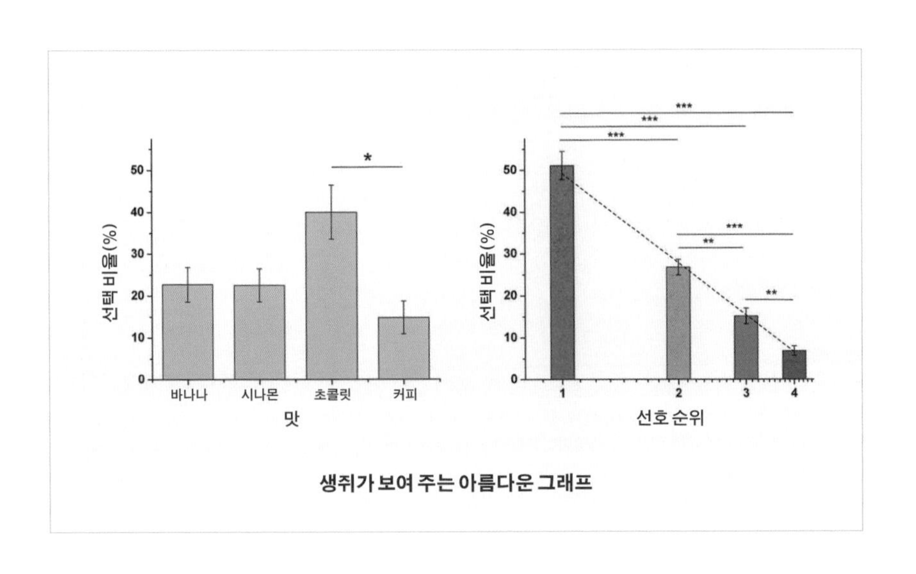

생쥐가 보여 주는 아름다운 그래프

식의 반 정도를 먹습니다. 이걸 로그 척도(log scale) 그래프로 그려 보면, 오른쪽 그래프의 아름다운 직선이 나옵니다. 쥐가 석 달 동안 별생각 없이 먹은 음식을 그래프로 그렸더니 이렇게 정교한 직선이 나왔다는 사실이 놀랍고도 아름답지 않습니까? 쥐들이 아무 생각 없이 먹는 게 아니라, 전체 끼니 안에서 조절하면서 나름의 법칙 혹은 전략을 갖고 먹는다는 거죠. 하나를 너무 많이 먹었다 싶으면 딴 데로 옮겨 가고, 그것도 많이 먹었다 싶으면 또 딴 데로 옮겨 가는 행동을 무작위가 아니라 독특한 분포를 그리며 결정하고 있습니다. 쥐들도 전략을 가지고 음식을 먹습니다.

이제 두 번째로 아름다운 결과를 보여 드리겠습니다. 한 음식을 연속해서 먹는 횟수(run)를 기록해 보니 그 길이가 저희 생각보다 훨씬 길었습니다. 100회나 200회 연속은 예사이고, 350회나 500회 또는 1,000회가 넘는 사례도 있었습니다. 다시 말해 초콜릿 맛만 350끼나 500끼, 1,000끼를 계속해서 먹을 때가 종종 있었다는 겁니다. 물론 숫자 자체는 이거 먹었다 저거 먹었다 하며 만든 짧은 길이가 훨씬 더 많았지만, 하나의 향을 정해서 계속 그 음식만 먹을 때가 생각보다 많았습니다.

이것은 우리의 직관적 예측과는 좀 다른 결과입니다. 한 가지 맛을 오래 먹다 보면 금방 지겨워서 다른 걸 먹을 것 같잖아요. 그런데 실제로 쥐들은 그렇게 행동하지 않았습니다. 과거에 3번 연속해서 초콜릿 맛을 먹으면, 네 번째도 초콜릿을 먹을 확률이 높습니다. 초콜릿을 100번 연속으로 먹었다면, 백한 번째 식사로 초콜릿을 택할 가능성이 훨씬 더 높습니다. 처음 초콜릿을 먹을 때는 달고 맛있지만, 두세 번 계속해서 먹으면 맛이 점점 떨어집니다. 그렇기 때문에 좀 먹다 보면 지겨워서 다른 음식으로 옮겨 가는 일이 벌어지지 않을까 예측했는데, 제 가설이 틀렸습니다. 우리는 음식을 먹을 때 정해진 패턴을 좀처럼 바꾸지 않으려 한다는 것을 알게 되었습니다.

저는 학생들과 이 행동 패턴을 설명하는 수학 모형을 만들었습니다. 뇌에서 보상을 최대화하려는 체계가 어떻게 작동하는지, 목표 지향 체계(goal-directed system)는 어떤 활동 양상을 보이는지를 어느 정도 알고 있었기 때문에 이에 대한 수학적인 모델을 함수로 계산할 수 있었습니다. 그 결과 저희가 만든 모델이 실제 쥐들의 행동 패턴과 유사함이 증명되었습니다. 이는 저희 모델이 실험을 잘 설명하고 있다는 뜻입니다. 풀어서 설명하자면, 쥐가 네 가지 음식을 끼니마다 먹는 패턴은 매우 복잡합니다. 그러나 저희는 그것이 아주 간단한 수학 모형으로 설명이 가능하다는 것을 증명했습니다. 뇌가 만들어 내는 현상은 복잡하지만, 그것을 설명하는 원리 또한 복잡할 필요는 없다는 사실을 여기서 보여 드리고 싶었습니다. 뇌는 '전형적인' 복잡한 시스템이었던 겁니다.

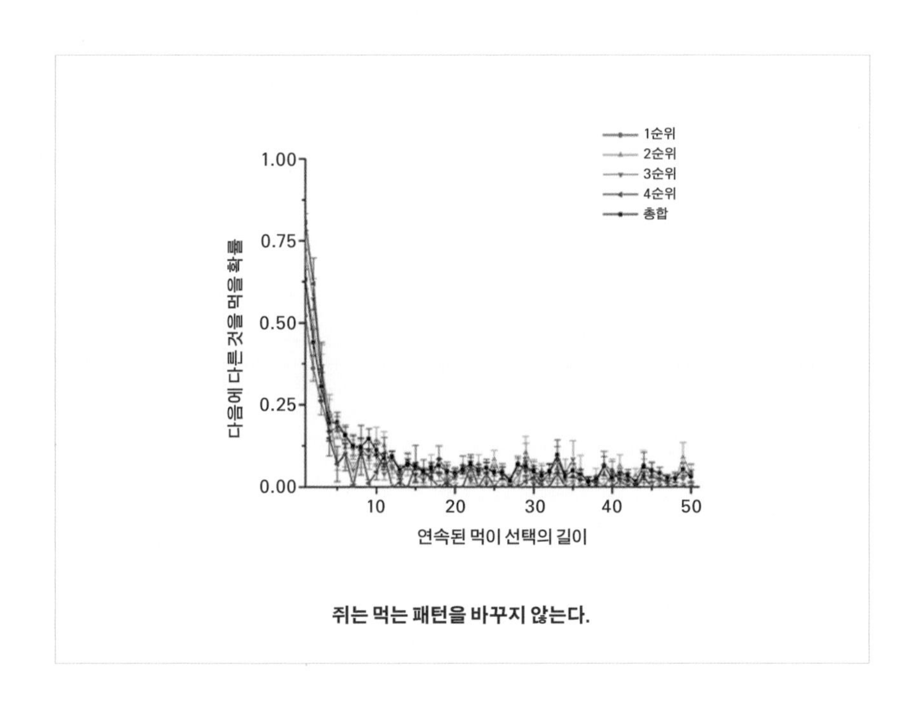

쥐는 먹는 패턴을 바꾸지 않는다.

습관이라는 무서운 패턴

이 실험이 우리에게 이야기하는 것은 무엇일까요? 저는 실험 결과를 보자마자 무릎을 탁 쳤습니다. 우리가 쥐와 크게 다르지 않다는 사실을 발견했기 때문입니다. 여러 선택지 중에서 하나를 고르는 의사 결정을 할 때, 우리는 주류 경제학자의 주장처럼 보상(경제학자들은 효용(utility)이라고 합니다.)을 최대화하는 방식을 선택합니다. 즉 가장 큰 즐거움을 주는 선택지를 고르려고 합니다. 매번 고심하죠. 이때 우리 뇌에서는 '목표 지향 체계'가 작동하는데, 측좌핵이나 앞이마엽이 여기에 해당됩니다. 생일날 애인과 아주 근사한 프렌치 레스토랑에서 식사하는 상황을 상상해봅시다. 메뉴판을 열심히 보면서 "이건 뭐지? 뭐가 들어간 걸까? 뭘 먹을까?" 하며 음식을 고를 때 여러분의 목표 지향 체계는 왕성하게 활동하고 있습니다.

그런데 매일 점심을 해결하는 구내식당에서는 상황이 다릅니다. 일주일 단위로 반복되는 식단 안에서 늘 세 가지 음식(예를 들어 김치찌개, 된장찌개, 카레라이스) 중 하나를 골라야 한다면, 목표 지향 체계는 더는 작동하지 않습니다. 처음 식당에 갔을 때에는 작동했을지도 모릅니다. 그러나 반복되는 선택에서 뇌는 최고의 보상을 얻기 위해 그다지 노력하지 않게 됩니다. 오히려 예전에 내렸던 결정을 유지하여 인지 에너지를 적게 사용하면서, 자신의 힘을 그 시간에 다른 곳에 쓰려고 합니다. 그러다 보니 으레 먹던 음식을 계속 선택하는 경향이 생기지요. 그것을 우리는 '습관(habit)'이라고 부릅니다.

즉 과거에 한 번 그렇게 했을 때 어느 정도 좋은 보상을 얻으면, 그다음부터는 크게 고민하지 않고 예상했던 수준의 보상을 기대하며 그 일을 반복적으로 수행하는 패턴을 유지하는 것을 말합니다. 세상에는 많은 식당이 있고 노력을 쏟을수록 더 좋은 식당이 우리를 기다리고 있지만, 우리는 늘 가던 식당에 가서 늘 먹던 음식을 먹습니다. 메뉴판의 모든 음식에 도전하는 사람은 생각보다 많지 않습니다.

여러분이 매일 회사(혹은 학교)와 집을 오고 가는 그 길에 어느 날 지름길이 생겨도, 혹은 거꾸로 교통 정체로 특정 구역이 막혀도 우리는 지름길을 시도하거나 매 순간 교통 정보를 확인하면서 집에 가지 않습니다. 그냥 늘 가던 대로 집과 학교를 오가고, 대신 그 시간에 스마트폰을 만지작거리거나 음악을 듣습니다. 바로 습관 체계가 작동하는 순간입니다.

이 연구 결과는 우리한테 이런 메시지를 들려줍니다. 짜장면과 짬뽕 중 하나를 선택하는 것이 인류에게 남겨진 영원한 숙제라고들 하는데 과연 그럴까? 사람들은 중식당에 갈 때마다 짜장면과 짬뽕 사이에서 고민하고 무엇을 선택하든 선택하지 않은 것에 미련을 갖는다고 하지만 제 연구는 그것이 그다지 심각한 고민거리가 아니라고 말해 줍니다. 우리가 이 질문에 "나는 짜장면." 혹은 "나는 짬뽕." 같은 나름의 답을 이미 가지고 있기 때문입니다. 기억을 돌이켜 보십시오. 나는 지금까지 중식당을 몇 번이나 갔고 그중 짜장면을 몇 퍼센트, 짬뽕을 몇 퍼센트 먹었는가? 코스 요리를 먹은 후 마지막으로 식사를 주문해야 하는 상황에서 정말로 고통스러웠나? 이 선택이 정말 풀기 어려운 고민이라면, '짬짜면'이 나오는 순간 고민은 해결되었어야 합니다. 그런데 짬짜면을 선택하는 손님의 비율은 20퍼센트가 채 되지 않습니다.

여러분의 마음속에는 중식당에서 주로 먹는 하나의 음식이 있을 것이며, 간혹 그게 지겹다고 느껴졌을 때 시도하는 두 번째로 많이 먹는 음식도 대략 정해져 있을 것입니다. 예를 들어 최우선 순위는 짬뽕, 그다음은 (밥이 먹고 싶을 때) 볶음밥이나 (면을 먹고 싶을 때) 짜장면이라는 식으로 말이지요. 누구나가 자신만의 전략이 있을 겁니다.

올드 보이 문제로 다시 돌아가 보겠습니다. 15년간 감금되어 매끼 네 종류의 음식 중에서 하나를 선택할 수 있다면 오대수는 과연 어떤 패턴을 보일까요? 인간이 쥐와 크게 다르지 않다면 그 역시 가장 좋아하는 음식을 50퍼센트 이상 선택해 먹을 것이며, 두 번째로 좋아하는 음식을 그다음으로, 세 번째로 좋아하는 음식을 그다음으로 많이 먹을 겁니다. 그리고 어느 순간 이 선택은 습관이 되어 매끼 무얼 먹을지 고민하지 않으면서 시간을 보내게 될 것입니다.

성인의 뇌 무게는 1.2에서 1.4킬로그램 사이입니다. 성인 남성의 몸무게를 70킬로그램이라고 가정했을 때 몸무게의 겨우 2퍼센트에 해당하지만, 이 작은 뇌는 우리가 섭취하는 에너지의 20퍼센트 이상을 사용합니다. 그만큼 뇌를 쓰는 일, 생각하는 일은 에너지를 많이 쓰는 활동입니다. 우리는 이런 사고 에너지를 최소화하려고 노력하며 살고 있습니다. 마치 힘들게 걷는 시간을 되도록 줄이며 출근하려고 노력하는 것처럼 말이지요. 습관은 이런 노력의 산물입니다. 매 순간 애써 탐색하지 않고 과거의 경험과 지식을 활용함으로써 선택의 순간에 에너지를 절약하려는 것입니다.

경험 활용과 탐색

지금부터 소개해 드릴 화난 원숭이 실험(angry monkey experiment)은 동물 행동학자들이 진행한 아주 흥미로운 실험[1]입니다. 동물원의 우리 한가운데에 높은 장대를 세워 두고 그 위에 먹음직스러운 바나나 한 꾸러미를 놓습니다. 그러고 나서 이틀 정도 굶은 배고픈 원숭이 4마리를 우리에 집어넣었습니다. 어떤 일이 벌어질까요?

배고픈 원숭이들은 바나나 꾸러미를 보고 미친 듯이 장대를 타고 올라갑니다. 바나나에 손이 거의 닿을 무렵, 실험자는 준비해 둔 물 호스를 열어 원숭이를 공격합니다. 물총을 쏘는 거지요. 물을 매우 싫어하는 원숭이들은 물벼락을 맞고서 화들짝 놀라 모두 후다닥 내려옵니다. 그날 내

내 바나나를 힐끗힐끗 바라만 볼 뿐 아무도 장대에 다시 올라갈 엄두를 내지 않습니다.

이튿날에는 4마리 중 2마리를 우리에서 뺍니다. 그리고 이틀 정도 굶은 새로운 원숭이 2마리를 넣습니다. 녀석들도 배가 고팠기 때문에 바나나 꾸러미를 보자마자 당연히 올라갑니다. 그렇다면 전날 들어온, 바나나에 손대려 하면 물벼락이 쏟아진다는 사실을 아는 고참 원숭이는 어떻게 행동할까요? 뒤따라 올라가서 신참들이 물세례를 맞지 않도록 끄집어 내립니다. 반항하면 할퀴기까지 하면서 장대에 못 올라가게 결사적으로 막습니다. 그래서 그날은 물벼락을 모두가 피할 수 있습니다.

셋째 날이 되면 첫날 들어왔던 나머지 2마리 원숭이마저 우리에서 뺍니다. 그리고 이틀 정도 굶은 새로운 원숭이 2마리를 집어넣습니다. 이 원숭이들도 바나나 꾸러미를 보고는 장대 위로 올라가겠지요. 이때 둘째 날 들어왔던 원숭이 2마리, 그러니까 올라가려다가 첫째 날 들어온 원숭이들에게 저지당했던, 그러나 사실은 장대 위에 올라가면 무슨 일이 일어나는지 전혀 모르는 이 원숭이들이 과연 어떻게 행동할까가 이 실험의 핵심입니다. 실험 결과, 녀석들도 자기가 겪은 대로 신참들을 뒤따라 올라가서 장대에서 끄집어 내립니다. 할퀴고 때려서라도 못 올라가게 막습니다. 그런데 사실 세 번째 날부터는 실험자가 물 호스를 아예 빼놓은 상태였습니다. 장대 위로 올라가도 아무 일 없이 바나나 꾸러미를 얻을 수 있었다는 뜻입니다.

이 결과가 우리한테 들려주는 메시지는 뭘까요? 바로 '조직 문화'라는 것이 어떻게 형성되는지를 동물원의 원숭이 수준에서 보여 주고 있습니다. 조직에 어떤 '제도'가 들어올 때에는 나름 이유가 있습니다. 위기 상황을 극복하기 위해서, 혹은 성공 사례를 만들기 위해서 새로운 시도, 새로운 제도가 도입이 됩니다. 제도를 만든 사람들은 그 철학과 정신을 충분히 이해하고 조직원과 공유하고자 합니다. 새 제도가 성공을 이끌었다고 가정해 보겠습니다. 그런데 시간이 지나면 그걸 만들었던, 철학과 정신을 공유했던 사람들은 조직에서 사라집니다. 그다음부터 벌어지는 일은 유감스럽게도 동물원 원숭이들과 별로 다르지 않습니다. 남아 있는 사람들은 그걸 왜 지켜야 하는지 모르면서 셋째 날의 원숭이들처럼 그 형식만을 계속 따르게 됩니다. 그리고 문제가 발생했을 때 과거에 했던 걸 그대로 적용합니다. 이렇게 과거의 방식을 오늘의 문제에 그대로 적용하는 것을 '지식 답습(exploitation)'이라고 합니다. 경험에 기반한 지식 체계를 활용하는 것이지요. 신입 사원이 회사 앞 중식당에 갔을 때 "이 집은 짜장면이 맛있어!"라는 선배의 한마디를 들은 후부터 갈 때마다 짜장면만 시켜 먹은 전략, 그것이 바로 지식 답습입니다.

지식 답습은 비슷한 상황에 적용했을 때 예측 가능한 수준의 보상을 제공하는, 효율적이며 생존에 매우 유리한 전략입니다. 먹을 수 있는 음식인지를 판별하기 위해 우리가 매번 독버섯을 먹어 볼 필요는 없습니다. 이런 이런 음식은 먹지 말라는 옛말을 따르는 편이 생존에 훨씬 도움이 되겠지요. 이 맞은편에는 다양한 선택지를 하나씩 스스로 시도해 보는 '가능성 탐색(exploration)'이 있습니다. 이건 어떤 맛일까, 저건 어떤 맛일까 직접 먹어 보면서 가장 좋은 결과를 찾는 과정을 말합니다. 탐색은 때때로 우리에게 안 좋은 결과를 제공하기도 합니다. 하지만 예상치 못했던 의외의 성공, '혁신(innovation)'은 바로 이 탐색의 과정에서만 나올 수 있습니다. 예전 방식이 이제 통하지 않을지도 모르고, 지금까지 없었던 근사한 선택지가 새로 등장했을 수도 있으니 그동안 선택하지 않았던 것들 중에서 골라 이 문제에 새로운 시도를 해 보아야 합니다. 중식당에서 다

혁신은 오직 탐색을 통해서만 얻을 수 있다.

양한 메뉴에 도전하는 것이 바로 탐색입니다. 선배가 말한 '짜장면'보다 맛있는 음식을 찾을 기회는 오직 탐색을 통해서만 얻을 수 있습니다.

동물원 우리 속 원숭이들은 탐색을 하지 않았습니다. 고참 원숭이의 행동을 답습하기만 했습니다. 원숭이들이 현명했다면, '저 장대 위로 올라가면 도대체 어떤 일이 벌어질지 궁금하니 우리 중 누가 올라가 보자. 그래서 어떻게 되는지 보자. 혹시 이상한 일이 벌어질 수 있으니, 나머지 3마리는 만약의 사태를 대비해 도와주자.'라는 선택지를 시도할 수 있었을 것입니다. 올라갔더니 물벼락이 내리면 고참 원숭이들이 못 올라가게

막은 이유를 깨닫고 이 교훈을 다음 원숭이에게 전하면 됩니다. 만약 아무 일도 벌어지지 않으면 먹음직스러운 바나나를 넷이서 나눠 먹으면 그만입니다.

반복된 선택을 하거나 매번 비슷한 일을 겪을 때 우리는 전임자가 과거에 어떻게 행동했는지 알아보고 이 정도면 괜찮겠다고 생각합니다. 전형적인 지식 활용의 방법인 것이지요. 물론 일상에서 80퍼센트, 혹은 90퍼센트 정도의 선택은 기존 지식과 경험을 활용해도 됩니다. 사실 그편이 현명합니다. 매번 실패를 무릅쓰고 모험을 할 필요는 없으니까요. 조직의 역사가 깊고 위기를 잘 극복한 경험이 많을수록, 그 노하우를 향후에 적용하는 것이 조직의 저력이 됩니다. 조직이 80퍼센트나 90퍼센트의 자산을 지식 답습에 사용하는 것은 이런 면에서 납득이 가는 행동입니다.

하지만 조직은 동시에 20퍼센트, 혹은 10퍼센트의 자산만이라도 지금껏 시도하지 않은 것에 도전하는 탐색에 투자해야 합니다. 과거의 지식이나 경험이 항상 맞는 것은 아니니까요. 상황이 바뀌었을 수도 있고 예전에는 통하지 않던 방식이 지금은 통할 수도 있습니다. 기존 지식을 활용하는 습관화에 너무 익숙해지지 않는 것이 중요합니다. 설령 실패하더라도 남들이 시도하지 않았던 걸 한번 해 보는 겁니다.

지속적인 동기 유발

모든 일에 일일이 탐색 과정을 거치는 사람은 적습니다. 매번 탐색을 시도하고 보상의 최적화(reward maximizing)를 위해 애쓰는 일에는 적잖은 에너지가 필요하기 때문입니다. 그렇다면 어떻게 해야 할까요? 제한된 에너지와 자산 중에서 되도록 자신이 관심 있거나 좋아하는 일에 역량을 집중해야겠지요. 관심 없는 영역의 선택에서 뇌는 습관이라는 전략을 사용할 겁니다.

20세기 최대의 과학자로 손꼽히는 알베르트 아인슈타인은 "같은 몸인데 왜 머리와 얼굴을 씻을 때 샴푸와 비누로 나누어 다른 세제를 쓰는가? 말도 안 돼!"라며 늘 비누로만 씻었고, 옷장에는 똑같은 옷이 10벌 있어서 아침마다 오늘은 무엇을 입을지 고민하는 시간을 없앴다고 합니다. 검은색 터틀넥 셔츠만 200벌이 있었다고 하는 애플의 스티브 잡스(Steve Jobs)와도 비슷합니다. 항상 상대성 원리(principle of relativity) 같은 걸 머릿속에서 생각하고 있었으니 씻고 옷 갈아입는 일에 관심이 별로 없었을 법도 합니다. 하지만 사고 실험을 할 때에는 그만큼 더 많은 탐색의 시간을 가졌을 겁니다. 자신이 어떤 부분에서 탐색의 시간을 많이 갖고 어떤 부분에서 습관화된 패턴을 보이는지를 관찰하면, 내 관심과 선호, 기호 등을 알 수 있습니다. 옷은 잘 챙겨 입지 않아도 식사 메뉴는 꼼꼼히 확인한다면 먹는 것을 좋아하는 것이고, 공연을 보거나 여행을 갈 때는 정보를 상세히 검색하지만 일을 할 때에는 전임자의 경험을 그대로 답습한다면 직장에는 애정이 적은 편인 것이죠.

목표 지향 체계는 '새로운 자극에 흥미를 느끼는 특성(novelty-seeking)'과도 관련이 있습니다. 새로운 걸 보면 금세 푹 빠져들다가 시간이 지나면 바로 싫증 내는 사람들이 있습니다. 성공한 리더에게 빈번히 관찰되는 요소 중 하나가 '지속적인 동기'입니다. 많은 사람이 새로운 일에 열정을 바치지만 그 열정을 오랫동안 지속하는 사람은 상대적으로 적습니다. 어떤 일을 보통 3년이나 5년쯤 하면 지루한 순간이 찾아오게 마련입니다. 똑같은 일상이 반복되다 보니 '내가 여기서 대단한 일을 할 것도 아니고…….'

같은 생각이 드는 거죠. 많은 사람이 자연스럽게 겪는 일입니다. 그런 상황에서 나름의 보람이나 의미, 즐거움 같은 내적 동기를 갖고 꾸준히 지속하는 사람들이 결국 뭔가를 이루어 냅니다.

그래서 일상에서 답습과 탐색 사이에 적당한 균형을 잡는 것이 중요합니다. 매일의 식사를 고르는 선택에는 에너지를 적게 쓰는 답습 전략을 취하더라도, 직장에서 하는 일에는 남들이 하지 않았던 새로운 시도, 탐색 전략을 취해 보는 것이지요. 그러면 답습과 탐색이 주는 기쁨을 모두 누릴 수 있습니다. "답습은 나쁘고 탐색은 늘 좋다." 혹은 "이건 리더의 자질이고 저건 패배자의 특징이다."라는 말씀을 드리려는 것이 아닙니다. 어차피 우리의 인지적 자원은 제한돼 있어서, 더 관심 있고 재미있고 중요한 일에 에너지를 집중하는 경향이 있기에 적절한 균형점을 찾으려고 의식적으로 노력하는 것이 중요합니다. 습관으로 일관된 삶과 매번 탐색에만 몰두하는 삶은 모두 불안정합니다. 우리가 추구해야 할 삶은 그 둘 사이에서 적절한 균형이 잡힌 삶입니다.

고등한 사고가 무작위 패턴을 낳는다

조현증 혹은 정신 분열증이라 불리는 정신 질환이 있습니다. 그리스어로 '쪼개다'라는 뜻인 스키제인(schizein)과 '정신'을 가리키는 프렌(pheren)이 합쳐진 이름의 이 병에 걸린 사람의 행동은 마치 정신이 현실과 단절된 듯 어딘가 이상합니다. 환청과 환상에 시달리고, 망상에 사로잡히기도 합니다. "누군가 나를 미행해요.", "사람들이 나를 욕하는 것 같아."라고 호소합니다. 예일 의대 정신과의 랄프 호프먼(Ralph Hoffman)

교수는 정신 분열증 환자의 환청에 대한 세계적인 권위자입니다. fMRI로 환자의 뇌 활동을 촬영한 그의 연구를 보면 조현증 환자의 청각 겉질(auditory cortex)은 환청을 듣는 순간 실제로 활동합니다. 청각 겉질의 반응이 뇌 내부의 자극에 의한 것인지, 외부 소리에 의한 것인지 우리는 구별하지 못하므로, 환자의 입장에서는 이것이 사실 착각이 아닌 것입니다. 더구나 환청을 듣는다고 해도 정상인들은 앞이마엽의 활동으로 '이건 맥락상 현실이 아니야.'라고 판단하고 무시할 수 있지만 조현증 환자들은 앞이마엽의 기능이 현저히 떨어져 있어 그러한 판단을 내릴 수가 없습니다. 앞이마엽은 뇌에서 우리 몸의 실행 조절(executive control)을 맡는 영역으로, 앞에 놓인 상황을 파악하고 전략을 짜서 행동을 결정하는, 매번 반복되는 '구내식당 문제' 같은 상황에 대처할 전략을 짜는 곳입니다. 조현증 환자들은 이 영역의 기능이 매우 낮아서 환청을 무시하지 못하고 상황에 따라 전략을 바꾸는 능력도 떨어집니다.

저희는 조현증 환자를 대상으로 반복적인 행동 패턴을 볼 수 있는 또 다른 실험에 착수했습니다. 선호가 개입된 '음식을 먹는 행위'와는 다르지만, 전략이 필요하고 경제적 이익을 추구하는 반복된 패턴을 보이는 게임으로 말이죠. 바로 가위바위보입니다. 저희 대학원생들이 병원 정신과에 가서 조현증 환자 100명을 대상으로 환자가 컴퓨터나 대학원생을 상대로 마주 앉아 가위바위보를 하게 했습니다. 그리고 그들이 내는 패턴을 관찰했습니다.

가위바위보의 필승 전략을 혹시 아시는지요? 바로 내가 다음에 낼 것을 알아맞힐 확률이 1/3이 되도록 마구잡이로 내는 겁니다. 만약 패를 내는 패턴이 정해져 있다거나 바로 전 판의 결과에 영향을 받으면 상대방이 패턴을 이해하는 순간 질 수밖에 없습니다. 그래서 저희가 준비한 컴퓨터는 이미 정해진 알고리듬에 따라 매번 무작위로 가위바위보 중 하나를 냅니다. 사람과 가위바위보 게임을 할 때에도, 참여하는 대학원생은 가능한 한 무작위 패턴으로 가위바위보를 합니다. 이때 조현증 환자는 어떻게 할까요? 놀랍게도 같은 패를 매우 많이 냅니다. 무엇을? 바로 주먹입니다. 가위나 보에 비해서 현저히, 통계적으로 유의미할 정도로 많이 냅니다. 물론 그렇다고 가위바위보를 할 때 주먹을 많이 낸다고 해서 정신 분열증은 아닙니다!

이전 판에 뭘 냈는지 상관없이 무작위로 내는 게 가장 좋은 전략임은 분명합니다. 그런데 희한하게도 사람들은 이전 판에 자신과 상대가 무엇을 냈는지를 기억하고 그것에 맞춰서 다음 패를 정합니다. 가위로 비기면, 본능적으로 가위에 지는 보는 다음 판에는 잘 안 냅니다. 계속 가위를 내거나 아니면 바위를 냅니다. 이때 바위를 내면 이기거나 적어도 비기니 좋은 전략이겠지요. 이런 생각을 하면서 가위바위보를 하면 이길 확률이 높아집니다. 상대방의 패턴을 보면서 전략을 끊임없이 수정하고 조정하는 것, 그것이 앞이마엽이 하는 일입니다. 그런데 조현증 환자들은 전혀 다른 전략을 취합니다. 자기가 고른 패 하나를 계속해서 내는 단 하나의 전략입니다. 상대방이 간파해 내기만 하면 백전백패이므로 전략을 바꿔야 할 텐데, 계속해서 같은 전략을 취합니다.

앞이마엽이 아직 발달하지 않은 아이들과 가위바위보를 해 보면 정신분열증 환자의 상태를 이해하는 데 도움이 됩니다. 아이들도 조현증 환자처럼 세 가지 패 중 자기가 좋아하는 것을 계속 내거나, 아니면 정해진 순서대로 냅니다. 예컨대 처음 시작은 가위, 그다음 보자기, 그다음 주먹의 패턴을 계속 반복합니다. 그래서 엄마나 아빠가 계속 이기면 울면서도 여전히 같은 순서를 고집하다가 바꾸려는 시도를 합니다. 하지만 잠시 쉬

조현증 환자와 가위바위보 하기

었다가 다시 게임을 하면 역시 그 패턴을 냅니다. '엄마가 내 전략을 알았네. 그럼 나도 전략을 바꿔야지.' 이런 고등한 전략은 미취학 아동은 잘 하지 못하는 생각입니다.

저희가 2010년 출간한 조현증 환자의 가위바위보 논문에서도 비슷한 결과가 나왔습니다. 조현증 환자는 가위바위보 게임에서 자신의 패턴을 읽혀 자꾸 지는데도 자신의 전략을 바꾸지 않았습니다. 이렇게 특정 패턴을 반복하는 것, 비슷한 방식으로 계속 반응하는 것을 '보속(perseveration)'이라고 하는데 한마디로 고집이라고 보면 됩니다. 환자가 보이는 가위바위보 패턴의 엔트로피(entropy, 복잡한 정도를 측정하는 변수)

를 재 보면 가위바위보의 패턴이 무작위적일수록, 즉 복잡할수록 엔트로피값이 높아지는데, 정상인의 엔트로피값은 높은 반면 환자들의 엔트로피값은 현저히 낮습니다. 단순한 패턴을 반복하기 때문입니다.

이 연구의 의미는 우리가 행동만으로 정신 질환자를 (정확하게는 아니더라도) 어느 정도 판별할 수 있음을 밝혔다는 데 있습니다. 내과 의사가 청진기를 대는 것과도 유사합니다. 완벽한 진단은 어렵지만, 대강의 방향은 잡을 수 있습니다. 청진기처럼 간단한 도구나 행동으로 뇌 속에서 벌어지는 일을 짐작할 수 있다면 정말 유용할 것입니다. 기대를 받는 또 다른 행동 중 하나로 눈 깜박임(eye blinking)이 있습니다. 눈 깜박임이 많으면 도파민 분비가 왕성하다는 뜻으로, 이는 강박 장애(obsessive compolsive disorder)의 징후로 볼 수 있습니다. 주위가 산만하다는 걸 알려 주기도 하고요. 저는 이처럼 반복된 행동 패턴을 분석해 뇌에서 벌어지는 일을 유추하는 데 관심을 갖고 연구를 진행하고 있습니다.

행동으로 알콜 중독을 예측하다

이번에도 좀 색다른 응용 연구를 하나 소개해 드리겠습니다. 이 연구는 제가 오레곤 보건 과학 대학교(Oregon Health & Science University) 행동 신경 과학부의 캐슬린 그랜트(Kathleen Grant) 박사와 공동으로 진행한 연구입니다. 제 세미나 발표를 들은 그랜트 박사가 제가 하고 있는 분석 연구가 본인들은 도저히 할 수 없는 것이라며 자신들의 자료를 분석해 줄 것을 부탁하면서 공동 연구를 히게 되었습니다.

그랜트 박사는 저희가 했던 실험과 비슷하게 원숭이를 스키너 상자 안에서 키웁니다. 원숭이 앞에는 세 가지를 선택할 수 있는 버튼이 놓여 있습니다. 초록색 버튼을 누르면 음식이 나오고, 노란색 버튼을 누르면 물, 빨간색 버튼을 누르면 술이 나옵니다. 이 세 가지를 마음껏 먹을 수 있게 하면서 어떤 방식으로 먹는지를 기록하고 분석하는 실험입니다.

처음에 원숭이는 당연히 술을 마실 줄 모릅니다. 술은 먹어 보지 않으면 취했을 때 느낌을 모르잖아요. 그래서 훈련 기간을 가집니다. 한 달 동안은 술을 어느 정도 먹어야 음식을 줍니다. 빨간색 버튼을 눌러 술을 먹은 다음에야 음식이 나오기 때문에, 이제 원숭이가 술을 배우기 시작합니다. 술을 마시면 기분이 좋다는 것을 알 정도로만 가르칩니다. 물론 이 기간도 기록을 하지만 제대로 된 분석은 이 다음부터입니다. 원숭이가 술을 먹게 된 상황에서 세 가지 선택지가 주어졌을 때, 어떤 패턴으로 선택하는지를 무려 1년 동안 (버튼을 누를 때마다) 전부 컴퓨터로 기록했습니다. 그중의 반은 독방에서 원숭이들이 홀로 생활하면서, 나머지 반은 여럿이 함께 그룹 서식(social housing)을 하면서 얻었습니다. 이렇게 해서 얻은, 10마리 원숭이가 1년 동안 먹은 물, 술, 음식, 세 가지의 섭식 패턴에 대한 데이터를 저희한테 모두 보내 주었습니다.

누가 술꾼이 되는가?

이를 분석한 결과, 수개월이 지난 후 10마리 중에서 60퍼센트인 6마리는 평범하게 술을 즐기는 패턴을 보였습니다. 적절한 수준으로 알코올을 즐기게 된 것이지요. 버튼을 누르면 마음껏 술을 먹을 수 있는 상황에서도 모두 알코올 중독이 되는 건 아니라는 이야기입니다. 우리도 돈만 있으면 술을 얼마든지 사서 먹을 수 있지만, 모두가 술꾼이 되는 건 아니니까요. 그런데 결국 누군가는 알코올 중독이 되지요. 저희 분석에서도 4마리는 폭음을 하는 알코올 중독 원숭이가 되었습니다.

과연 누가 중독 원숭이가 되는 걸까요? 녀석들이 술을 처음 배운 후 한 달 동안 세 가지를 먹는 패턴을 분석하면, 누가 알코올 중독이 되고, 누가 안 될지를 예측할 수 있다는 것이 저희의 과감한 주장입니다. 1년 동안의 데이터를 비교하면 먼저 알코올 중독 원숭이들은 사회적 서열(social rank)이 낮다는 사실을 알 수 있습니다. 오른쪽 페이지의 표에서 만성적 과음으로 분류된 4마리 원숭이들은 서열이 가장 낮은 계급에 속합니다. 서열 1위 원숭이나 고위층의 원숭이, 즉 우두머리들은 알코올 중독에 빠지지 않았습니다. 서열이 낮은 계층이 알코올 중독이 되는 셈입니다. 그것이 원인인지, 결과인지는 아직 잘 모릅니다. 지위가 낮기 때문에 스트레스를 받아 그것을 술로 푸는 것인지, 아니면 폭음을 하는 습성 때문에 서열이 낮은지 말이지요. 인간 사회도 이와 비슷해서 스트레스가 많은 사람이나 경제적·사회적 지위가 낮은 사람은 알코올 중독이 될 가능성이 높습니다.

그다음으로 원숭이들이 하루에 먹는 술, 음식, 물의 섭식 패턴을 날짜를 쪼개서 분석해 보았는데, 특히 세 가지를 '어떤 관계'로 먹는지를 살펴보았습니다. 예를 들어 우리는 음식을 먹을 때 대개 물을 마시고, 술을 먹으면 안주를 먹습니다. 그런 섭식 행동의 상관관계를 분석해 본 겁니다.

분석 결과를 보면 알코올 중독 원숭이들은 음식을 먹고 보통은 물을 마시지만 때로는 물 대신에 술을 먹기도 합니다. 이는 음식과 물 사이의 관계가 약화되는 결과를 낳습니다. 또한 술을 마실 때 안주를 먹는 우리에 비해 알코올 중독 원숭이들은 안주를 잘 안 먹습니다. 음식과 알코올 사이의 상관관계가 아주 약화되어 있습니다. 물과 술의 관계도 마찬가지입니다. 목이 마르면 보통 물을 마시지요. 그런데 중독 원숭이는 목마를 때 술을 먹기도 합니다. 물과 술이 서로 대체재, 혹은 보완재 역할을 하는 겁니다. 이 상관관계를 그래프로 그려 보면 불쑥불쑥 마구잡이로 술을 자주 먹기 때문에 일정한 패턴이 많이 깨져서 나타납니다.

술을 배운 후 패턴이 어떻게 바뀌는지를 15일 단위로 보면, 정상적인 원숭이들은 술을 먹고 물을 한 잔 마시는 습관적인 행동을 보이는데, 중독 원숭이들은 시도 때도 없이 술을 계속 먹기 때문에 그 습관이 깨져 있습니다. 마찬가지로 정상 원숭이는 술을 먹으면 바로 음식을 먹는데, 알

원숭이 (번호)	하루 평균 알코올 섭취량(몸무게 1킬로그램당 그램)		음주 카테고리
	관찰값	예측치 (평균±표준오차)	
6896	1.16	1.67±0.25	비 만성적 과음
6891	1.51	1.92±0.22	
6886	2.07	1.58±0.35	
6895	2.28	2.42±0.22	
6892	2.44	2.60±0.19	
6894	2.54	2.48±0.20	
6889	3.40	3.02±0.24	만성적 과음
6893	3.59	3.24±0.23	
6887	3.76	3.51±0.23	
6888	4.23	4.55±0.32	

10마리 원숭이의 실제 알코올 섭취량과 예측치

코올 중독 원숭이는 나중이 아니라 처음부터 이 패턴이 망가져 있습니다. 그러니까 처음 패턴만 보면 이 원숭이가 알코올 중독이 될지 말지를 예측할 수 있습니다. 홀로 서식하든, 여럿이 서식하든 패턴이 말하는 결과는 마찬가지입니다.

이 연구 결과를 인간에게 적용하면, 즉 인간도 비슷한 패턴을 보인다고 가정하면 우선 밥을 먹을 때 "입도 칼칼한데 맥주나 한잔!" 하면서 반주를 마시는 습관은 알코올 중독으로 가는 지름길입니다. 알코올 중독 원숭이들이 중독 전에 보이는 전형적인 특징이 밥을 먹고 물 대신에 술을 마시는 행동이기 때문입니다. 중독은 그렇게 시작됩니다. 술을 마실 때 안주를 먹지 않는 행동도 중독의 두 번째 징후입니다. 하루 섭취 칼로리에서 알코올이 차지하는 비중이 높은 사람들, 음식으로 섭취해야 할 칼로리를 술로 메꾸는 분들이 결국 중독이 되더라는 겁니다.

중독의 덫을 피하려면

역시 어른들 말씀대로 술은 처음에 잘 배워야 합니다. 나중에 중독에 빠지기 쉬운 습관으로 바뀌는 게 아니라, 처음 패턴이 중독 여부를 결정하기 때문입니다. 어떻게 술을 배우느냐가 매우 중요합니다. 안주도 먹으면서 술을 마셔야지, "너는 안주 먹으려고 술 마시냐?" 같은 면박을 받으면서 술을 배우면 결과가 완전히 달라집니다. 그다지 술을 먹고 싶지 않은데도 왠지 식사 자리에서는 술을 시켜야 될 것 같아 불안한 마음 또한 좋은 습관이 아닙니다.

반복적 행동 패턴을 분석하면 알코올 중독을 예측하거나 미리 방지할 수 있다는 것이 이 연구가 들려주는 메시지입니다. 술이나 초콜릿처럼 각별한 선호를 보이는 기호 음식은 때로는 자기 조절이 필요한 선택을 요구합니다. 우리는 지금까지 반복된 선택이 어떻게 이루어지는지 알아보았습니다. 이런 일상적인 선택에서 적절하게 선택하느냐, 선택하지 않느냐가 중독 같은 위험한 결과를 불러올 수도 있기 때문에 반복된 선택 패턴을 분석하는 연구는 매우 중요합니다. 이번 강의가 매일 수많은 선택이 이루어지는 우리의 일상을 돌아보면서, 습관이나 중독에 지배 받지 않기 위한 건강한 '선택 전략'을 고민해 보는 자리였으면 합니다.

KAIST
한국과학기술원

2강

혁신적인 리더의 선택과 의사 결정

2강에서는 창의적인 리더, 혁신을 이끄는 성공한 리더의 의사 결정을 생각해 보는 시간을 가지려 합니다. 1강에서 우리는 반복되는 일상적인 선택을 살펴보았습니다. 물론 우리 삶을 만드는 것은 이런 매일의 작은 선택입니다. 그러나 인생에서 몇 번 찾아오지 않는, 그야말로 평생을 좌우하는 중요한 선택, 혁신을 이끄는 창의적인 선택이 어떻게 이루어지는지 살펴보는 것 또한 매우 흥미로운 연구 주제입니다.

미국의 인지 심리학자 울릭 나이서(Ulric Neisser)의 실험[1]으로 이야기를 시작해 보겠습니다. 나이서 교수는 확신에 관한 심리학 연구를 오랫동안 해 왔습니다. 확실 혹은 불확실(certainty or uncertainty)은 의사 결정에서 매우 큰 비중을 차지하는 질문입니다. 특히나 저 같은 물리학자한테는 얼마나 확실한가, 얼마나 예측 가능한가, 혹은 얼마나 위험한가를 추정하는 인간의 사고 과정(thought process)이 매우 흥미롭습니다. 불확실한 상황에서 사람들은 어떻게 의사 결정을 하는지, 그 위험한 정도, 불확

챌린저호의 승무원. 뒷줄 왼쪽에서 두 번째 여성이 크리스타 매콜리프이다.

실한 정도를 어떤 방식으로 추정하는지 궁금합니다. 예를 들면 도박에서 돈을 잃을 확률이 30퍼센트라고 했을 때 실패할 확률이 높다고 생각하는 사람이 있는 반면, 어떤 사람은 거꾸로 '그 정도라면 한번 해 볼 만한데.'라고 판단합니다. 같은 숫자가 사람들에게 완전히 다른 방식으로 이해되는 겁니다.

1986년 NASA(National Aeronautics and Space Administration, 미국 항공 우주국)는 유인 우주 왕복선 챌린저호를 지구 밖 궤도로 발사할 계획을 세웁니다. 이는 당시에 큰 화제였는데, 무중력 공간에서 과학, 수학 수업을 진행하기 위해 현직 고등학교 선생님을 NASA 훈련에 참가시켜 우주에 보내는 "우주 교사(Teacher in Space)" 프로젝트가 포함되어 있었기 때문입니다. 1만 1000 대 1이라는 경쟁률을 뚫고 여성 민간인으로는 최초로 우주에 가게 된 크리스타 매콜리프(Christa McAuliffe)의 모습이 연일

최악의 우주 참사, 챌린저호 폭발

뉴스에 나오면서 사람들의 관심이 집중되었습니다.

1986년 1월 28일, 챌린저호는 4차례의 연기 끝에 드디어 케네디 우주 센터에서 발사되었습니다. 그러나 발사 73초 만에 전 미국이 지켜보는 가운데 공중에서 폭발하는 참사가 벌어집니다. 국가적인 비극이었습니다. 사건 조사와 재발 방지를 위해 이 사건 이후 2년간 NASA는 유인 우주 왕복선을 외계로 띄우지 못했습니다.

사건이 터진 바로 다음 날, 나이서 교수는 자신의 수업을 듣는 106명의 코넬 대학교(Cornell University) 학생에게 설문지를 나눠 주었습니다. 전날 누구와 어디에서 폭발 소식을 접했는지, 그때 기분이 어땠는지, 그러고 나서 뭘 했는지 상세히 적게 했습니다. 국가적 사고를 경험한 기억을 기록으로 남긴 겁니다. 그는 이 기록을 잘 보관해 두었다가 정확히 2년 반 후 학생들을 다시 불러서 개별 인터뷰를 진행했습니다. '2년 반 전 챌린저호가 폭발했을 때, 어디에서 누구와 있었습니까? 기분이 어땠습니까? 소식을 듣고 뭘 하셨습니까?'를 물은 다음 그들의 답변을 과거에 작성했던 진술과 비교해 보았습니다.

놀랍게도 학생들의 25퍼센트가 전혀 다른 이야기를 하고 있었습니다. 설문지에는 친구와 술집에서 맥주를 마시며 미식축구를 보다가 뉴스 속보에서 소식을 접했다고 썼는데, 2년 반 후에는 '도서관에서 공부하다가 라디오로 소식을 들었다. 너무 충격을 받은 나머지 책 위로 눈물을 떨구었다.'처럼 '잘못'된 기억을 아주 구체적으로 가지고 있더라는 겁니다. 학생들이 거짓말을 했던 걸까요? 아닙니다. 진짜로 그렇게 기억을 하고 있었습니다. 나머지 응답자의 절반 이상도 전체적인 흐름은 맞지만 세부 사항은 대부분 엉터리였습니다. 2년 반 전의 진술과 비슷하게라도 기억하는 사람의 수는 10퍼센트를 채 넘기지 못했습니다. 이것은 우리 기억이 얼마나 부실하며 쉽게 왜곡되고 망각되는지를 여실히 보여 주는 사례입니다.

이 실험 결과는 당시 사회적 이슈가 되기도 했습니다. 만약 이것이 사실이라면, 2년 전 벌어진 사건을 정확하게 기억할 가능성이 10퍼센트밖에 안 되는데 증인의 증언을 법정에서 증거로 채택하는 것이 과연 적절할까요? 기억의 신뢰도를 둘러싸고 논쟁이 벌어진 것입니다. 그런데 '인간의 기억이 부실하다.', '쉽게 망각되고 왜곡되고 과장된다.' 하는 것은 이미 우리가 경험으로 잘 알고 있는 내용입니다. 더 흥미로운 사실은 그다음 실험에서 나왔습니다.

자신이 옳다는 확신

나이서 교수는 90퍼센트의 학생(혹은 피험자)들이 쏟아 낸 엉뚱한 이야기들을 다 듣고 나서 본인들이 2년 반 전 설문지에 직접 적은 진술을 보여 주었습니다. 그리고 어떤 행동을 보이는지 관찰했습니다.

대개의 반응은 이랬습니다. "이걸 보니 제 글씨가 확실하고 교수님이 무슨 말씀을 하시는지 알겠는데요, 사실이 아닙니다. 제가 지금 말씀드리는 게 맞아요."라며 억지 주장을 펼쳤습니다. 거부하기 힘든 객관적 증거를 들이밀어도 자기 머릿속 기억이 더 맞다고 확신하더라는 겁니다. 사람마다 정도는 다르지만, 우리는 기억이 오래 남아 있었다는 이유만으로 그것을 확신하는 경향이 있습니다.

확신이 그 정보의 출처가 정확한가, 정보를 지지할 증거를 추후에 지속적으로 얼마나 얻었는가 등에만 좌우되는 것이 아니라, 개인의 성향과도 밀접한 관련이 있다는 것입니다. 어떤 사람은 무슨 말이든 쉽게 확신합니다. 같은 이야기를 듣고서도 "나도 비슷한 이야기를 들은 것 같긴 한데, 너도 진짜인지 한번 확인해 봐."라고 말하는 사람이 있는가 하면, "틀림없어! 그게 진실이라는 데에 전 재산과 한쪽 손을 걸게." 이런 말까지 하는 사람이 있습니다.

흥미로운 것은 세상에는 이렇게 자신이 옳다는 확신을 쉽게 내리는 사람과 함께 자신의 결정을 끊임없이 회의하고 고민하는 사람들이 있습니다. 이제 이런 질문을 해 볼 수 있겠습니다. 성공한 리더들은 자기 아이디어에 얼마나 확신을 가질까요? 혁신적인 아이디어는 결국 어디에선가 누군가로부터 제안되어 세상에 나옵니다. 이번에는 아이디어 자체보다 아이디어를 내놓는 혁신가, 성공하는 리더로 인정을 받는 사람들의 조직 내

동역학에 초점을 맞춰 보겠습니다. 아이디어는 혁신적이면 혁신적일수록 처음에는 심한 저항과 반발에 부딪힙니다. 기존 시스템이나 제도로서 받아들일 수 있을 법한 아이디어는 대개 이미 누군가가 제안한 뒤이기 때문에, 혁신적 아이디어일수록 저항이 심합니다. 그럼에도 그걸 밀어붙여 세상에 내놓고 성공하게 만든 사람들, 성공 스토리를 가진 창의적이고 혁신적인 리더들은 처음에 자신이 아이디어를 낼 때, 그리고 조직과 세상이 반발할 때 이 아이디어가 성공하리라고 확신했을까요?

결정에 대한 확신

이를 과학으로 연구하기는 쉽지 않습니다. 캘리포니아 주립 대학교 샌프란시스코 캠퍼스(University of California, San Francisco)의 신경 과학자 로버트 버튼(Robert Burton) 박사가 쓴 『뇌, 생각의 한계(*On Being Certain*)』[2]에 따르면, 성공 사례를 가진 혁신적인 리더들을 인터뷰해 보니 그들도 하나같이 자신의 아이디어에 확신을 갖지 못했다고 진술했습니다. "머릿속에 끊임없이 걱정과 불안, 의심이 있었다.", "이게 과연 잘될까? 불안한 마음에 이것저것 찾아보고 공부했다. 하루는 성공을 확신하다가도 다음 날 일어나 보면 그 확신이 다시 물거품처럼 사라졌다."라고 이야기하더라는 겁니다. 보통 사람들은 쉽게 확신하는 경향이 있는데, 오히려 혁신적인 리더일수록 그 경향이 적을지 모릅니다.

일반적으로 어떤 일에 확신하지 못하는 사람들은 의사 결정을 바로 내리지 못하고 우유부단해집니다. 확신하지 못하기 때문에 단호하게 결정할 수도 없습니다. 그렇다면 그들은 어떻게 성공할 수 있었을까요? 이것이 다음 질문이 되겠습니다. "그들은 우리와 무엇이 달랐는가?" 알고 보니 그들의 성공 이면에는 남다른 의사 결정이 숨어 있었습니다.

성공한 리더들은 보통 사람보다 아이디어를 확신하는 정도가 오히려 낮았습니다. 자기 아이디어를 끊임없이 의심하며 한발 떨어져서 보고, 다른 사람의 반응을 들으려고 노력했습니다. 그런데 여기서 보통 사람과 리더를 가른 정말 중요한 차이는 그들은 적절한 타이밍에 의사 결정을 내리는 걸 매우 중요하게 생각했다는 사실입니다. 그들은 확신하는 정도가 100퍼센트가 될 때까지 계속 기다리는 게 아니라, 70퍼센트만 넘으면 최적의 순간에 실행에 옮겼습니다. 결정도 중요하지만 그것을 최적의 순간에 하는 것을 매우 중요하게 생각하더라는 겁니다. 불행하게도 사람들은 좋은 의사 결정을 하기 위해, 다시 말해 정답을 찾기 위해 최적의 시간을 포기할 때가 잦습니다.

정리해 보면 성공한 리더는 의사 결정을 할 때, 좋은 선택을 위해서 정보를 최대한 수집합니다. 그래서 최적의 시간이 왔을 때 행동을 취해야겠다고 마음먹으면 70퍼센트의 확신만 있어도 의사를 결정합니다. 다만 실행에 옮기다가 추가로 정보가 들어오거나 상황이 바뀌어서 이 결정이 잘못된 것이라는 사실을 깨달으면 곧바로 의사 결정을 바꿉니다. 목표를 달성하기 위해서라면 처음 결정을 고집하지 않는 유연한 사고방식과 태도를 보입니다. 자신의 아이디어가 틀릴 수 있다는 사실을 늘 염두에 두기 때문에 더 나은 의사 결정을 하기 위해서 언제든지 아이디어를 조정할 생각이 있는 것입니다. 반면에 보통 사람들은 신중하게 의사 결정을 해야 한다는 이유로 확신이 들 때까지 결정을 계속 미룹니다. 미루고 미루다가 100퍼센트 확신이 들면 선택하고 실행에 옮기는데, 신중하게 내린 의사 결정이기 때문에 한 번 결정하면 절대 바꾸지 않습니다. 우직하게 밀고 나가는 걸 미덕이라고 생각한다는 것입니다.

내게 확신이 생겼다는 것의 의미를 바꾸어 생각해 보면, 그때는 남들도 자명하게 확신에 도달했을 시간이고 그들도 준비를 마쳤을 것이기 때문에 이미 선점 효과(preemption effect)를 기대하기 어려운 상황이라는 뜻도 됩니다. 그런데도 미루고 미뤄서 신중하게 내린 것이라는 이유로 그 결정을 계속 고집하는 겁니다. 심지어 안 하는 게 적절하다는 사실을 깨닫더라도 그냥 밀고 나갑니다.

리더가 의사 결정을 바꾸면 어떤 일이 일어날까요? 여러분이 리더와 함께 일하는 상황을 생각해 봅시다. 자신의 잘못을 인정하고 의사 결정을 바꾸는 리더를 어떻게 보시나요? "저 사람 결정을 바꿔서 신뢰가 안 가." 이렇게 생각하시겠어요? 자신의 결정이 잘못됐다는 걸 알았을 때 그걸 인정하는 리더는 사실 용기 있는, 그리고 내공 깊은 리더입니다.

조직 구성원들과 평소 소통을 많이 해야 리더가 자신의 의사 결정을 바꿀 수 있습니다. 그와 이미 많은 의견을 나누었던 만큼, 결정이 바뀌더라도 사람들은 리더를 이해하고 존중합니다. 그런데 혼자 골방에서 고민하다가 갑자기 "우리는 내일부터 이걸로 가는 거야."라고 의사를 바꾸는 리더는 그 과정을 전혀 알지 못하는 조직원의 입장에서는 이랬다저랬다 하는 사람으로 보일 수밖에 없습니다. 이런 일이 반복되면 리더는 쉽사리 결정을 바꾸지 못합니다. 결국 자신의 의사 결정을 바꿀 수 있는 리더란 조직원들과 소통을 많이 하는 리더라는 뜻이기도 합니다. 그런 리더가 혁신을 이룹니다. 이는 탐색 과정에서 반드시 리더가 갖추어야 할 덕목입니다.

상황에 맞춰서 자신의 전략을 바꾸는 건 20대에서 40대의 젊은 뇌가 갖고 있는 좋은 특징입니다. 너무 어리거나 너무 나이가 들면 누구나 좀처럼 자신의 전략을, 오랫동안 쌓인 습관과 자신만의 스타일을 바꾸지 못

조직원과 소통하는 리더가 혁신을 이룬다.

합니다. 나이가 들어서도 유연하게 사고하는 것, 습관에 사로잡히지 않고 탐색하는 삶을 사는 것이 매우 중요합니다.

성공한 리더의 비결은 열린 마음이다

사회 심리학 연구에 따르면 나이 들수록 세계관, 사회·경제적 지위, 미적 취향이 다른 사람과 만나서 이야기하는 것이 점점 불편하고 힘들어진다고 합니다. 얘기할 수 있는 소재의 범위가 좁아지고 행동에도 신경을 써야 하는 등 제약이 많아지니 아무래도 멀리하게 됩니다. 그에 반해 생각과 취향이 비슷한 사람이랑은 마음 편한 대화를 통해서 위안을 얻기도 합니다. 자신의 세계가 새롭게 확장되는 즐거움보다 공감을 통해서 얻는 위안에 더 가치를 두는 것이지요. 정보 교류의 관점에서 보면 생각이 비슷한 사람과의 대화는 자신의 지적 세계를 넓혀 혁신적인 아이디어를 얻는 데 그다지 도움이 되지 않습니다.

여기서 또 하나 우리가 주목해야 할 사실은 나이 들수록 상황을 낙관적으로 보는 경향이 있다는 겁니다. 이와 관련된 실험 하나를 소개해 드리겠습니다. 사회 심리학자 크리스 크리스텐슨(Chris Christensen) 박사는 젊은 피험자와 나이 든 피험자에게 2종류의 그림 20장씩을 무작위로 섞어서 보여 주었습니다. 하나는 지구가 파괴되는 모습이나 사고 현장 사진 같은 우울한 그림이고 다른 하나는 아이의 웃음, 연인의 입맞춤 같은 행복한 그림들이었습니다. 각각의 그림을 볼 때마다 자신의 감정을 말하고, (예를 들어 "지구의 미래는 과연 밝을까요?" 같은 질문을 던지며) 그림이 말하는 상황을 평가해 줄 것을 요청했습니다. 그 결과, 같은 그림을 보았음에도 나이가 들수록 전체적인 상황을 긍정적으로 평가했습니다. 나이 들수록 부정적인 정보보다 긍정적인 정보에 더 민감하게 반응하고 가중치를 둡니다. 일상의 경험에 비추어 보면 우리는 직장에서 이런 사례와 종종 마주치곤 합니다. "회사가 요즘 좀 어렵지만, 전망은 나쁘지 않고 이 부분만 보완하면 잘될 것 같아."라고 말하며 상황을 낙관하는 상사가 있습니다. 부하 직원에게 이런 태도는 '위기 불감증'으로 보일 수도 있습니다. 반면 상사는 부하가 너무 세상을 부정적으로만 본다고 여길 수 있고요.

20세기는 '맨 파워'로 대표되는 하향식 커뮤니케이션의 시대였습니다. 리더가 몇몇 심복과 논의해 메시지를 내려 주면 "사장님 시켜만 주십시오. 열심히 하겠습니다."를 외치며 부하 직원들이 일사분란하게 행동합니다. "사장님의 저 말씀은 무슨 뜻이었을까?" 그들끼리 상의하면서 말이죠. 21세기에는 맨 파워가 저물면서 이른바 '마인드 파워'의 시대가 오리라 예측됩니다. 리더가 잘못 내릴 수 있는 의사 결정을 구성원의 도움으로 바로잡고 개인의 생각이 닿지 못하는 부분을 서로 잡아내 좋은 의사 결정을 하도록 도와주는 조직, 그리고 직원들을 수족처럼 부리며 자신의 의사와 명령을 따르게만 하는 것이 아니라 그들의 두뇌와 역량을 한데 모으고 최대한의 성과를 이끌어 내는 상향식 리더십이 발휘하는 힘을 말합니다. 마인드 파워 시대의 리더가 할 일은 크게 첫째 조직원들의 브레인 파워, 마인드 파워를 최대한 끌어내 창의적이고 혁신적인 아이디어를 세상에 내놓는 것, 둘째 가장 적절한 의사 결정과 합리적인 선택을 하는 것, 그리고 셋째 그것을 적절하게 실행에 옮기고 혁신을 이루는 것, 이 세 가지 같습니다.

그러려면 의사 결정도 적절한 순간에 빨리해야 하고, 잘못된 결정을 내렸을 때 조정할 수 있을 정도로 유연해야 하며, 의사 결정 전에 수많은 사람과 소통을 해야 합니다. 상황은 위기의식을 갖고 조심스럽게 평가하되, 사람을 믿어야 합니다. 리더에게 난관을 헤쳐 나갈 브레인 파워를 제공해 주는 사람은 결국 조직의 구성원들이니까요.

젊은 뇌로 살아가자

제 연구 주제가 의사 결정이다 보니, "선생님께서 보시기에 가장 좋은 의사 결정은 무엇입니까?"라는 질문을 많이 받습니다. 2강에서 제가 말씀드린 내용이 그 대답입니다. 좋은 선택을 적절한 시간에 하는 것, 좋은 선택이 아니라고 판단했을 때 과감히 인정하고 수정하는 것, 다른 각도에서 문제를 바라보는 사람과 끊임없이 소통하는 것, 내가 미처 생각하지 못한 부분에서 혁신의 실마리를 얻는 것, 마지막으로 나이가 들수록 유연하고 열린 사고를 유지하는 것이 그것입니다. 이러한 요소들을 잘 갖춘 리더가 진짜 존경할 만하고 훌륭한 리더인 것 같습니다.

저는 가끔 우리 사회에서 존경 받는 리더들과 이야기할 기회를 얻곤 합니다. 그분들께서 "거기까지는 생각 못했는데 교수님 말씀이 맞습니다." 하며 제가 하는 말에 귀 기울여 주시거나 심지어 자신이 잘못 생각했다고 인정하는 모습을 보이실 때 존경심이 절로 샘솟는 것을 느낍니다. 내가 성공했던 시절과는 다르다는 사실을 받아들이고 다양한 사람의 의견을 존중하는 리더, 합리적인 판단으로 자신의 생각이 적절하지 않다고 생각되면 그것을 바로 인정하는 참 리더의 표본인 것이지요.

자신의 실수를 솔직하게 테이블 위에 올려놓는 분들은 내공이 매우 깊은 분들입니다. 그건 보통 내공으로 되는 게 아닙니다. 내 잘못을 인정한다는 것은, 정말로 잘못이 있건 없건 간에 그 때문에 자신의 명성이 흔들리지 않을 만큼 내공이 있는 사람만이 가능한 일입니다. 그러면서 그들은 다시 한번 성장하는 겁니다.

좋은 삶의 태도란 겸손하고 쉽게 잘못을 인정하며 다른 사람의 의견도 받아들이는 열린 태도를 갖는 것이라고 생각합니다. 아직 젊은 분들이라면 나이가 들수록 유연한 사고가 어렵다는 사실을 아셔야 합니다. 자신이 예전보다 더 고집스러워졌다고 느낀다면 "아, 이게 나이 탓일 수도 있겠구나." 혹은 "나는 나이 들어도 그러지 말아야지." 하고 지금부터 마음의 준비를 하셔야 합니다. 그렇지 않으면 시간이 흐를수록 열린 사고를 갖기 어렵습니다. 이번 강의가 여러분 인생에서 중요한 순간에 올바른 의사 결정을 내리는 데 도움이 되기를 기원합니다.

3강

의사 결정 신경 과학의 응용

첫 강의에서는 제가 진행한 최신 연구를 중심으로 반복된 의사 결정이 어떻게 이루어지는지를 말씀드렸습니다. 2강에서는 창의적인 리더들의 의사 결정 과정을 사회 심리학적인 관점에서 생각해 보는 시간을 가졌습니다. 마지막 3강에서는 의사 결정을 경제학으로 바라본 연구들을 소개해 드리려 합니다. 게임 이론을 바탕으로 미시 경제학자들이 의사 결정을 어떻게 탐구했는지, 행동 경제학자들은 심리학적 접근을 통해 주류 경제학자들과 어떻게 맞서 싸워 왔는지 살펴보도록 하겠습니다.

가벼운 퀴즈로 이야기를 시작해 볼까요? 1979년 케임브리지 대학교(University of Cambridge) 생물학과의 데이비드 하퍼(David Harper) 교수는 재미있는 실험[1]을 하나 합니다. 캠퍼스의 호수에는 청둥오리(*Anas platyrhyn Chos*. L.)가 33마리 있었습니다. 하퍼 교수는 2명의 여학생의 손을 빌려 청둥오리들에게 먹이를 주기로 합니다. 이때 여학생들은 서로 다른 방법으로 먹이를 던져 주었습니다. 왼쪽에 있는 여학생은 자기 발밑에

33마리의 오리는 어디로 향할까?

5초에 한 번씩 음식 부스러기를 떨어뜨립니다. 오른쪽 여학생은 10초에 한 번씩 음식 부스러기를 떨어뜨립니다. 오리들이 이 상황을 잘 볼 수 있도록 2분 정도 시간을 준 뒤에, 33마리의 오리가 어떻게 행동할까 관찰했습니다. 오리들은 하루 정도 굶어서 배가 고픈 상태입니다. 음식 부스러기의 양은 금방 바닥나는 상황을 걱정할 필요가 없을 만큼 많습니다. 이때 33마리 오리들은 어떻게 행동하며 그 이유는 무엇일까요? 오리의 선택에 가장 큰 영향을 주는 요소는 무엇인가가 질문입니다.

실제로 이 실험을 진행하기 전에 다양한 가설이 제기되었습니다. 첫 번째로 "아무 데나 가까운 곳으로 갈 것이다."라는 가설이 있었습니다. 오리가 5초에 한 번 떨어지는 먹이와 10초에 한 번 떨어지는 먹이를 구별할 수 없거나 별로 중요하게 생각하지 않아서, 그냥 자기에게 가까운 여학생 쪽으로 가서 먹으리라는 겁니다. 두 번째 가설은 "왼쪽으로 더 많이 갈 것이다."였습니다. 즉 오리는 둘을 구별할 수 있고, 5초에 한 번 떨어지는 곳으로 가면 더 많이 먹을 수 있다는 논리적인 사고를 할 수 있어 왼쪽으로 가리라는 것입니다. 세 번째는 "우두머리 오리가 움직이는 방향을 따라갈 것이다."가 있었습니다. 오리는 사회적 동물입니다. 처음 보는 오리끼리라도 빠른 시간 내에 사회적 계급을 결정합니다. 그중 가장 서열이 높은 오리가 한쪽 방향을 선택하고 나면 나머지 오리는 우두머리를 따라갈 수도 있고, 어쩌면 우두머리가 포식하도록 반대편에서 조용히 먹을 수도 있겠지요.

그 밖에는 "5초에 한 번, 10초에 한 번은 별로 안 중요하다. 그냥 무작위로 흩어질 것이다." 혹은 "'각인(imprinting)' 현상이라고 해서 처음 본 것에 매우 민감하게 반응하는 오리이니만큼 과자가 떨어지는 걸 어느 쪽에서 제일 먼저 봤느냐가 방향을 결정할 것이다.", "여학생들의 외모가 중요하다. 누가 더 오리를 닮았고 오리 냄새가 나느냐가 영향을 미칠 것이다." 등의 가설이 있었습니다.

실제로 실험해 보니 22마리는 왼쪽으로, 11마리는 오른쪽으로 이동했습니다. 오리들이 보기에 왼쪽은 5초에 한 번이고 오른쪽은 10초에 한 번이니까 먹이는 왼쪽이 2배 더 빨리 떨어집니다. 그래서 '같은 시간에 한 오리가 먹는 양을 일정하게 하려면 2대 1의 비율로 나누어지면 적당하겠다. 우리가 총 몇 마리지? 33마리! 그럼 22마리가 왼쪽, 11마리가 오른쪽으로 가자.' 이렇게 쫙 나뉘는 겁니다. 놀랍지요?

처음에는 왼쪽으로 갔다가 경쟁이 너무 심해지면 몇 마리가 오른쪽으로, 그러다가 오른쪽이 경쟁이 심해지니 다시 왼쪽으로 하는 식으로 되먹임(feedback) 과정을 거치며 2대 1로 얼추 나누어지는 것이 아니라는 데 그 놀라움이 있습니다. 오리들은 앞서 말씀드린 대로 전략적 사고를 통해 음식 부스러기를 던져 준 지 1분 30초 만에 2대 1의 비율로 나뉩니다. 이것은 오리들이 자신의 이익을 최대화하기 위해서 전략적 사고를 한다는 것을 보여 주는 좋은 예입니다. 이 연구만 보더라도 대부분의 동물이 생존과 관련된 상황에서 합리적인 의사 결정을 하며 심지어 우리 생각 이상으로 합리적이라는 사실을 잘 알 수 있습니다.

'인간은 경제적 동물(*Homo economicus*)이다.'라는 가설은 이 사실의 연장선상에서 인간은 선택의 순간 자신에게 돌아올 경제적 이득을 포함한 모든 효용을 최대화하려고 행동한다는 가정입니다. 이는 주류 경제학자들이 오랫동안 연구해 온 접근 방법이며, 그 근간이 되는 이론이 게임 이론입니다.

게임 이론

게임 이론을 처음으로 제안한 사람은 미국 프린스턴 대학교(Princeton University)의 경제학자 오스카어 모르겐슈테른(Oskar Morgenstern)과 수학자 존 폰 노이만(John Von Neumann)입니다. 그들은 1944년 『게임 이론과 경제 행동(*Theory of Games and Economic Behavior*)』이라는 책[2]을 출간하며 학계에 큰 파문을 일으킵니다. 여기에서 말하는 게임이란 우리가 컴퓨터나 스마트폰 등으로 즐기는 오락이 아니라, '상대방의 의사 결정이 나에게 주어지는 보상에 영향을 미치는, 그래서 상대방이 어떤 결정을 했느냐에 따라 나도 어떤 결정을 내릴지를 전략적으로 판단해야 하는 맥락'을 뜻합니다. 이런 상황에서 우리는 보수 행렬(payoff matrix)이라고 부르는 이해득실표를 짜야 합니다. 상대방이 이런 선택을 하면 나는 그것에 맞추어 어떻게 선택해야 하는지, 꼼꼼히 계산한 다음에 나에게 가장 큰 보상을 주는 전략을 찾는 논리적인 방법을 탐구하는 학문이 게임 이론입니다.

게임 이론의 선구자 존 내시

게임 이론은 우리가 이해득실표를 만들어 잘 판단하면 서로 이득, 즉 상대방도 나도 이득인 적절한 답을 찾을 수 있음을 수학적으로 보여 줍니다. 프린스턴 대학교 수학과 박사 과정의 젊은 학생 존 내시(John Nash)는 두 사람이 하는 게임뿐만 아니라 여러 사람이 함께하는 게임에서도 적절한 해답이 존재함을 증명하여 1994년 노벨 경제학상을 받았습니다. 영화 「뷰티풀 마인드(A Beautiful Mind)」에서 러셀 크로(Russell Crowe)가 맡았던 수학자 역할이 바로 존 내시입니다. 그가 조현증을 앓기 전 '여러 사람이 게임을 하더라도 모두에게 적절한 해답이 존재할 수 있다.'라는 사실을 수학적으로 증명하는 지적 탐험의 여정이 영화에 잘 드러나 있습니다.

모든 게임에 그런 해답이 항상 존재하는 것은 아닐지라도, 우리가 그런 해답을 찾을 수 있다는 사실 자체만으로도 무척 흥미롭습니다. 나라와

나라 간의 정치 문제를 비롯하여 외교 협상 테이블 위에서 서로에게 만족스러운 타협안이 도출될 수 있음이 증명된 셈이니까요. 외교, 정치, 국제 관계 분야에서 게임 이론은 우리가 어떻게 갈등에 접근해야 하는지, 그 기준을 제시해 줍니다.

게임 이론은 그 해답을 내시 평형(nash equilibrium)이라고 부릅니다. 수학적으로는 '상대방이 굳이 전략을 바꾸지 않는 한 나 또한 전략을 바꿀 이유가 없는 적절한 상태'를 말합니다. 물론 이는 가장 좋은 해답이 아닐 수 있습니다. 그럼에도 상대방이 전략을 바꾸지 않는 이상 나도 전략을 바꾸지 않아도 되는 적절한 선택지가 존재한다는 것은 다행스러운 일입니다. 상대방의 선택을 통제할 수는 없으니 우리에게는 이것이 최고의 답입니다.

인간이 합리적인 동물이라고?

복잡한 상황에서 사람의 행동을 예측할 때, 인간을 합리적인 동물이라고 가정하면 그 상황에서 내시 평형이 어디인지 찾는 것만으로 문제를 풀 수 있습니다. 인간이 합리적 동물이라면 내시 평형대로 행동할 게 분명하니까요. 이렇게 경제학은 수학이 됩니다. 그래서 게임 이론은 경제학의 이론적 발전에 큰 몫을 했습니다. 특히 개인의 경제적 의사 결정을 탐구하는 미시 경제학에 기여했습니다.

그런데 문제는 인간이 결코 합리적인 의사 결정자가 아니라는 사실입니다. 안타깝게도, 우리는 오리기 아닙니다. 인간은 경제학자들의 생각만큼 합리적이지 않습니다. 엉뚱한 이유를 신뢰하여 주식을 사거나 팔기도 하고, 품질과 가격 외에 (광고 모델이 누구였는지 같은) 다른 불합리한 요소에 영향을 받아 물건을 사기도 합니다. 품질과 가격을 꼼꼼히 따져 가면서 물건을 살 때만큼이나 충동구매의 비율도 높습니다. 충동구매를 실제로 얼마나 하는지를 조사하여 통계를 낸 자료를 보면, 충동구매를 주로 한다는 사람이 전체 소비자의 20퍼센트였고, 충동구매가 계획된 소비보다 더 많다고 말하는 사람도 20퍼센트나 됩니다. 충동구매와 계획 구매가 서로 비슷하다는 사람은 거의 25퍼센트입니다. 오직 13퍼센트만이 자신은 계획적인 구매만 한다고 대답했습니다. 계획적 소비가 더 많다고 대답한 사람도 20퍼센트밖에 안 됩니다. 다시 말해, 물건을 사는 사람 중에 3분의 2는 주로 충동적으로 소비하거나 충동구매가 반을 넘는 경우라는 겁니다. 인간은 생각만큼 그렇게 합리적인 의사 결정자가 아니며, 내시 평형대로 행동하지 않을 때가 많습니다.

전 세계의 회사들이 매년 수없이 쏟아 내는 신상품 중에서 5퍼센트만이 5년 후까지 살아남아 고객에게 사랑 받으며 팔리는 물건이 됩니다. 나머지 95퍼센트의 제품들도 나름 합리적인 가격에 적절한 품질로 만들어졌을 텐데 왜 사라졌을까요? 품질이 좋고, 나에게 필요하고, 가격이 싸면 사야 하는데 사람들은 그런 기준으로 물건을 구매하지 않습니다. 소비자의 마음을 예측하고 그들의 선택을 받기란 정말 어려운 일인 것입니다.

뇌 속의 쇼핑센터?

이와 관련해 스탠퍼드 대학교(Standford University) 심리학과의 브라이언 넛슨(Brian Knutson) 교수는 fMRI를 사용하여 뉴로 마케팅

(neuromarketing) 분야에서 가장 중요한 실험을 진행한 바 있습니다. 그는 원통형으로 생긴 fMRI 장치 안에 피험자를 눕혀 놓고 특정 상표의 초콜릿을 4초간 보여 주었습니다. 4초가 지나면 그 제품의 가격 정보를 다시 4초간 보여 준 다음, 제품을 살지 말지를 결정하라고 요청합니다. 이렇게 40여 개의 제품을 보여 주고 구매 여부를 묻는 전 과정을 fMRI로 촬영했습니다. 제품을 구매하거나 구매하지 않는 의사 결정을 하는 동안 뇌에서 어떤 일이 벌어지는지를 알아보고자 했던 것이지요. 그 결과 피험자가 '예'를 누를지 '아니오'를 누를지, 다시 말해 이 제품을 구매할지 안 할지를 뇌 활동만으로 예측할 수 있었습니다. 《뉴런(*neuron*)》이라는 학술지에 실린 이 연구 논문의 제목이 바로 「뇌 활동으로 구매 행동 예측하기(Neural predictors of purchases)」입니다.[3]

구매 의사가 있는 피험자의 뇌와 구매 의사가 없는 피험자의 뇌는 매우 다릅니다. 제품을 보고 매력을 느낀, 구매 의사가 있는 피험자는 제품을 보는 동안 측좌핵의 활동이 크게 증가합니다. 그러니까 측좌핵 활동이 활발한 피험자는 제품을 살 가능성이 높다고 예측할 수 있습니다. 구매할 피험자는 구매 버튼을 누를 때가 아니라, 처음 제품을 본 순간부터 이미 구매하지 않을 사람과 뇌 활동이 다른 것입니다. 구매 의사가 있는 피험자가 가격을 보았을 때에는 '가격 대 성능비'를 계산하는 부위인 이마 바로 뒤 등쪽 가쪽 앞이마 겉질(배외측 전전두피질, dorsolateral prefrontal cortex)의 활동이 크게 증가했습니다. 정작 구매를 확인하는 '예/아니오' 버튼을 누를 때는 뇌 활동에 별 차이가 없었습니다.

이 연구는 물건을 구매하는 의사 결정에 가격 대 성능비 같은 합리적 사고 과정뿐만 아니라 내게 꼭 필요한 물건이 아니더라도 '제품이 얼마나 매력적인가?', '내 욕망을 자극하는가?'와 같은 요소가 관여하고 있음을 보여 줍니다. 다시 말해, 인간의 충동구매는 측좌핵을 건드린 수많은 매력적인 제품들 때문에 벌어지는 것입니다.

프레임: 인간은 이성적이지 않다!

게임 이론의 등장으로 한 번 파문이 일어난 경제학계에 이제 2명의 심리학자가 뛰어듭니다. 대니얼 카너만(Daniel Kahneman)과 아모스 트버스키(Amos Tversky)는 미국의 심리학자 벌허스 스키너(Burrhus Skinner)가 확립한 행동주의 심리학에서 출발했습니다. 사람의 행동은 정교한 인지 과정의 결과물이며 따라서 행동을 통해 마음을 이해할 수 있다는 가설하에 그들은 경제학의 의사 결정 문제에 행동주의적 실험 방법을 도입했습니다. 선택의 상황을 놓고 내시 평형만을 계산하는 데 그치지 않고 실제로 사람들이 어떻게 행동하는지를 관찰한 것입니다. 20년간 일련의 실험을 통해 사람들은 절대 내시 평형대로 행동하지 않는다는 사실을 증명한 카너만 교수는 그 공로로 2002년 노벨 경제학상을 받습니다.(트버스키 교수는 그 전에 암으로 사망했습니다.)

카너만과 트버스키는 행동 경제학이라는 분야를 일구었습니다. 행동 심리학(behavioral Psychology)을 바탕으로 경제적 의사 결정을 탐구해 왔습니다. 이분들이 찾아낸 수많은 비합리적인 선택 사례가 뇌에서 어떻게 처리되는지를 연구하는 것이 제 연구 과제 중 하나입니다. 이런 분야를 신경 경제학(neuroeconomics)이라고 부릅니다. 이 분야 역시 만들어진 지 10년도 채 안 됐습니다. 이제라도 이 분야에 뛰어들어 30년만 연구하면 여러분도 선구자가 될 수 있습니다.

행동 경제학의 창시자, 대니얼 카너먼과 아모스 트버스키

선호 역전 현상

행동 경제학은 합리적인 동물이라는 가정으로는 설명하기 힘든 현상을 인간에게서 많이 찾아냈습니다. 선호 역전 현상(preference reversal)이 좋은 예입니다. 한 가게에 휴대 전화 모델이 A, B, C 3개가 있다고 가정해 보겠습니다. A가 값이 싸지만 기능도 제일 떨어지며, C는 제일 비싸면서 기능이 좋습니다. 고객은 셋 중 무엇을 선호할까요? 평균적으로 B의 판매가 가장 높습니다. 많은 사람이 너무 싸지도 비싸지도 않은 중간 제품을 선택합니다. 그런데 여기에 C보다 더 비싸고 성능이 더 좋은 D를 옆에 놓아 봅시다. 이제 B, C, D 중 중간인 C의 구매가 (심지어 B보다도!) 늘어납니다. 제품의 성능과 가격은 전혀 바뀌지 않았는데 옆에 무엇을 두었느냐, 즉 어떤 프레임에서 팔았느냐에 따라 사람들의 선호가 달라지는 현상이 벌어지는 것입니다.

경제학자들은 선호는 안정적이며 제품에 내재한 속성이라고 오랫동안 믿어 왔습니다. 사람이 특정 제품을 선호하는 이유가 제품의 품질이나 가격 같은 내적 속성 때문이라는 것인데, 이렇게 내적 속성이 바뀌지 않았는데도 주변 상황에 따라 선호가 달라지는 현상은 합리성이라는 가설로 설명하기가 어렵습니다. 고전 경제학의 한계가 여실히 드러나는 순간이기도 하고요.

손실 회피

손실 회피(loss aversion)도 합리적인 동물 가설로는 쉽게 설명되지 않는 현상입니다. 예를 들어 직장에서 연말 보너스 1000만 원을 재미있는 방식으로 준다고 생각해 봅시다. 빈방에 직원이 한 사람씩 들어갑니다. 방 안에는 테이블이 하나 놓여 있고, 그 위에 2개의 선택지가 있습니다. 하나는 현금 1000만 원, 즉 1만 원짜리 1,000장이 든 007가방입니다. 그것을 선택하면 현금 1000만 원을 즉시 받을 수 있습니다. 다른 하나는 복권입니다. 긁어서 '꽝'이 나오면 한 푼도 못 받고 '당첨'이 나오면 3000만 원을 받게 됩니다. 당첨될 확률은 무려 50퍼센트, 반반입니다. 그러니까 기댓값(expectation)이 1500만 원인 셈이죠.

기댓값이 1500만 원인 복권을 선택하시겠습니까, 아니면 현금 1000만 원을 선택하시겠습니까? 연구 결과를 보면 85퍼센트 가까이의 피험자가 현금을 선택합니다. 15퍼센트 정도만이 복권을 선택하는데 선택자의 80퍼센트가 남자입니다! 여성들은 이런 상황에서 모험을 잘 하지 않습니다.

왜 사람들은 기댓값이 더 높은 복권을 선택하지 않고 현금을 선택할까요? 내시 평형은 복권에 있는데 말입니다. 수학적으로 합리적인 의사 결정을 내려야 할 텐데 왜 그렇게 행동하지 않는지 의문입니다.

여러분은 이렇게 주장할 수 있습니다. "기댓값이란 여러 번 시행했을 때 얻는 평균값이므로 단 한 번의 시도에서는 기댓값이 1500만 원이라는 사실이 별로 의미가 없다. 현금 1000만 원을 선택하는 게 오히려 합리적이다." 만약 그 말이 맞아서 나름 합리적으로 현금을 선택한 것이라면, 복권의 당첨 금액을 높이더라도 상황은 달라지지 않으니 복권 쪽으로 이동하지 않을 것입니다. 그런데 실제로 당첨 금액을 높이면 재미있게도 사람들은 복권으로 이동합니다. 당첨 금액이 4000만 원이 되면, 즉 기댓값이 현금의 2배인 2000만 원이 되면 복권을 선택한 사람과 현금을 선택한 사람의 수가 거의 비슷해집니다. 왜 이런 비대칭/불균형이 존재하는가? 손실을 줄 수도 있는 복권은 왜 당첨 금액이 현금의 2배 정도는 돼야 비슷한 가치를 가지는가? 카너만이 주목한 부분이 바로 여기입니다.

그 이유는 남들이 현금 1000만 원을 받을 때 나만 복권을 선택했다가 당첨이 되어 3000만 원 받을 때의 기쁨보다, 나만 꽝이 나와서 한 푼도 못 받을 때의 괴로움이 훨씬 더 크기 때문입니다. 그렇다면 얼마면 될까요? 얼마를 받으면 그때의 기쁨이 혹시나 꽝이 나와 한 푼도 받지 못했을 때의 괴로움을 넘어설까요? 4000만 원이었습니다. 남들이 1000만 원 받을 때 나 혼자 4000만 원은 받아야 한번 도전해 볼 만한 것으로 나왔습니다. 2배의 크기는 돼야 한다는 것이지요. 그만큼 우리는 손실을 피하려하고 위험을 감수하려 하지 않습니다.

손실 회피는 우리 뇌 중 편도체와 관련이 깊습니다. 손해를 보고 괴로워할 때 활성화되는 부위가 이곳입니다. 감정을 조절하는 편도체는 특히 손실 같은 부정적인 자극에 대한 공포와 두려움, 괴로움 등을 표상합니다. 추측건대 우리 뇌는 더 큰 보상을 얻으려는 방향으로 사고하는 게 아니라 될 수 있으면 적게 실패하고 손실을 줄이려는 방향으로, 생존에 치명적인 행동은 꺼리도록 만들어진 것처럼 보입니다. 배불리 먹으려고 위험한 도박을 하다가 죽는 것보다는 안전 지향적으로 사고하는 편이 생존 확률을 높일 테니까요.

미인 대회 게임

인간의 합리성 속에 숨겨진 비밀을 들여다볼 수 있는 다른 예로 '미인 대회 게임(beauty contest game)'이 있습니다. 수업 시간에 종종 학생들과 이 게임을 실제로 해 보곤 하는데요, 여러분도 시간 나실 때 주변 사람들과 한번 해 보시면 좋습니다.

먼저 모두에게 종이를 한 장씩 나누어 준 다음 종이에 자신의 이름을 쓰게 합니다. 그리고는 0과 100 사이의 자연수 하나를 쓰라고 합니다. 이 게임은 나중에 참여자의 답을 걷어서, 답을 모두 더한 후에 사람 수로 나눌 겁니다. 그러면 참여자들이 쓴 숫자의 평균이 나오겠죠? 그 평균의 3분의 2가 되는 숫자를 적어 낸 사람이 우승입니다. 자, 여러분도 한번 숫자를 써 보십시오. 다른 사람과 상의는 마시고요. 이제 이 게임의 내시 평형에 대해, 그러니까 우리가 '합리적인 동물'이라면 어떤 숫자를 써야 하는지에 대해 생각해 봅시다.

우리는 어떤 숫자를 적어야 할까요? 마구잡이로 적어 내는 것이나 '남자 친구 나이와 내 나이를 더했다.'는 식의 엉뚱한 계산을 제외하면 이 문제는 이렇게 접근할 수 있습니다. 우리가 만약 0과 100 사이의 숫자에 특별한 선호가 없다면, 참여자는 0과 100 사이의 자연수를 골고루 적을 것입니다. 그것을 다 더해서 평균을 내면 50이 나오겠죠. 일단 이 게임에서 50 이상의 숫자를 쓰면 안 되는 겁니다. 그런데 나중에 게임을 하고 결과를 보면 그런 사람이 틀림없이 있습니다. "나는 늘 100점만 받아!"라고 부르짖으며 100을 쓰시는 분도 있죠. 어쨌든 평균이 50이 나올 테니 우승을 위해서는 그것의 3분의 2인 33을 써야겠지요. 그런데 33을 쓰려고 보니, 게임에 참여한 사람들이 다 이 생각을 할 것 아니에요? 다들 33을 쓰면 평균값이 33이 되는 일이 벌어집니다. 그렇다면 나는 한 수 더 내다보아서 그것의 3분의 2인 22를 써야죠.

그렇게 22를 쓰려고 생각해 보니까, 결국 다른 사람들도 나와 같은 결론에 도달할 것이 분명합니다. 평균이 22가 나오겠네요. 그럼 나는 그것의 3분의 2인 15 정도를 써야겠습니다……라고 생각하는 순간! 이제 제가 무슨 말씀을 드리려는지 아시겠죠? 모두가 이렇게 생각을 하면 결국 3분의 2를 계속 곱하게 됩니다. 어떤 숫자에 1보다 작은 수를 계속 곱하면 그 수는 0에 수렴하지요. 결국 이 게임의 내시 평형은 모든 참가자가 0을 쓰는 것입니다. 그러면 평균도 0이 나오고, 그것의 3분의 2도 0이 됩니다. 하지만 모두 0을 써서 평균이 0이 나와 다 같이 우승자가 되는 아름다운 상황은 벌어지지 않습니다. 우리는 오리만 못합니다. 합리적인 동물이 아니며, 우리 모두가 내시 평형대로 행동하는 일은 벌어지지 않습니다. 교육을 많이 받은 사람이든 그렇지 않든 마찬가지입니다.

신경 경제학의 대가인 콜린 캐머러(Colin Camerer) 교수는 미국에서 SAT(Scholastic Assessment Text, 대학 진학 적성 시험) 점수가 가장 높은 학생이 가는 캘리포니아 공과 대학(California Institute of Technology, 캘택) 학

내 눈에 가장 예쁜 사람이 최고의 미인은 아니다.

생들을 대상으로 같은 실험을 수행한 바 있습니다.[4] 캘텍에도 70 이상의 숫자를 쓴 학생이 여럿 있었습니다. 다만 33 혹은 22 근처의 숫자를 생각한 학생이 더 많았고, 더욱 흥미로운 것은 실험을 반복할수록 낮은 숫자를 생각하는 사람의 숫자가 점점 늘어 간다는 것입니다. 0 혹은 1을 생각한 학생들도 제법 있었습니다.

이쯤에서 이 게임이 왜 미인 대회 게임으로 불리는지 궁금하실 겁니다. 처음 이 게임을 제안했던 케임브리지 대학교 경제학과의 존 케인스(John Keynes) 교수는 미인 대회(예를 들어 미스코리아 선발 대회)가 열리는 상황을 가정했습니다. 그런데 이 대회는 진, 선, 미를 심사위원들이 선정하는 것이 아니라 「슈퍼스타K」처럼 자동 응답 서비스(ARS) 전화를 통한 시청자 혹은 관객들의 참여로 뽑습니다. 시청자 투표를 독려하기 위해 주최 측은 "진으로 선발된 사람을 찍은 참여자에게는 추첨을 통해 100만 원어치의 상품권을 주겠다."라고 홍보했습니다.

자, 이제 여러분은 어떤 후보에게 투표하시겠습니까? 내 눈에 가장 예쁜 사람을 뽑아야 할까요? 그래서는 안 됩니다. 내 취향이 이상할 수도 있으니까요. 나에게 예쁘다고 그 후보가 진이 되는 것은 아닙니다. 내가 찍어야 할 후보는 '가장 많은 사람이 예쁘다고 생각할 사람'입니다. 내게 예뻐 보이는 사람이 아니라, 다른 사람에게 예뻐 보이는 사람이 누구인지를 판단해서 투표해야 한다는 말입니다! 문제는 다른 사람들도 똑같이 생각할 거라는 사실입니다. 그러면 나는 누굴 뽑아야 할까요? "가장 많은 사람이 '가장 많은 사람들이 예쁘다고 생각할 사람'"을 추측해서 뽑아야 합니다. 물론 다른 사람들도 거기까지 생각해서 후보를 결정할 겁니다. 이런 식으로 다른 사람의 선택을 내가 알고 있기에 그것이 내 선택에 영향을 미치는 상황에서 그보다 한발 앞서 생각하는 것이 이 게임의 핵심입니다. 제가 먼저 소개해 드린 것은 이 미인 대회 게임의 일종의 수학 버전입니다.

이 게임에서 여러분이 적어 낸 숫자가 낮다는 것은 '추론 단계(steps of reasoning)', 즉 다른 사람의 생각을 헤아려 한발 앞서 생각하는 능력이 높다는 것을 의미합니다. '다른 사람도 이 생각을 할 테니 나는 그것의 3분의 2를 적어야겠다.'라는 식으로 생각하다 보면, 숫자가 점점 낮아지게 되어 있습니다. 그래서 낮은 숫자를 적어 낼수록 타인의 마음을 더 많은 단계까지 헤아리는 사람이라고 가정할 수 있습니다.

여러 집단에서 미인 대회 게임을 해 본 결과, 숫자들의 평균이 다양한 분포를 이루었습니다. 아무래도 게임 이론을 전공한 수학자나 캘텍 학생의 평균이 가장 낮습니다. 캘텍 옆에 있는 패서디나 시립 대학교(Pasadena City College)의 학생들이 적어 낸 평균은 상대적으로 더 높게

다양한 피험자 집단	결과
게임 이론가	19.1
캘텍 학생	23.0
자산 관리자	24.3
경제학 박사 과정 학생	27.4
고등학생	32.5
70살 노인	37.0
독일의 일반 시민	37.2
CEO	37.9
패서디나 시립 대학교 학생	47.5

여러 집단에서 미인 대회 게임을 한 결과

나타났습니다. 흥미로운 건 CEO들의 평균이 생각보다 높아서 35를 넘었다는 사실입니다. 그들은 왜 이렇게 높은 숫자를 적어 냈을까요? 그럴듯한 가설 하나는 "그들이 수학적인 뇌를 가진 것은 아니다."라는 겁니다. 수학을 잘한다고 사업을 잘하는 건 아닐 테니까요.

두 번째 가설은 조금 더 근사하게 이런 점까지 고려에 넣었습니다. 실제로 0을 생각한 사람들이 이 게임에서 우승할 가능성이 있을까요? 그들은 내시 평형에 맞춰 값을 적었습니다. 다시 말해 수학적으로는 정답입니다. 그런데 그들이 과연 우승할 수 있을까요? 전혀 아닙니다. 그들은 옆 사람을 잘 몰랐습니다. 정답은 맞혔지만 현실적인 답과는 먼 숫자를 적어 낸 셈입니다. 결국 우승은 '나와 게임을 하고 있는 참가자가 어떤 사람들인가, 얼마나 수학적인가'를 생각해서 그들이 생각하는 수준을 정확히 가늠한 후에 그보다 한발만 더 앞서 생각하는 사람에게 돌아가게 될 것입니다.

CEO들이 보여 준 높은 평균도 이런 맥락에서 해석할 수 있습니다. 0을 써낸 사람이 CEO가 된다면 그는 근사하고 정교한 제품을 만들 수는 있겠지만, 정작 사람들이 사고 싶은 제품, 고객의 마음을 헤아린 제품을 만들진 못할지도 모릅니다. "이렇게 좋은 걸 왜 안 사!"라면서 어리석은 대중을 탓하겠지요. 결국 돈은 누가 벌까요? 대중의 눈높이에서 한발만 앞서 가는 사람이 법니다. 일반인의 마음을 이해하는 것이 CEO에게 가장 중요한 능력입니다. 대중은 이런 문제를 전혀 수학적으로 사고하지 않습니다. "행운의 숫자인 77을 적었어요." 또는 "중학교 때 출석 번호가 늘 52번이었어요. 그래서 52라고 썼습니다."와 같이 대답하는 사람이 더 많을지도 모릅니다. 그러다 보니 그들이 적어 낸 숫자의 평균은 50을 넘기기가 일쑤입니다. CEO는 그것의 3분의 2를 적어 낸 것은 아닐까요? '대중의 눈높이를 알고 그 한발 앞을 생각했기에 높은 숫자를 적은 것이다.' 이것이 CEO들의 답을 아름답게 포장한 두 번째 가설입니다.

1강에서 말씀드렸듯이 인간의 의사 결정은 단순히 내게 돌아올 경제적 이득이나 효용을 최대화하는 방식으로만 이루어지지 않습니다. 과거 경험, 옆 사람과의 관계, 지금의 감정 상태 등 복잡한 요소가 관여합니다. 무엇보다 우리는 자신의 뇌를 사용하는 걸 힘들어 합니다. 인지적 자원이 많이 소모되니까요. 따라서 인간의 의사 결정은 복잡한 정보 처리 과정이라고 간주해야 합니다. '인간은 합리적인 동물이다.'라는 경제학의 오래된 가설에는 단어 하나가 더 추가되어야 합니다. '인간은 가끔 합리적인 동물이다.'라고 말입니다.

보상은 기대에서 비롯된다

의사 결정 분야에서 가장 중요한 논문[5] 한 편을 소개해 드리겠습니다. 케임브리지 대학교 생물학과의 울프람 슐츠(Wolfram Schultz) 교수가 실험한 내용으로, 1998년《네이처 신경 과학(*Nature Neurosciences*)》에 실렸던 논문입니다.

방 안에 원숭이 한 마리가 앉아 있습니다. 원숭이 앞에는 모니터가 설치되어 있습니다. 그리고 원숭이의 측좌핵에 전극을 꽂은 다음 학습 실험을 하게 합니다. 간단히 설명하면, 여러 기호들 사이에 섞여 있는 특정한 기호를 누르면 오렌지 주스가 나오는 실험입니다. 다른 기호들은 눌러봤자 아무것도 제공되지 않습니다. 원숭이는 기호를 이것저것 눌러 보다가 우연히 어떤 기호를 눌렀을 때 주스가 나온다는 사실을 발견하게 됩니다. 이처럼 예상하지 못한 보상을 얻게 되면, 여기서는 오렌지 주스를 받게 되면, 그 순간 측좌핵에 있는 신경 세포들이 갑자기 발화(firing)합니다. 도파민계 신경 세포의 활동이 늘어나는 겁니다.

그런데 흥미롭게도 시간이 지나 원숭이가 오렌지 주스를 나오게 하는 기호를 학습하게 되면, 그 기호를 누르는 순간에 신경 세포의 발화가 늘어납니다. 정작 주스가 나오는 동안에는 발화가 증가하지 않습니다. 쾌락이 주스를 먹는 순간에서 주스가 나올 것을 기대하는 순간으로 옮겨 간 겁니다. 이 발견은 원숭이에게(후속 연구를 통해 사람에게도) 즐거움이란 '보상 그 자체라기보다 보상이 나오리라는 기대감'이라는 사실을 알려 주었습니다. 곧 오렌지 주스를 먹을 수 있다는 기대감이 즐거움의 원천이었습니다.

우리도 다르지 않습니다. 취직 후 첫 크리스마스 때 예상치 못한 보너스를 받으면 누구나 굉장히 기뻐합니다. 통장에 갑자기 보너스가 들어오는 순간 여러분의 측좌핵도 활발히 활동할 겁니다. 그다음 해부터는 12월에 접어들면서부터 보너스를 받으리라는 기대감 때문에 기분이 좋아질 겁니다. 반면에 월급날 통장에 월급이 들어올 때 느끼는 즐거움은 그 빛이 바랜 지 오래입니다. 들어올 것을 알고, 그 사실이 당연한 보상은 이제 보상이 아닙니다. 크리스마스 보너스도 같은 과정을 겪습니다. 첫 몇 년은 '와, 또 보너스 받겠네!' 하고 즐겁지만, 점점 일상이 되면서 보너스 받는 일이 당연하게 느껴질 겁니다. 정작 보너스가 통장에 들어온 걸 확인하는 순간에도 예전처럼 기쁘지가 않고, 측좌핵의 활동도 크게 줄어듭니다. 오히려 예상했던 **큰** 보상보다 예상치 못한 **작은** 보상이 더 기쁩니다. 월급날 들어오는 월급보다 길에서 갑자기 주운 5만 원이 더 기쁨을 줍니다. 기대하는 동안은 즐겁지만, 정작 기대한 보상이 나오는 순간에는 그렇게 기쁘지가 않은 것입니다.

그다음 실험에서는 더 충격적인 결과가 나왔습니다. 특정 기호를 누르면 오렌지 주스가 나온다는 사실을 알게 된 원숭이가 기호를 누르고 주스가 나오길 기다립니다. 그동안 측좌핵의 신경 세포들은 활발히 활동합니다. 그런데 정작 주스가 나와야 할 시간에 아무 일도 벌어지지 않도록, 혹은 주스의 양이 줄어들도록 조작해 보았습니다. 그러면 측좌핵 신경 세포의 활동이 평소보다도 훨씬 줄어드는 현상이 나타납니다. 즉 기대한 것보다 보상이 적으면 그만큼만 행복한 게 아니라, 오히려 화가 나는 상황이 됩니다.

이 실험 결과는 우리에게 즐거움이란 내가 얻는 효용에 의해서가 아니라 효용에 대한 기대와 실제 얻은 효용 사이의 차이(이것을 '예측 오차(prediction error)'라고 부릅니다.)에 의해 결정된다는 사실을 말해 줍니다.

예상치 못한 보상(효용)이 주어지면 굉장히 기쁘지만, 보상이 예상대로 주어지면 별로 기쁘지 않습니다. 보상이 더 적게 주어지면 오히려 화가 납니다. 중요한 것은 실제로 얻는 보상이 아닙니다. 기대와 실제 보상이 얼마나 차이 나는지가 더 중요합니다.

대학교에 합격했을 때를 한번 떠올려 보십시오. 기분이 날아갈 듯이 좋았을 겁니다. 대학교는 우리에게 보상일까요? 진정 보상이라면, 입학식 때 매우 행복해야 합니다. 그런데 정작 입학식날 학생들의 얼굴을 보면 그렇지 않습니다. 이제부터 고생 시작이라며 죽을상을 하고 있습니다. 보상은 대학교가 아니라 (대학교에 갈 수 있다는 기대감을 안기는) 합격이라는 사건, 대학교에서 근사한 일들이 많이 벌어지리라는 상상이었던 것입니다. 그토록 가고 싶었던 학교도 막상 들어가면 그다지 즐겁지 않습니다. 마찬가지로 공부를 안 했는데 시험 점수가 잘 나와야 기쁘지, 열심히 해서 잘 보면 덜 기쁩니다. 도리어 열심히 했는데 못 보면 실망과 고통만 2배가 되지요. '인간은 경제적 이익을 최대화하려고 노력하지만 정작 효용은 경제적 이익 그 자체가 아니라 그것에 대한 기대감에서 온다.'는 사실을 미시경제학이 어서 이해하고, 경제학 방정식 안에 이 항목을 넣어 주길 기대합니다.

그렇다면 삶에서 즐거움이란 무엇일까요? 우리는 앞으로 벌어질 일을 끊임없이 예측하고 동시에 기대합니다. 현실이 기대대로 된다면 정말로 다행이겠지요. 그러나 더 큰 것을 기대한 사람은 어떤 성취를 이루더라도 별로 기쁘지 않습니다. 삶의 즐거움은 성취에 의해서만이 아니라 성취에 대한 기대감에서 비롯됩니다. 너무 많은 것을 기대하면 뛰어난 성취를 이루더라도 즐겁고 고마운 줄 모릅니다. 우리는 예측 불가능한 미래에 불안해 하지만, 인생의 즐거움은 바로 그 **예상치 못함**에서 시작됨을 이 연구는 보여 주고 있습니다.

불공정함에 분노하다

끝으로 '최후통첩 게임(ultimatum game)'을 통해 인간의 의사 결정이 경제학자들의 생각보다 훨씬 더 복잡하다는 사실을 다시 한번 보여 드리면서 제 강의를 마무리할까 합니다. 게임의 규칙은 간단합니다. 2명의 참가자가 있습니다. 한 사람은 제안자, 다른 한 사람은 수용자라고 부릅시다. 실험자는 제안자에게 1,000원 권 10장, 총 1만 원을 제공합니다. 제안자는 이 돈을 수용자와 나눠 가질 수 있습니다. 그런데 몇 대 몇으로 나눌지는 10 대 0부터 0 대 10에 이르는 선택지 중에서 제안자가 결정합니다. 수용자는 제안자의 제안을 받아들일지 말지를 결정하면 됩니다. 단 "제안을 받아들이겠다./안 받아들이겠다." 두 선택지 중 하나만 결정할 수 있습니다. 만약 수용자가 받아들이겠다고 하면, 제안자가 제안한 비율대로 돈을 나눠 가지면 그만입니다. 반대로 제안자가 나눈 비율이 수용자 마음에 들지 않아 제안을 거절한다면, 이때는 제안자와 수용자 둘 다 돈을 받지 못합니다. 이제 제안자는 "몇 대 몇으로 제안할 것인가."를 고민하고, 수용자는 "몇 대 몇 이하를 거절할 것인가."를 고민하면 됩니다. 간단하지요?

먼저 이 게임의 내시 평형을 생각해 보겠습니다. 몇 대 몇으로 나누는 게 수학적으로 합리적일까요? 이 게임에서 내시 평형을 계산하는 방법은 매우 간단합니다. 수용자는 제안을 받아들일지 말지 두 가지만 결정할 수 있습니다. 제안자가 0이 아닌 금액을 제시했다면, 그 액수에 상관없이 받아들이는 편이 이득입니다. 제안자는 수용자가 '합리적 동물'이라면 무조건 제안을 받아들일 테니 최소 금액만 제시해서 자신의 이익을 최대화하면 됩니다. 9 대 1(혹은 99 대 1)을 제안해도 그것이 바로 내시 평형입니다.

하지만 실제 실험에서 결과는 내시 평형과는 많이 달랐습니다. 최소 금액만 제안해도 되는데 5 대 5를 제안하는 제안자의 비율이 50퍼센트를 넘었습니다. 6 대 4나 7 대 3까지 합치면 거의 80퍼센트에 달합니다. 왜 사람들은 그토록 수용자에게 돈을 주려고 안달이 난 걸까요? 이것이 현대 과학이 해결하지 못하고 있는 첫 번째 난제입니다. 반면에 수용자는 무조건 제안을 받아들이는 편이 이득임에도 실제로 9 대 1을 제안하면 거절하는 비율이 50퍼센트가 넘습니다. 8 대 2 제안에 대해서는 20퍼센트 가까이가 거절했습니다. 한 푼이라도 받는 게 더 이익인데 왜 받지 않는 것일까요? 현대 과학이 아직 설명하지 못하는 두 번째 난제입니다.

제 연구는 최후통첩 게임을 하는 동안 제안자와 수용자의 뇌를 촬영해서 그들이 제안을 받아들일 때 혹은 거절할 때 대뇌에서 무슨 일이 벌어지는지 관찰하는 것이었습니다. 그 결과, 흥미롭게도 수용자가 제안을 거절할 때에는 처음 제안을 받는 순간에 뇌섬(insula)이라는 영역이 활성화되었습니다. 뇌섬은 우리 뇌에서 역겨움을 표상하는 영역으로 알려져 있습니다. 이 결과는 애리조나 주립 대학교(Arizona State University) 심리학과의 앨런 샌피(Alan Sanfey) 교수가 실험으로 밝힌 내용과도 일치합니다. 상한 음식이나 분뇨 같은 실제로 더러운 것을 보았을 때 느끼는 역겨움 외에도 사회적 불공정함(social unfairness)을 경험할 때 느끼게 되는 역겨움과 유사한 감정을 표상하는 곳이 바로 뇌섬이었습니다.

1만 원 중 1,000원을 제안 받을 때 수용자는 왜 거절할까요? 말 그대로 '더럽고 치사했기' 때문입니다. 수용자의 의사 결정은 두 사람이 돈을 받는 데 매우 큰 몫을 합니다. 그런데도 제안자가 겨우 1,000원의 보상만 준다는 것은 수용자의 입장에서 정말 불공평한 일입니다. 우리는 자신의 경제적 이익을 기꺼이 포기하면서까지 사회적 불의와 싸우는 뇌를 가지고 있습니다.

혹시 1만 원으로 실험해서 이런 결과가 나온 것일까요? 금액이 높아지면 달라질까요? 경제학자와 심리학자들은 이 게임을 전 세계의 다양한 민족, 다양한 도시에서 해 보았습니다. 인도네시아에서는 현지에서 대략 3개월 분의 급료에 해당하는 20만 루피아를 실제로 주고 게임을 했습니다. 제안자가 9 대 1, 그러니까 "내가 18만 루피아를 가질게. 네가 2만 루피아를 가져."라는 제안을 했을 때 48퍼센트의 수용자가 거절했습니다. 다시 말해 금액의 문제가 아니라는 겁니다.

흥미로운 것은 개인주의가 발달한 민족이나 마을, 도시일수록(예를 들어 남편이 농사를 짓거나 사냥해서 얻은 먹을거리를 가족끼리 자급자족하는 곳) 최후통첩 게임에서 9 대 1에 가까운 제안을 주로 합니다. 반면에 품앗이나 두레가 발달한 마을(예를 들어 마을 공동체가 함께 오늘은 이 집 농사, 내일은 저 집 농사를 짓거나 남자 서너 명이 같이 사냥을 나가 동물을 잡은 후에 그것을 공평하게 n분의 1로 나눠 가지는 마을)에서는 5 대 5 제안을 하는 비율이 더 높습니다. 더욱 놀라운 사실은, 최후통첩 게임에서 5 대 5 제안을 많이 하는 마을이나 부족일수록 상호 신뢰가 높으며 사회에 대한 만족감도 더 높았습니다.

이 결과가 우리에게 전하는 메시지는 무엇일까요? 앞서 말씀드렸듯이 최후통첩 게임의 내시 평형, 즉 수학적으로 합리적인 정답은 9 대 1 혹은 99 대 1입니다. 그러나 내시 평형대로 행동하는 사람들이 많은 곳이 더 행복하지는 않습니다. 사람들이 5 대 5 제안 같은 비합리적인 행동을 하는 데는 무언가 이유가 있지 않을까요? 게임을 하는 동안 얻는 경제적 이득을 생각하면 내시 평형대로 행동하는 것이 합리적이겠지만, 장기적 관점에서 오랫동안 만족하고 행복하기 위해서는 지금의 경제적 이득을 다소 포기하더라도 공평함을 유지하는 게 오히려 더 합리적인 행동일지도 모릅니다. 냉정하게 보면 최후통첩 게임에서 실험자가 준 돈 1만 원은 불로 소득입니다. 노력해서 번 돈이 아니죠. 그런 상황에서 많은 사람은 제안자와 수용자로서 자신의 이익만을 최대한 얻으려고 노력하지 않습니다. 공평하게 5 대 5로 나누는 편이 마음이 편하다는 겁니다. 그런 사람들이 모여 사는 사회, 공동의 이익이 생겼을 때 그것을 공평하게 나누는 문화를 지닌 사회가 구성원들의 만족도나 신뢰도가 높게 나타났습니다.

이제 우리는 합리성에 대해 더 폭넓은 정의가 필요한 지점에 도착했습니다. 5 대 5로 나누는 행위는 최대의 경제적 이익이라는 관점에서 보자면 비합리적일 수 있습니다. 하지만 합리성의 정의를 사회적 만족이나 신뢰도로 확장해서 판단한다면 공동 이익을 공평하게 나누는 문화를 만들려는 행동으로서 합리적으로 보일 수 있습니다. 더 강조하자면, '5 대 5'로 나누는 이 결정은 지금 당장 경제적으로 돌아오는 이득보다 나에게 바로 오지 않더라도 다음 세대에게 올 수도 있는 무형의 이득까지 고려하는 것이 아닐까요?

이렇게 합리성을 재고하기 위해서는 인간의 의사 결정을 단순히 경제적 이득, 나한테 얼마나 이득이 되느냐 같은 한 가지 측면으로만 보고 기술할 것이 아니라 인간의 뇌에서 벌어지는 복잡한 요소들을 다 고려하고 그것들의 총합으로 설명해야 한다는 것이 제 생각입니다. 이미 경제학계 내에서도 합리성의 영역을 넓혀(심지어 제한된 합리성(bounded rationality)까지도 넘어) 공평함, 정직, 신뢰 같은 개념을 경제적 개념으로 환산해서 다루고 있습니다.

인간의 의사 결정: 우리가 이해할 수 있는 우주

지금까지 우리는 3번에 걸쳐 의사 결정의 다양한 측면을 들여다보았습니다. 제가 이 강연을 통해 얘기하고 싶었던 것은 인간의 의사 결정은 매우 복잡한 정보 처리 과정이라는 사실입니다. 지각, 감정, 주의 집중, 학습과 기억, 판단, 사회성 등 다양한 영역이 개입하여 의사 결정이 이루어집니다. 뇌의 전 영역이 관여하는 의사 결정의 동역학은 때와 상황에 따라 달라집니다. 경제학자들은 그중에서 경제적 이익이라는 보상 체계의 민감한 역할만을 강조해 왔습니다.

인간의 의사 결정을 '합리성'이라는 잣대 하나만으로 보지 말고, 우리 뇌가 가지고 있는 다양한 기능들을 충분히 고려해 복잡한 의사 결정과 선택을 이해해야 한다는 것이 제가 이 '1.4킬로그램밖에 안 되는 소우주', 바로 뇌의 의사 결정을 연구하면서 얻은 결론입니다.

한 가지 더 강조하고 싶은 것은 그럼에도 의사 결정은 우리가 이해할 수 있을 정도로만 복잡하다는 사실입니다. 뇌 영역들이 서로 정보를 어떻게 분담해 처리하고 그것들을 한데 모아 최종 결정을 내리는가를 잘 이해하면, 복잡한 의사 결정의 과정을 충분히 알아낼 수 있을 거라 기대합니다. 이미 우리는 10년간 '선택하는 뇌'를 연구하면서 인간의 의사 결정에 대해 많은 것을 밝혀내었습니다. 그것이 바로 의사 결정 신경 과학의 가치입니다. 이제 여러분이 이 책을 덮고 앞으로 사람들과 더불어 사회생활을 하면서, 매 순간 내릴 의사 결정을 숙고하고 그 과정에서 여러분의 뇌에서 벌어지는 일들을 상상하게 된다면, 저는 더 바랄 나위가 없습니다. 지금까지 제 강의를 경청해 주신 것에 머리 숙여 감사드립니다.

about the ethical implications of BCIs has been relatively
This may be because the research holds great promise in the
and BCI researchers have not yet to attract
animal rights groups'.
BCIs are being used to indirectly acquire
It may
(rather than the other way round), although
KAIST

Q&A

Q_ 동양의 명리학에서는 기질론이라고 해서 음양오행에 따른 기질을 근거로 사람들을 반체제형과 순종형으로 나눕니다. "좋은 조직에는 반체제형의 수가 적다.", "50퍼센트 이상이 순종형이다." 이렇게 분석하기도 하고요. 진화적으로 보았을 때 이 기질들은 생존을 위해 집단 안에서 획득된 속성일까요?

A_ 제가 대답을 드릴 수 있는 질문은 아닌 듯합니다만, 제가 알고 있는 수준에서 이야기해 보자면 진화 과정이 관여되어 있을 것 같습니다. 그런데 제가 앞에서 설명했던 리더의 특징과 말씀하신 기질이 유사한 것인지 아닌지는 저도 판단이 안 서는군요. '내추럴 리더'라고 불리는 사람들이 있습니다. 조직이 있으면 (심지어 2명짜리 조직이라도) 리더가 선출되어 결정을 내립니다. 2명 사이에도 의사 결정을 이끄는 리더가 존재한다는 겁니다. 리더가 생기는 가장 큰 이유는 팔로워가 존재하기 때문입니다. '나는 저 사람 말을 들어야지.'라고 생각하는 사람들입니다. 인간이 가진 특징 중 하나는 사실 리더십이 아니라 '팔로워십'입니다. 그렇기 때문에 회사에서 리더십을 고양하는 프로그램을 만드는 것입니다. 팔로워십은 이미 다 가지고 있어서 따로 고양할 필요가 없거든요. 반면에 리더십을 가진 사람은 매우 드뭅니다. 남이 뭘 하면 "나도 해야지." 하면서 따라하는 것, 밴드 웨건 효과(band wagon effect, 편승 효과), 동조 효과 같은 행동이 진화적으로 훨씬 더 안정된 행동이라는 뜻입니다.

하지만 리더가 되면 조직에서 가장 큰 보상을 얻을 수 있습니다. 안정적이지는 않지만, 큰 보상을 얻을 수 있기 때문에 모험을 하는 거죠. 조직적 측면에서는 많은 사람들이 각자 의견을 내서 조율에 시간을 소요하는 것보다 제일 능력이 있을 것 같은 한 사람을 리더로 만들고 따라가는 게 생명력을 높여 줍니다. 리더 제도가 나름

현명한 시스템인 거예요. 그러니까 사람들이 리더를 자연스럽게 찾습니다. 그래서 어떠한 조직이든지 간에 자기주장을 하는 리더가 있고, 동조하는 사람이 있고, 그 사람에 대해 반항하는 사람이 있고, 그리고 무관심한 소수가 있는 것입니다. 기질이라는 것도 정확히 무엇인지는 모르겠으나, 이와 비슷하게 생각하면 아마도 진화적인 산물이라 짐작됩니다.

Q_ 두뇌가 노화하면서 성격 변화가 일어난다는 사실이 증명되었다고 들었습니다. 사실인가요?

A_ 성격은 뇌 하나에 의해서 결정된다기보다는 뇌의 생물학적인 변화와 자라면서 어떤 환경에 놓여 있느냐의 영향을 모두 받습니다. 사실 이 둘은 별개가 아니라서 환경이 뇌에 변화를 주어 성격을 형성하기도 하지요. 그러니까 결정된다기보다는 조정된다는 게 옳은 표현입니다. 뇌는 타고난 생물학적 배경과, 또 외부와 끊임없이 상호 작용하면서 영향을 받습니다. 우리는 노화에 따른 뇌의 변화를 어느 정도 알기 때문에 사람들의 성격이 나이가 들면서 어떻게 달라지는지 알 수 있지요. 극적인 예들이 굉장히 많습니다. 이마엽에 손상을 입은 치매 환자들은 갑자기 성격이 좋아지기도 하고, 반대로 괴팍해지기도 합니다.

Q_ 이마엽 기능은 나이가 들면서 바로 나빠지나요?

A_ 앞이마엽은 우리 생각보다 훨씬 더 느리게 완성되고 천천히 나빠집니다. 앞이마엽 기능이 가장 활발한 시기가 무려 43살부터 55살 사이일 정도입니다. 보통 20살이나 30살 때 뇌 기능이 최고조에 달하리라 생각하지만, 실제로는 중년의 나이 때 오히려 더 좋습니다. 의사 결정도 더 잘하고요.

Q_ 앞이마엽이 좋아진다는 것은 용량이 늘어난다는 뜻인가요? 아니면 신경 세포 수가 늘어나는 것인지요?

A_ 용량이란 걸 어떻게 정의해야 할지 저도 잘 모르겠는데, 2살 정도까지 신경 세포가 폭발적으로 늘어납니다. 그러다가 사춘기 때 쓸데없는 가지를 줄이는 네트워크 정교화 작업(synaptic prunning)을 하지요. 18살 때부터는 그 정교화되는 정도가 완화됩니다.

Q_ 좋은 의사 결정을 위해서 여러 가지 상황에 관한 이야기를 하셨는데 '매몰 비용'을 계산하는 방식에서 특별한 법칙 같은 게 있나요?

A_ 매몰 비용을 계산하는 영역은 뇌에 따로 마련돼 있습니다. 앞이마엽이 그 일을 합니다. 예를 들어 10만 원에 주식을 샀는데 주가가 계속 떨어져 7만 원이 되었습니다. 그동안 계속 받을 수도 있었던 은행 이자를 생각하면, 주식이 11만 원까지는 올라야 파는 것이 맞습니다. 계속 기다리는 거지요. 그런데 주식은 또 하염없이 떨어지고, 보통 반 토막이 난 상황에서야 뒤늦게 뺍니다. 사람들은 주식이 오르면 바로 찾고, 떨어지면 계속 놔두다가 결국 많은 손해를 보지요. 매몰 비용을 잘못 계산해서 생긴 문제입니다.

이 경우 매몰 비용을 다르게 계산해야 합니다. 이때 반드시 염두에 두어야 할 것은 '주식은 값이 중요한 게 아니라 기울기가 중요하다.'라는 사실입니다. 세상의 모든 주식은 끊임없이 올라가거나 내려가는 동아줄 같은 것으로, 내가 그걸 사는 순간 그 동아줄에 탄 것입니다. 주식이 계속 내려가고 있으면 이것이 언젠가 다시 올라갈 날을 기다릴지, 혹은 지금 올라가고 있는 줄로 갈아탈 것인지 판단해야 합니다. 그러려면 움직이는 속도, 즉 기울기를 봐야 됩니다. 주식이라는 동아줄이 오르

내리는 속도가 중요하지 내가 원래 위치대로 제자리가 되는 것은 중요한 요소가 아닙니다.

10만 원짜리가 7만 원이 됐을 때 '이게 언젠가 다시 올라가겠지.'가 중요한 게 아닌 겁니다. 아주 느리게 올라간다면 기다릴 필요가 없습니다. 빨리 10만 원이 될 수 있는 다른 '오르고 있는 주식들'을 구매해야 합니다. 다시 말해, 매몰 비용을 계산할 때 처음 투자한 금액을 기준점으로 잡으면 안 됩니다. 다른 주식으로 갈아탔을 때 그게 오른다고 가정하면 지금 가만히 있는 것만으로도 기회비용을 잃고 있는 상황임을 알 수 있습니다.

Q_ 조금 다른 관점에서 질문을 드리겠습니다. 의학의 경우 특정한 기술이 등장하면 그 기술을 어떻게 활용할지에 대해서는 활발히 얘기되어도 그것을 도덕적으로, 윤리적으로 어떻게 제어할지에 대한 논의는 별로 이뤄지지 않는 듯합니다. 이런 논의가 없기에, 최근 학교, 학원 폭력을 방지한답시고 학교에서 별다른 고민 없이 ADHD(Attention Deficit Hyperactivity Disorder, 주의력 결핍 및 과잉 행동 장애) 학생을 찾아내서 집중 관리하겠다는 식의 사건들이 일어나는 것 같습니다. 지금 과학 수준에서 신경 과학을 윤리적으로 활용하려는 과학자, 시민 단체의 모임 혹은 인문학자들의 노력이 외국이나 우리나라에 있는지 궁금합니다.

A_ 좋은 질문입니다. 인간의 사고와 행동의 중추가 결국 뇌이기 때문에 인간 사회에서 벌어지는 대부분의 사건, 혹은 사회 현상이 뇌와 관련을 맺고 있지요. 뇌에 대한 우리 이해가 깊어지면 깊어질수록 인간 자신도 더 이해하게 되면서 나아가 인간을 조종할 힘도 생기게 됩니다. 어떤 방식으로 이 지식과 기술을 사용하느냐가 장차 중요한 윤리 문제로 대두할 것이고, 우리 사회에서 중요한 이슈가 될 거라고 생각합니다. 지금까지는 그걸 연구하는 사람들이 많지 않고 특히 우리나라는 더 적습니

다. 인문학자들은 대개 신경 과학의 위험성을 강조하는 편에 서 있으니, 인문학자와 과학자, 시민이 모두 모여 사회적 합의를 이끌어 내야지요.

저는 주로 정신 질환자들이 더 좋은 의사 결정을 할 수 있도록 도와주는 연구를 하고 있습니다. 정신 질환자, 신경 질환자들의 정상적인 삶을 위해서 이 같은 기술들을 연구하면 동일한 기술을 정상인이 자신의 능력을 향상시키는 데 그대로 활용할 수 있거든요.

최근 주변에 '학습 클리닉'이 많습니다. 학습 클리닉은 학습 장애(learning disorder) 환자를 치료하는 곳입니다. 학습 장애 환자란 쉽게 말해 공부를 못하는 학생입니다. 이제 공부를 못하는 것도 병으로 간주하는 시대가 되었습니다. 그 원인을 뇌에서 찾아 (산만하지 않고, 주의 집중을 잘하게) 약물이나 적외선 치료로 도와준다고 합니다. 아이들이 약을 먹고 성적이 오르는 이런 치료가 적절한 것일까요? 약으로 오른 성적은 과연 공정할까요? 함께 논의할 필요가 있습니다.

성형 수술도 마찬가지입니다. 성형 수술은 원래 얼굴이 기형인 사람들이 정상적인 삶을 살 수 있도록 만드는 것이 목적이었으나 샌더 길먼(Sander Gilman)이 쓴 『성형 수술의 문화사(*Making the Body Beautiful: A Cultural History of Aesthetic Surgery*)』라는 책을 보면 역사적으로 성형 수술이 그런 식으로 기능했던 적은 별로 없습니다. 미용의 역할, 그 사회의 구성원으로서 비슷한 외모를 갖게 하는 데 주로 기여해 왔던 것이지요.

그런 상황에서 결국 중요한 것은 '시민적 합의'라고 생각합니다. 사람들이 신경 과학적인 주제에 대해 끊임없이 토론을 벌여야 합니다. 과학자들도 실험실에서 연구한 결과물을 완성된 다음 바로 세상에 내놓는 게 아니라, '앞으로 10년 후에 올 미래는 이렇습니다. 우리가 이런 기술을 개발할 필요가 있을까요?' 같은 문제를 끊임없이 이야기해야 합니다. 물론 정답은 없지만 마음속에 있는 납늘을 통해 합의를 이끌어 내야겠지요.

3

뇌는 무엇을 원하는가?

동물 행동학으로 푸는 생존과 번식의 방정식

김대수 KAIST 생명과학과 교수

서강대학교 생물학과를 졸업하고 포항공과대학교에서 유전학과 신경 과학으로 박사 학위를 받았다. 뉴욕 주립 대학교 의과 대학 박사 후 연구원, 한국과학기술연구원(KIST) 선임 연구원을 거쳐 현재 KAIST 생명과학과 교수로 재직 중이다. 유전자 이상으로 뇌전증을 일으키는 돌연변이 생쥐 연구로 1998년 한국에서 대학원생으로는 최초로 《네이처》에 논문을 게재해 주목을 받았다. 이후 신경 회로와 행동 간의 관계를 연구해 《뉴런》, 《사이언스(*Science*)》, 《미국 국립 과학원 회보(*PNAS*)》, 《신경 과학 저널(*Journal of Neuroscience*)》 등 유수의 학술지에 논문을 기고했다. 한국 분자 생물학회 우수 논문상, 국제 행동 유전학회(IBANGS) 젊은 과학자상, KAIST 우수 강의상 등을 수상했으며 국제 신경학회(SFN)와 국제 행동 유전학회 회원, 국제 뇌전증 퇴치 연맹(ILAE) 위원으로 활동 중이다. 과학 기술 앰배서더(홍보 대사), 경암 유스 캠프 준비 위원 등으로 활동하며 신경 과학의 대중화를 위해 노력하고 있다.

1강

생명의 영원한 숙제,
생존과 번식

안녕하세요. 세 번째 강연을 맡은 KAIST 생명과학과의 김대수입니다. 제가 몸담고 있는 생명과학과에서는 인류의 영원한 숙제라 볼 수 있는 "생명이란 무엇인가?"라는 물음을 여러 각도에서 탐구하고 있습니다. 그중에서도 저는 유전학과 신경 과학을 도구로 동물들의 행동을 연구하며 이 물음에 대한 답을 찾고자 하고 있습니다.

어떻게 해서 동물을 연구하게 되었느냐는 질문을 받으면 저는 언제나 "동물이 좋아서."라고 대답합니다. 새마을 운동이 한창이던 1970년대에 쥐를 잡으러 온 동네를 쏘다니던 꼬마 시절부터 저만의 동물 행동학을 시작했던 것 같습니다. 산과 들, 골목길과 쓰레기 처리장을 시간 가는 줄 모르고 돌아다녔습니다. 쥐를 잡으면 어른들께 칭찬을 들을 수도 있었고요. 쓰레기 더미 속에서 쥐 둥지를 발견할 때의 신기함과 성취감이 아직도 기억에 생생히 남아 있습니다.

대학원에서 생명 과학을 공부하던 1997년 겨울이었습니다. 실험을 위해 PLCβ1이라는 유전자에 돌연변이를 일으킨 생쥐를 키우고 있었습니다. 어느 날엔가는 우리 안을 확인하는데 생쥐들이 모두 죽어 있었습니다. 정말 크게 낙담을 했습니다. 죽은 쥐들을 비닐봉지에 담아 실험실을 나오는데 어찌나 울적하던지. 그런데 그 순간, 비닐봉지에서 꿈틀거리는 움직임이 느껴졌습니다. 생쥐들이 다시 살아난 겁니다. 나중에 확인해 보니 유전자가 변형된 생쥐가 뇌전증성 발작으로 일시적 마비를 겪은 것이었습니다. 이는 생쥐에서 관찰된 최초의 유전적인 뇌전증이었습니다. 저는 이 연구를 논문으로 썼고 1998년 한국에서 대학원생으로는 최초로 《네이처》에 논문[1]이 게재되는 영광을 얻었습니다. 그리고 그 일을 계기로 신경 과학에 입문하게 되었습니다.

여러분은 앞선 두 교수님의 강의로 뇌가 어떤 존재이며 어떤 일생을 겪는지, 일상 속에서 내가 원하는 것을 어떻게 판단하고 결정을 내리는지를 배웠습니다. 제 강의에서는 원하는 것을 얻기 위해 뇌가 어떤 전략을 가지고 그것을 행동으로 나타내는지를 살펴보려고 합니다.

사람들은 최초의 학문으로 보통 천문학, 철학, 신학을 꼽습니다. 동물의 행동을 관찰하고 연구하는 동물 행동학 또한 인류 역사에서 가장 오래된 학문에 속합니다. 수학이나 물리, 철학이 발달하기 전부터 우리 조상들은 동물의 행동을 면밀히 관찰하였습니다. 동물이 풍요로운 생활을 위한 중요한 도구였기 때문입니다. 사냥하고, 길들이고, 때로는 그들과 경쟁하기 위해 동물의 행동 양식을 주의 깊게 살펴보고 이해했던 우리 조상들은 이미 훌륭한 '행동 과학자'였던 셈입니다.

현대에 들어오면서 동물 행동학은 다양한 학문에 영향을 주었습니다. 먼저 행동의 원인인 신경과 뇌를 연구하는 신경 과학이 동물 행동학을 통해 태동합니다. 또한 인간은 넓은 의미에서 동물이므로 인간의 마음을 연구하는 심리학도 동물 행동학의 범주에 포함된다고 볼 수 있습니다. 심지어는 수학과도 관계가 있습니다. 프랑스의 수학자 시몽 프와송(Siméon Poisson)이 1837년 형사 재판의 배심원이 오판할 확률을 계산하기 위해 고안한 프와송 분포(poisson distribution)는 1898년 프러시아 군대에서 말에 채여 죽는 군인들의 수를 예측하는 데 최초로 적용되었습니다. 1, 1, 2, 3, 5, 8……로 이어지는 피보나치수열(fibonacci sequence)은 이탈리아 수학자 레오나르도 피보나치(Leonardo Fibonacci)가 토끼가 한 달 동안 성장한 뒤 새끼를 낳을 때 세대 수마다 늘어나는 총 개체 수를 계산하려고 만든 것입니다. 노벨 경제학상을 받은 게임 이론도 게임에 임하는 당사자들이 상호 경쟁하는 행동학적 원리와 밀접한 관계가 있습니다. 예를 들어 선행 학습은 나만 할 때에는 유리하지만, 모두가 하게 되면 비용만 들고 이익이 사라진다는 사실이 게임 이론으로 증명됩니다.

현대 동물 행동학의 근본적인 질문은 "행동의 원인은 무엇인가?"입니다. 겉으로 드러나는 행동 아래에 숨겨져 있는 원인과 개별적인 듯 보이는 행동들을 묶어 주는 보편 원리를 알게 된다면, 생명의 미스터리를 푸는 데 한 발짝 다가갈 수 있을지도 모릅니다. 나아가 지구에서 성공한 생명체인 우리 인간이 일군 경제, 사회, 문화 등에 대해서도 이해의 실마리를 얻을지도 모르고 말입니다. 그러나 기나긴 역사에도 불구하고 동물 행동학에는 아직 우리가 알지 못하는 여백이 많습니다. 워낙 모르는 것이 많다 보니 과장된 해석이나 논리적인 오류도 존재하고요.

저는 지구상에서 유성 생식(有性生殖)을 하는 생명체라면 누구에게나 중요한 문제인 '사랑'과 '경쟁'이라는 행동을 통해 뇌를 들여다보려고 합니다. 변화무쌍한 자연 환경만큼이나 거칠고 도전적인 사랑의 전장에서 각각의 동물들이 어떻게 생존의 방정식을 풀어내고 그 결과 다양한 전략,

다양한 행동들을 선보이게 되었는지를 살펴봄으로써, 지금까지와는 다른 방식으로 작지만 특별한 우주, 뇌에 접근해 보겠습니다.

사랑과 경쟁의 전장 속으로

"어머나, 이게 뭐야! 인형들을 왜 이렇게 둔 거니?" "제가 그런 거 아닌데요." "거짓말하지 말고 엄마한테 솔직하게 얘기해 보렴." 한번은 아들 방에서 작은 소란이 있었습니다. 책장 위에 놓여 있던 거북 인형 2개가 어느 날 갑자기 살포시 포개져 있는 걸 보고 아내가 좀 놀랐던 것입니다. 사실 범인은 아들이 아니라 저였습니다. 아마도 책상에 앉아 있는 아들에게 말을 걸다가, 아니면 책장에서 책을 둘러보다 무심결에 거북 인형을 교미 자세로 겹쳐 놓았겠지요. 동물 행동을 연구하는 제게는 일상처럼 대면하는 장면이라, 거북 2마리를 본 순간 자연스레 손을 뻗어 연출을 했던 게 아닐까 짐작됩니다.

누군가 여러분에게 생존과 번식이 삶에서 얼마나 큰 부분을 차지하고 있냐고 묻는다면, 대부분은 아마 짧게 생각해 본 후 "글쎄요, 그다지 크지 않은 듯한데요."라고 대답할 겁니다. 하지만 우리의 의식 저 깊은 곳에서는 다른 대답이 들려옵니다. 그 대답을 짐작하게 하는 흥미로운 보고들이 많습니다. 그중 하나가 칵테일파티 효과(cocktail party effect)입니다. 크게 울리는 음악 소리와 수많은 사람들로 북적이는 칵테일파티에서는 여간해서는 바로 앞에 있는 사람과도 대화를 나눌 수 없습니다. 그런데 신기하게도 가끔씩은 귀가 번쩍 뜨이면서 옆 테이블에서 무슨 말을 하는지가 들린다는 것입니다. 이것이 바로 칵테일파티 효과입니다.

거북 인형의 잘못된 만남

이 현상에 어떤 원리가 작용하는지 알아보기 위해 과학자들이 칵테일 파티 상황을 재현하는 실험을 해 보았습니다. 정체를 숨기고 참석한 연구원들이 여러 단어를 이야기하면서 옆 테이블의 피험자에게 혹시 귀에 들어오는 말이 있다면 기록해 달라고 부탁했습니다. 제일 잘 들리는 말은 자신의 이름입니다. 이름을 부른다는 것은 당사자를 칭찬하거나 욕을 하거나 둘 중 하나겠지요? 직장이나 현재 속한 사회에서 살아가는 데 중요한 문제가 되는 것이지요. 그래서 나의 신상에 관한 것을 이야기하고 있다고 느끼면 저절로 재빨리 주의 집중이 됩니다. 그리고 신기하게도 성에 관한 키워드가 나오면 귀가 번쩍 뜨입니다. '누가, 혹은 드라마 주인공이, 누구랑 하룻밤을 보냈다더라.' 이런 얘기를 들으면 귀가 솔깃해지는 것입니다. 칵테일파티 현상은 소리를 듣는 것이 결국 귀가 아니라 뇌이며, 오랜 시간 문명화를 거친 인간이라도 그 본성에는 생존과 번식이 중요하게 자리잡고 있음을 보여 주고 있습니다.

생존과 번식에 집착하는 이런 모습은 생명체로 태어난 이상 그 누구라도 예외일 수 없습니다. 우리가 생물학적인 사랑과 경쟁에 몰두하는 직접적인 원인은 무엇일까요? 바로 '수컷/남자'와 '암컷/여자', 양성이 존재하기 때문입니다. 만일 우리가 홀로 후손을 만들어 내는 무성 생식(無性生殖) 혹은 처녀 생식을 한다면 그토록 짝을 찾아 치열한 경쟁에 뛰어드는 일 따위는 없을 것입니다. 예를 들어 물속에서 떠다니거나 반대로 한곳에 붙어 살아가는 자포동물(刺胞動物, Cnidaria)의 일종인 히드라(Hydra)는 출아법(budding)을 통해 번식을 합니다. 히드라라는 이름은 그리스 신화의 영웅 헤라클레스가 완수해야 했던 열두 고난 중 하나인 아홉 머리

무성 생식을 통해 진딧물은 유전적으로 자신과 동일한 자손을 홀로 낳을 수 있다.

뱀에서 따왔습니다. 이 뱀은 머리를 잘라 내면 그 자리에서 새 머리가 돋아났다고 하는데, 히드라도 이와 비슷하게 몸의 일부를 떼어 내면 그 조각이 새로이 성체로 성장합니다. 히드라는 몸의 20분의 1만 있어도 전체를 재생해 낼 정도로 줄기세포가 많기 때문에 완전한 개체를 생산할 수 있습니다. 여러분이 어린 시절에 자주 보았을 진딧물도 마음만 먹으면 혼자서 새끼를 낳을 수가 있습니다. 알이 아니라 마치 사람이 아기를 출산하듯이 어느 정도 형태를 갖춘 새끼를 배출합니다.

반면 유성 생식은 암컷과 수컷이 만나야 하고, 한 번에 한 쌍만이 교미를 할 수 있기 때문에 배우자를 둘러싸고 경쟁이 일어날 수밖에 없습니다. 혼자서 새끼를 낳으면 편할 텐데 왜 이런 번거로운 일을 하는 걸까요? 두 성이 만나 서로의 유전자 조합이 뒤섞이는 유성 생식은 배우자 없이 한 개체의 유전자가 그대로 전달되는 무성 생식보다 다양한 자손을 얻을 수 있습니다. 만약 환경이 변하여 곤궁에 처할지라도 다양한 자손 중 일부가 살아남을 확률이 높습니다. 그리고 자손은 엄마, 아빠로부터 한 벌씩 두 벌의 유전자를 받기에 실수로 한쪽이 고장 난다 해도 나머지로 정상적인 삶을 살 수 있습니다. 반면 무성 생식은 환경 변화에도 취약하고 모체가 지닌 약점 또한 그대로 유전됩니다. 앞에서 얘기한 단성 생식을 하는 진딧물도 추운 겨울이 오기 전 늦가을에는 암수로 나뉘어 짝짓기를 합니다. 유전자를 조합해 급격한 환경 변화에 대응하고 알의 형태로 겨울을 더 쉽게 나기 위해서입니다.

한국의 과학 교양서 시장에서 출간 이후 베스트셀러 1위 자리를 계속 굳건히 지키고 있는 리처드 도킨스(Richard Dawkins)의 『이기적 유전자(*The Selfish Gene*)』를 읽어 보신 분이라면 한번쯤 이런 고민을 해 보셨을 것입니다. '결국 나는 유전자를 운반하는 도구에 불과하단 말인가? 자손을 갖는 순간 내 삶의 목적은 완결된 것일까?' 이 의문에 답을 구하기 위해 먼저 하루살이(ephemera)를 한번 살펴보겠습니다. 5월에 벌떼처럼 등장했다가 사라진다고 해서 메이플라이(mayfly)라고도 불리는 이 곤충은 우리말 이름과 달리 채 하루도 살지 못합니다. 1년을 물속에서 지낸 유충은 아침 햇살을 받고는 고치에서 성체로 태어납니다. 오래 사는 녀석들은 20시간을 살기도 하지만 대개는 17시간, 그것도 교미를 마치고 바로 죽습

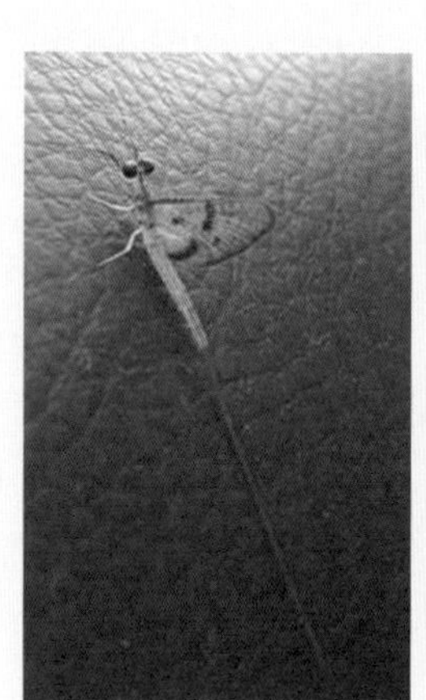

어느 날 차에 뛰어 들어온 하루살이를 실험실로 가져와 현미경으로 확대하여 살펴보았더니 징말로 입이 없었다.

니다. 하루살이 성체는 입이 없어서 아무것도 먹지를 못하며 오로지 짝짓기와 알 낳는 일만을 합니다. 자손을 낳는 순간 정말로 '삶의 목적이 완결된 것처럼' 생을 마감하지요.

사마귀(*Tenodera angustipennis*)는 교미 과정이 독특하기로 유명합니다. 사실 무섭다고 봐야죠. 아래 사진은 사마귀 한 쌍이 교미를 마친 후를 찍은 것입니다. 왼쪽에 있는 몸집이 좀 더 작은 것이 수컷인데, 잘 보시면 머리가 없습니다. 암컷에게 이미 먹힌 후입니다. 사마귀 암컷은 가임기가 되면 알에게 줄 영양분이 모자라서 무엇이든 눈에 띄는 대로 많이 먹어야 합니다. 수컷도 영양분이 풍부한 먹이일 뿐인 것이죠. 일단 머리부터 먹고 교미가 끝난 후 수컷의 몸뚱이도 마저 먹습니다. 왜 하필 머리부터 먹는지 그 이유가 궁금하신 분도 계실 것 같습니다. 가장 큰 이유는 역

사마귀들의 치명적 사랑

시 사마귀의 사냥법 때문이라고 말할 수 있습니다. 뇌가 없어지면 먹잇감이 더는 도망갈 궁리를 못하므로, 사마귀는 항상 머리를 먼저 먹어치웁니다. 중요한 것은 수컷 역시 머리가 없는 편이 더 확실하게 짝짓기를 완수할 수 있다는 사실입니다. 뇌의 통제가 사라지면서 몸통의 신경절이 교미행동을 계속하기 때문이지요. 결국 번식을 방해하는 남편의 뇌를 먹어버리는 것이 암컷의 전략이 된 경우인데요. 생존과 번식이 상충할 때에는 '번식을 위한 뇌'가 '생존을 위한 뇌'를 압도한다는 것을 보여 주는 좋은 예가 되겠습니다.

난 걱정 없이 산다

번식이 끝나면 모든 임무를 마친 듯 삶을 다하는 하루살이나, 짝짓기를 위해 자신의 몸뚱이마저 내어 주는 수컷 사마귀를 보면 번식이 생존을 훌쩍 뛰어넘는 중요성을 가진 듯합니다. 하지만 정말 그럴까요?

물곰(water bear)이라는 독특한 별명을 가진 무척추동물을 아시는지 모르겠습니다. 독일의 목사이자 동물학자인 요한 아우구스트 에프라임 괴체(Johann August Ephraim Goeze)가 1773년 1밀리미터 정도 되는 이 작은 생물을 처음 발견한 후, 이탈리아의 박물학자 라차로 스팔란차니(Lazzaro Spallanzani)에 의해 정식으로 완보동물(緩步動物, Tardigrada)로 분류되었습니다. 8개의 발로 곰처럼 느리게 움직이는 이 생물은 물속이나 습기가 많은 이끼류의 표면에서 주로 살아가지만 산꼭대기나 바다, 극지방, 사막과 습지 등 그 어떤 환경에서도 생존할 수 있습니다. 주변 온도가 섭씨 100도 이상으로 올라가거나 영하 200도 이하로 내려가도, 심지

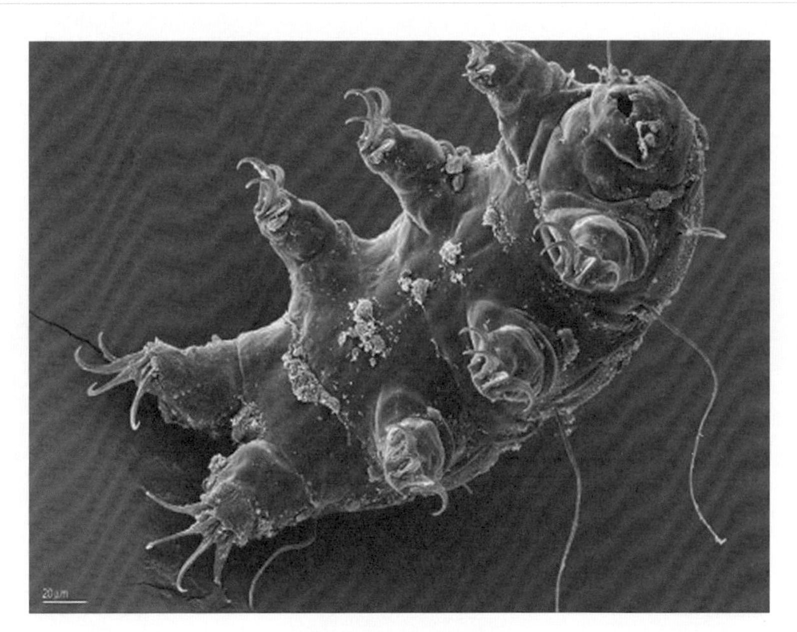

생존 능력의 최강자, 물곰

어 물이나 산소가 없어도 살아남으며, 고대 이집트의 미라 관이나 파피루스에 묻어 있던 녀석을 물에 녹였더니 다시 이끼를 먹기 시작했다는 보고도 있을 정도입니다. 생존 능력으로는 그야말로 지구 최강인 셈이지요. 아직 정확한 수명에 대해서는 알지 못하지만 급격한 변화가 없는 자연 상태에서는 150년 정도로 추정하고 있습니다. 지구상의 모든 환경에 적응할 수 있는 조건을 미리 갖추고 있는 희귀한 경우로 학자들은 생각하고 있습니다.

뛰어난 적응 능력으로 장수를 얻었다면, 번식은 어떨까요? 생존과 번식의 상관성에 주목하는 '하루살이' 가설로 보면 물곰이 효과적인 번식보다는 오래 사는 전략을 선택한 것으로 예상할 수 있습니다. 그러나 물곰은 번식도 잘합니다. 배우자가 있으면 유성 생식으로, 없어도 무성 생식이 가능하다고 합니다. 물곰과 같이 어떤 환경에도 적응이 가능하다면 실상 무슨 행동을 하든 (유성 생식이든 무성 생식이든) 종족 보존에 큰 문제가 없을 것입니다. 그러나 대부분의 동물들은 그렇지 못합니다. 생존과 번식 측면에서 매우 제한된 환경에서 살아가지요. 이런 경우 행동이 중요한 요소로 작용합니다. 주어진 환경에서 조금이라도 유리한 조건을 탐색하고 만들어 내는 전략이 필요한 것입니다. 예를 들어 설치류는 땅굴을 파서 그 속에 둥지를 만듭니다. 땅을 파는 간단한 행동으로 생존과 번식에 유리한 조건을 만들어 내는 것입니다. 따라서 행동이란 환경과 그 종의 지속 가능성(sustainability)을 연결하는 중요한 매개 변수라고 할 수 있습니다.

자신만의 전략을 개발하라

『파브르 곤충기(*Les Souvenirs entomologiques*)』에도 나오는, 소똥을 공처럼 굴려서 그 안에 알을 낳는 소똥구리(*Onthophagus taurus*)는 굉장히 특이한 경쟁을 하는 곤충입니다. 소똥구리 수컷에는 두 가지 유형이 있습니다. 어미가 굴리는 공이 질 좋은 소똥으로 된 것이냐, 질 낮은 소똥으로 된 것이냐에 따라, 영양분이 충분한 공에서 자란 수컷에게는 멋있는 뿔이 달리고, 반면에 영양분이 낮은 공에서 자란 수컷의 뿔은 시원찮습니다. 뿔을 크게 만들 자원이 없는 것이지요. 하지만 세상은 공평하다고 잘생긴 것이 마냥 좋지만은 않습니다. 뿔을 만드는 데 에너지가 많이 들기에 뿔이 발달한 수컷은 눈이 퇴화되어 앞을 보지 못하는 장님입니다. 뿔이 작은 수컷은 대신 눈이 잘 발달해 있습니다.

만약 눈이 안 보이는 미남과 눈이 잘 보이는 추남이 있다면 누구를 선택하시겠습니까? 소똥구리 암컷은 미남을 좋아합니다. 뿔이 큰 수컷은 장님이지만 번식을 걱정할 필요가 없습니다. 암컷들이 뿔을 보고 찾아오니까요. 대신에 뿔이 작은 수컷은 시력이 좋아서 암컷을 쫓아다닙니다. 나는 비록 못 먹고 자랐지만 좋은 암컷을 직접 찾아낸 다음 좋은 환경에서 내 자손을 낳아 기르겠다는 전략입니다. 이처럼 환경의 영향을 받아 다른 외모를 지니게 된 쇠똥구리 수컷들은 행동 전략 또한 달리하여 번식 시장에 뛰어듭니다. 자신에게 맞는 전략으로 최적의 결과를, 여기서는 자신의 유전자를 짝짓기를 통해 후대에 퍼뜨릴 수 있도록 행동하는 것입니다.

눈 사이가 먼 대눈파리일수록 경쟁에 유리하다.

때로는 짝짓기 기회를 놓고 수컷끼리 직접적인 경쟁을 펼치기도 합니다. 하지만 무턱대고 싸웠다가 치명적인 상처를 입는다면 번식은커녕 목숨마저 위험할 수 있습니다. 짝짓기 한 번 해 보려다가 황천길로 갈 수가 있다는 말이지요. 그래서 자연은 이런 일에 대비하여 나름의 규칙들을 만들어 두었습니다. 우리 인간 사회에서 각종 스포츠들이 승패를 결정하는 규칙들을 가지고 있듯이 동물 세계에도 비슷한 규칙이 있습니다.

아프리카 우간다에 사는 대눈파리(Diopsidae)는 마치 게의 눈처럼 긴 눈자루 끝에 눈이 달려 있습니다. 태어날 때는 이런 모습이 아니었지만, 고치에서 나온 직후에 머리 관에 공기를 불어넣어 늘이면서 긴 눈자루를 만들어 냅니다. 짝을 찾는 과정에서 대눈파리 수컷 2마리가 만나면 누가 눈 사이가 더 먼지 대결을 펼칩니다. 앞다리를 벌려 실제보다 더 멀게 보이게 하려는 꼼수까지 동원합니다. 결국 눈 사이가 더 먼 수컷이 암컷을 차지하게 됩니다. 눈 사이가 멀다는 것이 성장 과정에서 영양 공급을 잘 받았음을 나타낸다고 생각하면, 사이가 멀수록 날렵함이나 힘 등과 같은 다른 조건도 더 좋다는 것을 의미합니다. 그러니까 눈 사이가 나보다 먼 녀석과 싸웠다가는 괜히 힘만 빼거나 잘못하면 다칠 수도 있으니 기회비용이 낮다면 이번 경쟁에서는 물러나는 편이 낫겠지요.

포유동물인 늑대(*canis lupas chanco*)도 규칙 아래 경쟁하는 동물입니다. 실제로 늑대들이 부딪혀 싸우면 반드시 피를 보게 됩니다. 대부분은 그래서 꼬리를 엉덩이 밑으로 말아 넣은 우스꽝스러운 모습으로 서로 몸을 심하지 않게 부딪칩니다. 마치 연애하는 것처럼 보여도 실상은 수컷끼리 경쟁하는 것입니다. 그러다 한 마리가 "아, 내가 졌어." 하고 물러나면

놀이처럼 보이는 규칙 아래 경쟁하는 늑대

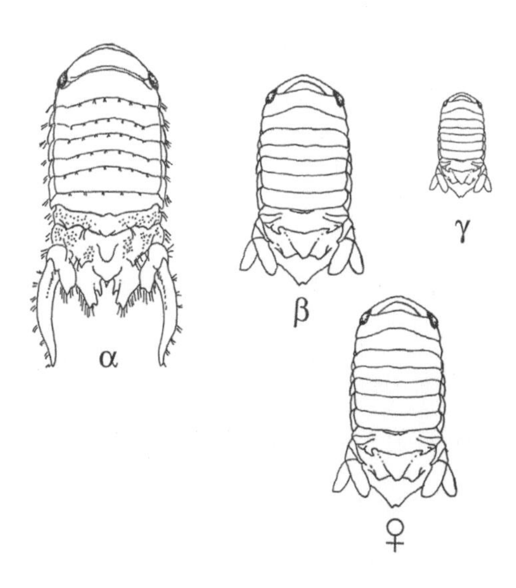

굴속에 암컷을 모아 놓고 입구를 지키는 파라셀시스 스컬프타 대장 수컷(α). 암컷을 닮은 수컷(β)과 몸집이 작은 수컷(γ)은 대장 수컷을 속인다.

끝이 납니다. 진짜로 물거나 하는 일 따위는 일어나지 않습니다.

힘이나 크기가 경쟁을 좌우하는 유일한 요소는 아닙니다. 바다에 사는 등각류(isopoda) 중 하나인 파라셀시스 스컬프타(*Paracerceis sculpta*)라는 벌레는 암컷들이 모여 사는 굴 입구를 대장 수컷(alpha)이 막고 지키면서 다른 수컷 경쟁자를 쫓아냅니다. 그런데 수컷 중에 변종이 있습니다. 모양이 암컷과 유사한 수컷(beta)이죠. 대장 수컷은 이런 여장 수컷들을 의심 없이 굴 안으로 들여보냅니다. 결국 여장 수컷은 힘 하나 안 들이고 암컷과 교미에 성공하게 됩니다. 한편 몸이 매우 작아서 대장 수컷의 눈에 띄지 않게 굴속에 침투하는 수컷(gamma)도 있습니다.

나쁜 아빠 이야기: 유아 살해 행동이 존재하는 원인은 무엇일까?

자신의 자손을 남기기 위한 전략이 가끔은 매우 잔혹한 결과를 낳을 때도 있습니다. 동물 사회에서는 수컷이 새끼들을 공격하거나 죽이는 행동이 관찰되기도 합니다. '백수의 왕'이라 불리는 사자가 대표적으로, 사자 집단의 우두머리가 된 수사자는 어린 새끼들을 보는 족족 물어 죽입니다. 비슷한 행동이 랑구르원숭이(langur monkey)에게도 있습니다. 랑구르원숭이 새끼는 다른 수컷에 공격을 당하여 죽는 일이 자주 생기기 때문에 암컷 원숭이들이 집단으로 새끼를 보호하곤 합니다.

어떻게 이 같은 행동이 나타날 수 있는지에 대해 과학자들은 오랫동안 고심했습니다. 처음에는 새끼들이 나중에 자신의 자리를 위협할지 몰라서 미리 작고 힘없을 때 제거하는 것이라 생각했습니다. 하지만 이 가설에 따르면 수컷 새끼들만 죽어 나가야 했는데 실제로는 성별에 관계없이

무리 지어 새끼를 보호하는 랑구르원숭이

자기 자손이 아닌 새끼들을 모두 죽이는 사자

모두 공격을 당했습니다. 다음으로 과학자들은 배가 고파서, 그러니까 영양 보충을 위해 어린 새끼들을 잡아먹는다는 가설을 내놓았습니다. 카니발리즘(cannibalism)이라고 하지요. 그러나 관찰 결과, 이 역시 틀렸음이 확인되었습니다. 죽이기만 하고 먹지는 않더라는 것이지요. 세 번째로 생각해 낸 것은 스코틀랜드의 생물학자 베로 윈에드워즈(Vero Wynne-Edwards)가 주장한 '집단 선택 이론'에 기댄 것이었습니다. 먹이는 한정되어 있는데 개체 수가 계속 불어나니 집단이 생존할 수 있도록 자체적으로 개체 수를 조절한다는 것이었습니다. 하지만 개체 수가 적으나 많으나 유아 살해 행동은 나타나므로 이 또한 맞지 않는다고 결론이 났습니다.

마지막으로 '빠른 번식 이론'이 있습니다. 암컷들은 자식을 기르는 동안, 그러니까 자식이 어느 정도 성장할 때까지는 교미를 통해 새로이 번식을 하지 않습니다. 새로이 우두머리가 된 수컷으로서는 기껏 암컷들을 차지했으나 암컷들이 자기랑 교미할 생각도 없이 내 자식도 아닌 자식들을 기르는 데 정성을 쏟고 있는 것이 답답할 노릇이겠지요. 그래서 암컷들이 교미할 수 있는 상태가 되도록 하기 위해 어린 새끼들을 죽인다는 것입니다. 실제로 유전자 검사 결과 수컷이 남의 새끼만을 공격한다는 사실이 밝혀졌습니다. 새끼를 잃은 암컷들은 다시 발정기에 접어들어 새로운 수컷과 교미를 통해 새끼를 낳아 기릅니다.

착한 아빠 이야기?: 새끼들을 돌보는 수컷

유아 살해 행동은 암컷에 의해서도 일어납니다. 물에서 사는 곤충으로는 우리나라에서 가장 큰 물장군(*Lethocerus deyrollei*)은 부성애가 강하기로 유명합니다. 암컷이 나뭇가지나 물풀에 알을 낳으면 알이 부화할 때까지 수컷이 물에 몸을 적셔 알에 수분을 공급하면서 계속 보호를 합니다. 그런데 암컷이 알을 공격할 때가 있습니다. 이유는 수컷 사자나 원숭이와 같습니다. 수컷이 다른 암컷이 낳은 알에만 신경을 쓰니까 알을 없애는 거지요. 알을 잃은 수컷은 말 그대로 '돌아온 싱글'이 되어 다시 암컷과 교미를 합니다.

착한 아버지와 무서운 어머니를 둔 곤충, 물장군

밥도 안 먹고 알을 지키면 착한 아빠인 것일까요? 그렇게 단순하지만은 않습니다. 나방의 애벌레나 개미에 침을 꽂아 마비시키고 체액을 빨아먹기 때문에 침노린재(*Rhinocoris tristis*)라는 이름을 얻은 한 노린재 종의 수컷도 알을 잘 보호합니다. 새끼가 태어날 때까지 아무것도 먹지 않고 알을 지키기만 합니다. 그런데 이상하게도 아무것도 안 먹는다던 수컷이 몸무게도 그대로이고 영양 상태도 좋습니다. 알고 보니 이 노린재가 알을 보호하면서 하루에 몇 개씩 먹어 치우고 있었습니다. 알이 수백 개나 되다 보니 하루에 몇 개씩만 먹어도 큰 문제는 없었던 셈입니다. 앞에서 기각된 영양 보충 이론을 따르는 예외입니다.

큰가시고기 수컷. 배에 있는 빨간색에 반응하며 다른 수컷을 공격한다.

이렇게 새끼를 잘 돌보는 듯하지만 실상은 새끼들로 자기 배도 함께 불리는 동물이 있는가 하면, 큰가시고기(*Gasterosteus aculeatus*)처럼 진짜 부성애를 자랑하는 동물도 있습니다. 밤낮으로 알들을 보호하고 새끼들을 지키며 다른 수컷이 나타났다 하면 맹렬하게 공격을 가해 내쫓습니다. 큰가시고기는 수컷의 배에 있는 빨간색을 인지하고 다른 수컷을 공격하는 것으로 밝혀졌습니다. 심지어 장난감 물고기에다 배 부분에 빨간색을 칠해서 근처에 놓아두면 공격 행동을 보인다고 합니다.

무엇이 이처럼 수컷들에게서 부성애가 나타나도록 하는 것일까요? 착한 아빠를 만드는 것은 도대체 무엇일까요? 들쥐를 대상으로 한 어느 연구에서 착한 아빠 행동의 원인이 되는 유전자가 밝혀졌습니다. 들쥐는 암수 한 마리씩 짝을 짓는 일부일처 종인 대초원들쥐(prairie vole)와 난교를 하며 홀로 사는 몬태나들쥐(montane vole)가 있습니다. 1999년《네이처》에 발표된 논문[2]에 따르면, 대초원들쥐와 몬태나들쥐의 뇌를 비교한 결과 가정적인 대초원들쥐의 뇌에서는 바소프레신 1a 수용체(Vasopressin 1a Receptor, V1aR) 유전자가 강하게 발현이 되고 있었습니다. 다시 한번 확인을 위해 이 유전자를 바람을 잘 피우는 몬태나들쥐의 뇌에서 발현을 시켰더니 난봉꾼인 수컷 쥐가 암컷에게 다정하게 밀착하는 허들링(huddling) 행동을 보였고요. 자식을 지키고 돌보는 착한 아빠가 되느냐, 자식을 키우는 데는 무관심하고 다른 암컷과의 짝짓기에만 열중하는 나쁜 아빠가 되느냐를 결정하는 유전자가 있다는 사실이 밝혀지면서 이 논문은 과학계에 큰 놀라움을 안겨 주었습니다.

경쟁의 상대성 원리: 착한 놈, 나쁜 놈, 야비한 놈

착한 아빠와 나쁜 아빠가 함께 있을 때에는 어떤 일이 벌어질까요? 실제로 그런 사례가 있습니다. 이야기의 주인공은 옆줄무늬도마뱀(*Uta stansburiana*)입니다. 북아메리카 태평양 연안에서 볼 수 있는 이 도마뱀의 수컷은 목에 주황, 노랑, 파랑으로 개체마다 다른 색을 지니는 것이 특징입니다. 캘리포니아 해변에서 몇 년에 걸쳐 이 색깔들의 분포도를 조사했더니 각각의 색깔이 차지하는 비율이 매해 바뀐다는 것이 밝혀졌습니다. 그리고 그 이유를 찾는 후속 연구에서 놀랍게도 색깔마다 가족을 형성하는 전략이 다르다는 사실이 드러났습니다.

주황색 도마뱀은 아주 공격적이고 욕심이 많습니다. 남의 가정을 침범해서 수컷을 쫓아내고 암컷을 차지합니다. 그것도 한 가정만 아니라 여기저기 쑤시고 다닙니다. 반면에 노란색 도마뱀은 야비한 전략을 씁니다. 주황색 수컷이 나가고 없을 때 몰래 들어가서 암컷과 교미를 하고 도망갑니다. 싸우지 않으면서 자손이라는 결과물만 얻겠다는 전략입니다. 마지막 파란색 도마뱀은 가정적입니다. 부인과 새끼에 헌신하며 가정을 지킵니다. 이 세 전략 중에 언제나 확실한 성공을 보장하는 전략은 없습니다. 그래서 마치 가위바위보처럼 서로 다른 성격의 도마뱀 사이에서 물고 물리는 게임이 벌어집니다.

예를 들어 어느 해에는 옆줄무늬도마뱀 개체군의 수컷 다수가 파란색이라고 해 보겠습니다. 대부분이 평화로이 가정을 꾸리고 살고 있겠지요. 하지만 일부나마 존재하는 주황색 도마뱀들이 가만히 있을 리가 없습니다. 착한 파란 도마뱀들의 가정을 들쑤시고 다니면서 수컷을 쫓아내고 번식을 해서 결국 주황색이 다수를 차지하게 될 것입니다. 문제는 주황색 수컷들은 여러 암컷을 거느리므로 집을 비울 일이 잦다는 것입니다. 이때를 노려 야비한 노란색 수컷들이 몰래 암컷과 교미를 하는 통에 이번에는 노란색이 많아지게 될 겁니다. 그러나 노란색 수컷들은 암컷과 교미를 한 후에는 도망을 가 버린다고 설명을 드렸습니다. 암컷 홀로 새끼를 키운다는 것은 참으로 버겁기에, 수컷과 함께 자식을 키우는, 그러니까 파란색 수컷을 아빠로 둔 가정에 비해 새끼들이 성공적으로 자랄 확률이 낮습니다. 결국 어느 순간에는 다시 파란색 도마뱀의 세상이 돌아올 것입니다.

유전적 한계를 뛰어넘는 암컷의 선호도

옛말에 손뼉도 마주쳐야 소리가 난다는 얘기가 있습니다. 수컷이 아무리 번식을 위해 이런저런 전략을 쓰고 경쟁을 위해 목숨까지 바칠 각오가 되어 있더라도 암컷이 응하지 않으면 말짱 헛일입니다. 결국 암컷의 선택이 중요한 것입니다. 그렇다면 암컷은 어떤 수컷을 선택할지가 매우 궁금해집니다. 암컷들은 어떤 수컷을 좋아할까요?

당연한 얘기 같지만 건강한 수컷을 선호합니다. 수컷이 건강하다면, 그

암컷들의 선호로 환경 변화를 따라가지 못할 정도로 뿔이 커진 큰뿔사슴(*Megaloceros giganteus*)

수컷과의 사이에 난 자손들 또한 수컷의 건강한 형질들을 물려받아 잘 자라나서 번식에 성공할 가능성이 높지요. 영양이 풍부한 좋은 먹이를 먹었을 때 몸에 나타나는 표시인 반점이 많은 수컷을 좋아하는 물고기도 있습니다. 수컷 사자들에서는 머리 주위에 난 갈기가 암컷에게서 선택을 받는 데 매우 중요한 역할을 합니다. 문제는 풍성한 갈기가 보기에는 멋질지 몰라도, 먹잇감의 눈에 쉽게 띄고 더운 사바나에서 체온을 높이는 효과가 있기 때문에 사냥 같은 격렬한 운동은 꿈도 꿀 수 없다는 것입니다. 하는 수 없이 밀림의 제왕이라는 별명이 무색하게 암컷들이 사냥해 오는 먹이를 옆에서 얻어먹으며 살아갑니다. 이처럼 생존에 불리할 수 있지만 암컷들의 별난 선호 때문에 수컷들에서 진화한 형질은 자연계에 많이 있습니다. 공작 수컷의 부채처럼 생긴 화려한 꼬리도 그중 하나입니다.

재미있는 것은 실제 자연계의 수컷들에서는 존재하지 않는 인공적인 장식도 암컷들이 선호하더라는 것입니다. 1998년 캐나다 뉴펀들랜드 메모리얼 대학교(Memorial University of Newfoundland)의 이안 존스(Ian Jones) 박사는 머리에 장식이 없는 작은바다오리(*Aethia pusilla*) 수컷의 머리에다 인공 깃털을 달아 보았습니다.[3] 암컷들은 이 인공 장식을 단 수컷들을 장식이 없는 수컷들보다 더 좋아했습니다. 존스 박사는 이번에는 인공 깃털을 길이와 부위, 색깔별로 각자 다양하게 붙여 보았습니다. 암컷들은 이마 위쪽으로 길게 달린 깃털일수록 선호하는 것으로 나타났습니다. 참새목의 금화조(*Taeniopygia castanotis*)에서도 비슷한 결과가 나왔습니다. 머리에 흰 깃털을 단 수컷을 암컷들이 더 선호했는데, 여기서는 흥미롭게도 빨간색이나 녹색 같은 다른 색의 경우에는 선호가 없었고 흰색 깃털에서만 나타났습니다. 만약에 흰 깃털을 단 돌연변이 금화조가 등장한다면 몇 세대가 흐른 뒤에는 흰 깃털을 단 수컷들이 개체군에서 다수를 차지할 것임을 알 수 있습니다.

성공적인 번식이라는 생애 최고의 목표를 달성하기 위해 동물들은 저마다 다양한 전략과 행동들을 구비해 왔습니다. 이번 강의에서 저는 여러 사례들을 통해 어떻게 동물들이 경쟁하고 짝을 짓고 자식을 낳아 기르는지, 그리고 굳이 이와 같은 번거롭고 고통스러운 과정 없이도 자신의 유전자를 후대에 전수할 수 있음에도 왜 많은 동물이 유성 생식이라는 번식 방법을 택했는지를 설명 드렸습니다. 오늘 배운 다양한 동물 행동을 보면 생존과 번식에 큰 도움을 주는 것으로 보입니다. 그러나 생태계적으로 보면 동물의 행동에는 오히려 손해를 볼 수도 있는 상대성이 있습니다. 결국 어떤 행동은 이익만 있는 것이 아니고 손해도 있어 결국 손익 계산이 중요한 이슈가 되는 것입니다. 다음 강의에서는 이러한 동물 행동의 딜레마에 대해 살펴보겠습니다.

2강

생존과 번식의 딜레마

딜레마(dilemma)란 그리스 어로 '둘'을 뜻하는 디(di)와 '논리', '궁지'를 뜻하는 렘마(lemma)가 합쳐진 말로, 서로 양립할 수 없는 두 가지 논리를 뜻합니다. 동양에서는 무엇이든 뚫을 수 있는 창과 어떤 창에도 뚫리지 않는 방패가 대결하는 상황을 뜻하는 '모순(矛盾)'이라는 고사성어로 자주 표현되지요. 우리 인간과 마찬가지로 동물들도 살아가면서 딜레마와 마주합니다. 동일한 자원을 놓고 경쟁하는 사이지만 때로는 협력해야만 하는 때도 있습니다. 협력하는 사이지만 때로는 경쟁해야만 하는 때도 있지요. 생존을 위한 경쟁과 생존을 위한 협력 사이에서 적절한 때에 적절한 결정을 내리는 것, 이것이 바로 뇌가 존재하는 이유이기도 합니다.

앞선 강의에서 여러 동물들의 사례를 통해 만났듯이, 생존과 번식 또한 동물들이 직면하는 딜레마입니다. 살아남는 것과 자손을 후대로 남기는 것은 일반적으로는 나란히, 함께 가는 길이라 생각되지만 성공적인 교미를 위해 자기 몸을 내주는 수컷 사마귀처럼 때로는 갈림길이 되기도 합니다. 번식을 위해서 당장의 목숨을 내놓고 생존을 포기해야만 하는 것이지요. 이번 강의에서는 동물들이 겪는 다양한 딜레마를 살펴보고 이들 딜레마를 좌지우지하는, 행동 아래 숨겨진 원리들을 파헤쳐 보도록 하겠습니다.

열심히 노력한 당신, 죽어라

수컷 공작새(*pavo cristatus*)나 벨벳원숭이(*Chlorocebus pygerythrus*)처럼 자연계에는 암컷에게 주목 받기 위해 자신의 신체 일부를 화려한 색상이나 깃털 등으로 장식하여 과시하는 전략을 택한 동물들이 꽤 있습니다. 그러나 이러한 전략은 비단 암컷뿐만 아니라 포식자에게도 더 잘 노출되는 결과를 낳아, 득보다 실이 클 우려가 있습니다. 실제 통계상으로 공작 수컷은 암컷보다 더 높은 확률로 공격을 당하곤 합니다. '눈에 잘 뜨이기' 전략에 따라오는 이 딜레마는 포식자라고 예외가 아니어서, 수사자의 크고 풍성한 갈기는 암컷들로부터 주목 받기 좋지만 사냥에는 방해가 됩니다. 사냥감이 멀리서도 알아보고 도망가 버릴 테니까요. 결국 수사자는 암사자가 사냥한 먹이를 얻어먹지 않고서는 그 육중한 체구를 건사하기 힘듭니다.

암컷을 차지하기 위한 치열한 경쟁 속에서 수컷들의 수명이 단축되기도 합니다. 수컷의 정소에서 생성되는 성 호르몬인 테스토스테론(testosterone)은 공격성과 암컷에 대한 소유욕, 교미 반응을 증가시키는 반면, 면역력을 약화시킵니다. 테스토스테론이 왕성하게 분비될수록 보다 공격적으로, 용기 있게 경쟁자에게 달려들어 암컷을 차지할 수 있는

수컷 공작새의 화려한 깃털

특정 부위의 형광색을 뽐내고 있는 벨벳원숭이

가능성은 높아지지만 그만큼 수컷의 수명은 줄어들 수 있는 것입니다. 도마뱀 수컷을 아종별로 테스토스테론 수치를 재어 수명과 비교하였더니, 수명과 이 성 호르몬이 반비례 관계임이 확인되었습니다. 이는 인간 남성에서도 마찬가지인 것으로 생각되고 있습니다. 유네스코 세계 문화유산에도 등재된 「조선왕조실록」을 분석한 결과, 4명에서 많게는 12명까지 부인을 두었던 조선 시대 왕들의 경우 평균 수명이 47세인 반면, 환관들은 70세로 밝혀졌습니다.

팜므 파탈(femme fatale)이라고 아시죠? 프랑스 어로 '치명적인 여자'를 뜻하는 이 팜므 파탈에 꾀여 짝짓기도 한 번 제대로 못해 보고 죽음을 맞는 예가 동물들 사이에서도 있습니다. 반딧불이과(Lampyrinae)의 암컷은 꽁무니에서 빛을 내뿜어 수컷을 유혹합니다. 북아메리카 대륙에 서식하는 포투리스속(*Photuris*) 암컷 역시 수컷을 꾀기 위해 발광을 하는데, 문제는 이보다 덩치가 작은 다른 포티누스속(*Photinus*) 수컷들이 이 빛을 자신과 같은 종의 암컷이 내는 신호로 오인하여 달려든다는 것입니다. 포투리스속 암컷들은 잘못 찾아온 포티누스속의 수컷들을 한 끼 식사로 기꺼이 해치웁니다. 온갖 역경을 이겨 내고 드디어 번식이라는 결승점에 다다랐다고 생각했건만 이렇게 좌절되고 말다니 정말 안타까운 일이 아닐 수 없습니다.

더 심각하지만, 그래서 조금은 우습기까지 한 사례도 있습니다. 1983년에 맥주병과 교미를 시도하는 딱정벌레가 오스트레일리아에서 발견이 되었습니다.[1] 색상이 화려하기로 이름난 보석딱정벌레과에 속하는 이 종(*Julodimorpha bakewelli*)은 맥주병뿐만 아니라 길가의 노란색 도로 표지판에도 흥분을 하여 짝짓기를 시도했다고 합니다. 이를 학계에 보고한 대릴 그윈(Daryll Gwynne)과 데이비드 렌츠(David Rentz)는 2011년 이그노벨상(Ig Nobel Prize)을 받았지요. 이그노벨상은 물리학이나 화학, 의학, 경제학, 심리학 등 여러 분야에서 기발하고 독특한 연구 성과를 낸 사람에게 주는 상으로 일반인들의 과학에 대한 관심을 불러일으키고자 1991년에 제정되었습니다.

맥주병, 표지판과 암컷을 구분하지 못하는 보석딱정벌레

여기서 잠깐, 포티누스속 수컷을 꾀어내는 포투리스속 암컷처럼 다른 종들에게 중요한 신호를 끌어다가 자신에게 유리하게 쓰는 동물계의 사기꾼들을 살펴보고 넘어가겠습니다. 하버드 대학교(Harvard University)의 에드워드 윌슨(Edward Wilson) 교수는 이처럼 다른 종의 신호를 조작하여 자신의 적응도를 높이는 동물들을 코드브레이커(code breaker, 암호 해독자)라고 명명하였습니다. 많은 동물들이 먹잇감을 사냥할 때 이 같은 전략을 사용합니다. 깊은 바다에 사는 아귀(*Lophiomus setigerus*)는 코끝에 늘어진 빛나는 돌기를 흔들어서, 쇠백로(*Egretta garzetta*)는 길고 까만 다리 끝에 있는 노란색 발을 물속에 담가서, 또 노랑부리저어새(*Platalea leucorodia*)는 노란 부리를 물속에 넣고 휘저어서 각기 물고기들을 꾀어냅니다. 물론 그중에서도 생태계 최고의 코드브레이커는 우리 인간일 테지만 말입니다.

적과의 동침: 사회적 동물들의 딜레마

한데 모여 살면 먹이나 배우자를 두고 더 강한 경쟁이 유발되어 개별 개체들에게 불리할 법도 한데, 자연계에는 무리 짓는 생활 방식을 택한 사회성 동물들이 많이 있습니다. 단지 함께 있다는 것만으로도 장점이 생겨납니다. '희석 효과(dilution effect)'라고도 하는데 떼를 지어 있음으로 해서 포식자에게 잡아먹힐 확률이 줄어드는 것입니다. 정어리 같은 바닷속 물고기나 얼룩말 같은 아프리카의 초식 동물을 떠올리시면 쉽게 이해가 가실 겁니다. 뭉쳐서 다니면 포식자에게 발각될 가능성은 높지만 수십에서 때로는 수백, 수천에 이르는 개체들 중에서 콕 집어서 '내'가 잡아먹힐 확률은 낮기 때문입니다.

이러한 전략은 포식자에게도 매력적입니다. 참치 같은 어류는 무리를 지어 다니다가 작은 물고기 떼를 발견하면 서서히 포위망을 좁혀 가장 바깥쪽에 있는 물고기부터 잡아먹습니다. 암사자나 하이에나도 협력 사냥을 합니다. 달리기와 뜀뛰기의 숨은 실력자인 사바나의 초식 동물들을 쫓는 것은 무척 힘이 드는 일로, 여러 마리가 함께 사냥에 나서면 더 쉽게 목적을 달성할 수 있습니다. 해변에 사는 갈매기들은 집단을 이루어 번식하면서 포식자가 나타나면 함께 공세적인 방어를 펼치기도 합니다. 알이나 연약한 새끼를 곧잘 잡아가는 매나 여우가 눈에 띄면 모두가 맹렬히 따라붙어 공격을 가하지요. 포식자의 반격으로 상처 입거나 도리어 잡아먹힐 가능성도 높지만 여러 마리가 함께 공격함으로써 보다 효과적으로 알이나 새끼를 보호할 수 있습니다.

중앙아메리카에 사는 흡혈박쥐(*Desmondus rotundus*)는 무리 지음으로 혜택을 받는 것에서 멈추지 않고 서로에게 직접적인 도움을 줍니다. 흡

잠자는 동물의 몸에 상처를 내 그 피를 빨아 먹는 흡혈박쥐

혈박쥐는 자고 있는 동물의 목을 긁어 피를 빨아 먹고 사는데, 40시간 동안 먹이를 먹지 못하면 죽습니다. 박쥐들은 동료가 먹이를 구하지 못해 굶고 있으면 자신이 삼킨 피를 토해서 나눠 줍니다. 나중에 혹시 자신이 굶게 되면 그때는 자신에게 도움을 받았던 동료들이 거꾸로 피를 나눠 줍니다. 당장은 자신의 식량을 희생하는 것처럼 보이지만, 혹시 모를 나중을 대비하는 일종의 보험입니다.

그런데 이 같은 상호성(reciprocity), 상호 협력에도 딜레마가 있습니다.

내가 준 도움을 상대방이 나에게 다시 돌려 주지 않는다면, 결국 나만 손해를 보는 셈이 됩니다. 도움을 준다는 것은 나의 시간과 노력을 대가로 치르는 것으로, 내가 필요한 때 도움을 받지 못하면 그 시간과 노력이 고스란히 허공으로 날아가게 됩니다. 거꾸로 도움을 받았으나 되갚지 않는 배신자는 당장에 이익을 얻습니다. 이 같은 배신행위가 처벌 받지 않는다면 점차 누구도 다른 개체에게 도움을 주려 하지 않을 테고 결국 그 사회는 배신자들로 넘쳐 나게 될 것입니다.

미국의 영장류학자 마크 하우저(Mark Hauser) 박사는 솜털모자타마린 원숭이(*Saguinus oedipus*)를 대상으로 흥미로운 실험을 했습니다. 스스로는 결코 먹이를 먹을 수 없지만, 막대기를 끌어당겨 상대방이 먹이를 먹게끔 도와줄 수는 있는 장치에 원숭이를 넣어 보았습니다. 그러자 원숭이들은 내 도움을 갚는 원숭이들에는 먹이를 주지만 배신하는 원숭이, 그러니까 도움을 받고도 내게 먹이를 주지 않는 원숭이에게는 더는 먹이를 끌어당겨 주는 행동을 하지 않았습니다. 게임 이론에서는 이를 팃포탯(tit for tat, 눈에는 눈 이에는 이) 전략이라고 부릅니다. 내가 도왔을 때 그도 나를 도와주면 계속 도움을 주되, 그렇지 않으면 나 또한 도움을 주지 않음으로써 보복을 가하는 전략입니다. 사회적 동물이라면 누구나 이 게임을 해야만 합니다. 도움을 줄 것이냐, 주지 않을 것이냐 하는 딜레마를 매일 마주하며 살아가고 있는 것이지요.

완전한 이타 행동은 가능한가?

최근 많은 기업에서 인턴사원을 채용하고 있습니다. 일정한 수습 기간을 거치고 나면 정직원이 되기도 하지만 하는 일에 비하면 월급이 낮은 편인데도 인턴사원들은 정말 열심히 일을 합니다. 흥미롭게도 몇몇 새들 사회에도 인턴 제도가 있습니다. 어치나 딱따구리 등 일부 새에서는 다 자란 새끼들이 둥지를 떠나 자신의 가족을 꾸리지 않고 부모 곁에 남아 동생들을 돌보기도 합니다. 먹이를 물어다 주거나 포식자가 나타나면 내쫓는 등 부모를 도와 둥지를 보호하는 역할을 합니다. 곧바로 번식에 나서는 개체들과 비교하면 불리할 것도 같지만 실제로는 나중에 독립을 해서 자기 가정을 꾸렸을 때 인턴 경험이 전혀 없는 새들보다 자식들을 더 잘 키워 내는 것으로 알려져 있습니다. 당장의 이익은 낮을지언정 결과적으로는 더 큰 이득을 기대할 수 있으므로 새들의 인턴 활동은 자신을 희생하는 이타적 행동과는 다소 거리가 있다고 생각됩니다.

자연 다큐멘터리의 단골손님 하면 어떤 동물이 떠오르시나요? 아프리카 대초원의 수사자나 치타, 기린 등과 함께 저는 미어캣(*Suricata suricatta*)이 생각납니다. 바위 위에 옹기종기 모여 일광욕을 즐기는 모습이나, 멍 하니 있는 듯하다가 갑자기 무언가를 감지한 듯 일사불란하게 고개를 이리로 돌렸다 저리로 돌렸다 하는 모습들이 대표적이지요. 바위굴 속에서 생활하는 미어캣들은 돌아가며 굴 입구에서 보초를 섭니다. 포식자인 맹금류가 있는지를 살피려고 두 발로 꼿꼿이 일어서서 주위를 둘러보는 까닭에 사막의 파수꾼이라는 별명을 얻었습니다. 그러고는 포식자를 발견하면 경고 신호를 큰소리로 퍼뜨려서 다른 개체들이 피할 수 있게 돕습니다. 처음에는 미어캣의 이러한 보초 활동이 순수하게 이타적인 행동이라 여겨졌습니다. 큰소리를 냄으로써 포식자의 눈에 제일 먼저 들어오게 될 테니까요. 하지만 미어캣은 다른 개체들에게 경고의 메시지를 전달함과 동시에 자신 또한 재빠르게 도망을 치기 때문에 스스로를

미어캣의 경고는 완전한 이타 행동일까?

완전히 희생하는 것은 아닙니다. 게다가 혼자만 있을 때에도 경고 신호를 보낸다던가, 먹이를 충분히 먹어서 배가 부른 상태에만 보초를 선다던가 하는 것도 완전히 이타적인 행동이라 볼 수는 없는 점입니다.

그렇다면 대가 없이 희생하는 이타 행동은 없는 걸까요? 아주 보편적이지는 않으나 예들이 있습니다. 북아메리카에 서식하는 제왕나비(*Danous plexippus*)는 날개의 색상이 정말 화려합니다. 수풀 속에서 단연 눈에 띄죠. 나방처럼 보호색을 써도 모자랄 판국에 이처럼 화려한 색상을 띠는 것은 무모해 보이기까지 합니다. 하지만 제왕나비의 화려한 날개 뒤에는 비밀이 있습니다. 제왕나비는 유충 시기에 박주가리(*Metaplexis japonica*)를 주식으로 삼는데, 그 안의 강한 독(cardenolide)을 성충이 되어서까지 몸에 지닙니다. 그래서 멋 모르고 제왕나비를 잡아먹은 새들은 바로 토해낸 다음 다시는 거들떠보지도 않습니다. 이런 걸 미각 혐오(taste aversion)라고 합니다. 여러분 중에도 아마 어릴 때 뭔가 잘못 먹었다가 호되게 고생한 후로는 그 음식에 손도 안 대는 분들이 계실 겁니다. 자기 목숨 하나를 희생해서 다른 많은 나비를 살리는 셈입니다.

개미나 벌 등의 진사회성 곤충(eusocial insect)에서는 이타 행동이 많이 관찰됩니다. 개미 사회의 한 계급인 병정개미는 큰턱(mandible)이 유난히 발달되어 있습니다. 이 큰턱은 자신의 생존에는 전혀 도움이 되지 않지만, 적으로부터 사회를 지키는 데 쓰입니다. 자살폭탄개미라고도 불리는 말레이시아의 한 개미 종(*Camponotus saundersi*)은 적이 나타나면 몸속에서 화학 물질을 혼합한 다음 터뜨려서 공격을 합니다. 꿀벌(*Apis mellifera*)이 적을 쏘면 꽁지에 달린 침과 함께 내장이 빠져 나와서 죽는다는 사실은 잘 알고 계실 겁니다. 포유류 중에서는 벌거숭이두더지쥐(*Heterocephalus glaber*)가 유일하게 진사회성 종입니다. 중부 아프리카에서 땅속에 굴을 짓고 개미처럼 여왕 아래 수십 마리가 군체를 이루어 사는 이 동물은 뱀과 같은 포식자가 나타나면 번식을 하지 않는 개체들이 용감히 앞으로 나가 잡아먹힙니다. 몇 마리는 희생을 당하겠지만 나머지 개체들이 번식을 활발히 함으로써 두더지쥐의 사회가 유지됩니다.

진사회성 동물들을 자세히 살펴보면 모두가 혈연관계로 얽혀 있음을 알 수 있습니다. 직접적으로 자신의 부모나 자식은 아닐지언정 형제자매나 사촌 등으로 이루어진 사회인 것이지요. 이처럼 유전적으로 연관된 개체들 사이에서 일어나는 이타적 행동을 설명하는 이론이 바로 혈연 선택(kin selection)입니다. '나'는 희생하지만 '나'와 유전자를 공유하고 있는 친족들이 대신 살아남아 번식을 하고 그 유전자를 후대로 물려주게 되는 것입니다.

뇌가 이타 행동을 계산하는 공식

개체군 유전학(population genetics)의 발달에 크나큰 기여를 한 스코틀랜드 유전학자 존 홀데인(John Haldane)이 남긴 유명한 이야기가 있습니다. '물이 불어난 강둑에 서 있는데 당신의 가족 중 누군가가 강물에 빠지는 걸 목격했다. 이 상황에서 당신이라면 어떻게 하겠는가?'라는 질문을 받은 홀데인은 이렇게 대답을 했습니다. '내 형제 2명이 강물에 빠졌다면 나는 기꺼이 물속에 뛰어들 것이다. 사촌이라면 8명이 빠졌을 때 뛰어들 것이다.' 이 알쏭달쏭한 이야기는 나중에 영국의 생물학자 윌리엄 해밀턴(William Hamilton)에 의해 '해밀턴의 규칙(Hamilton's rule)'이라는 이름으로 수학적으로 공식화됩니다. 여기서 잠깐 공식을 들여다보겠습니다. 수학 공식이라 그래서 어려운 식을 예상하시고 벌써부터 눈살을 찌푸리는 분도 계실 듯한데요, 아주 간단한 공식이니 마음 편히 놓고 그냥 보시면 됩니다.

$$rb > c$$

여기서 r은 유전적 연관도(genetic relatedness), b는 이득(benefit), c는

손실(cost)입니다. 유전적 연관도란 말 그대로 유전적으로 얼마나 연관되어 있는지 나타내는 것입니다. 유전자를 공유하고 있을 확률이라고도 표현할 수 있습니다. '나'는 나와 유전적 연관도가 1입니다. 100퍼센트지요. 나의 아버지나 어머니는 나와의 유전적 연관도가 1/2, 50퍼센트입니다. 아버지와 어머니로부터 절반씩 유전자를 물려받아 내가 된 것이니까요. 거꾸로 내 자식과 나의 유전적 연관도도 1/2입니다. 형제자매는 어떨까요? 마찬가지로 1/2, 50퍼센트입니다. 사촌과 나의 유전적 연관도는 1/8입니다. 아주 단순하게 생각하면, 형제 2명이면 나 하나, 사촌 8명이면 나 하나와 맞먹는다고 볼 수 있습니다. 이제 홀데인이 한 얘기가 어느 정도 이해가 되실 겁니다.

위 공식을 보면, 내가 어떤 이타적 행동을 했을 때 얻게 되는 이득(*b*)에 유전적 연관도(*r*)를 곱한 값이 그로 인한 손실(*c*)을 초과한다면 이타적 행동이 나타남을 알 수 있습니다. 유전자를 공유하고 있을 확률이 낮을수록 이타적 행동이 나타나기 위해서는 손실을 크게 초과하는 이득이 보장되어야 한다는 조금은 슬픈 사실이 이 공식에서 도출이 되기도 합니다. 하지만 우리 인간을 비롯한 자연계 모든 동물들의 행동이 반드시 이 공식에 들어맞는 것은 아닙니다. 유전적 연관도가 거의 없을지라도, 이타적 행동의 대가가 심지어 자신의 목숨을 희생하는 것일지라도 한 치의 망설임 없이 남을 돕는 사람들을 우리는 주변에서 볼 수 있습니다. 일반적으로 자연은, 그리고 우리 뇌는 이득과 손실을 냉정하게 저울질하여 어떤 행동을 할지 말지에 대한 답안을 제시할지라도, 우리 개개인은 때때로 그러한 냉혹한 계산을 벗어난 결정을 내리기도 합니다.

생명 현상을 해석할 때 윤리학이 아닌 전제에서 윤리학적인 원리를 끌어내는 것을 '자연주의적 오류(naturalistic fallacy)'라고 합니다. 해밀턴의 규칙은 우리에게 어떤 행동이 도덕적으로 타당한가 아닌가를 알려 주는 공식이 아닙니다. 해밀턴의 규칙을 보고, '그래, 사촌 8명이라면 모를까, 사촌 1명이 내게 도움을 청했으니 거절해도 되겠지.'라거나 '나랑은 유전적 연관 관계도 없는 사람인데 도와줄 필요가 없겠지.'라는 자연주의적 오류에 빠질 사람은 없으리라 생각됩니다.

펭귄의 교훈: 같은 전략을 쓰면 다 같이 망한다

어느 날 친구와 둘이서 점심을 먹으러 한 중식당에 들어갔습니다. 서로 어떤 메뉴를 고를지는 모릅니다. 먹고 싶은 것을 마음대로 먹고 돈은 반반 나눠서 내자고 약속을 했습니다. 자, 여러분은 과연 싼 요리를 먹을까요? 비싼 요리를 먹을까요? 메뉴판을 보여 드리자면, 꽤 비싼 음식점이라 A코스 30만 원, B코스 15만 원, 가장 싼 짜장면이 5,000원입니다. 무엇이 제일 이익일까요? 힌트를 드리면 싼 음식이란 보통 가격 대비 성능이 좋은 것을 말합니다. 그렇게 맛있지는 않지만 손해는 안 보면서 싼 맛에 먹는 거지요. 비싼 요리는 재료비를 생각하면 턱없이 비쌉니다. 재료비가 실제로 30만 원이나 하겠습니까? 고급 요리이니만큼 새로운 맛과 향을 느낄 수 있지만 원가를 생각해 보면 금전적인 손실은 큽니다.

이론상으로 보면 가장 싼 짜장면을 골라서 각자 5,000원씩만 내는 게 이익입니다. 둘 다 A코스를 선택했다고 생각해 보십시오. 한 끼에 30만 원씩이나 지출을 해야 합니다. 그래도 짜장면을 골랐다가는 왠지 나만 덤터기를 쓸 것 같아 불안합니다. 둘의 평균 정도인 B코스를 택하는 게 그나마 낫지 않을까 싶습니다. 하지만 실제로는 10명이면 10명 모두가 A코스를 선택해 결국은 각자가 30만 원을 내야 하는 상황을 불러왔습니다. 내가 무얼 먹든 상대방이 가장 비싼 걸 먹게 되면 억울하게 돈을 지불해야 할 터, 그와 같은 상실감을 겪지 않고자 이런 선택을 하는 것입니다.

다른 사람이 무얼 선택하느냐를 의식하며 스스로에게 손실이 되는 선택을 하는 이런 딜레마 상황은 동물들에서도 관찰됩니다. 남극의 황제펭귄(*Aptenodytes forsteri*)은 번식하는 동안에는 내륙 깊숙한 곳에 모여 둥지를 짓고 알을 낳습니다. 새끼들이 알에서 부화하면 처음에는 위 속에 있는 소화된 먹이를 토해서 새끼들에게 먹이다가 나중에는 바다로 나가 먹이를 비축해 돌아옵니다. 번식지에서 바다까지는 수십 킬로미터에 이르기도 하는데, 막상 바다에 도착해서는 서로 쭈뼛쭈뼛 눈치만 볼 뿐 뛰어들 생각을 않습니다. 오랫동안 새끼들을 먹이기만 하느라 배가 고프기도 할 테고 얼른 먹이를 먹고 다시 새끼들에게로 돌아가는 편이 시간적으로도 이득일 텐데 말이지요. 여기서 펭귄을 딜레마에 빠뜨리는 것은 물속에는 자신과 새끼들의 배를 불릴 먹잇감도 있지만 펭귄이 오기만을 기다리는 바다표범이나 범고래 같은 포식자들도 있다는 사실입니다.

여러분이 먹이를 구하러 바다로 나온 펭귄이라고 상상해 보십시오. 먼저 다른 무리들과 떨어져 혼자 왔다고 생각해 보겠습니다. 여러분이 취할 수 있는 행동은 물속으로 뛰어드는 것 말고는 달리 없습니다. 범고래한테 잡아먹힐까 봐 주저주저하겠지만 결국은 뛰어들어서 무사히 먹잇감을 물고 돌아오거나 운이 나쁘면 범고래 밥이 되겠지요. 이제는 다른 무리들과 함께 바다로 나온 상황을 그려 보겠습니다. 이때는 먼저 뛰어들지 않고 일단 다른 펭귄들이 물속으로 들어가기를 기다릴 수도 있습니다. 누군가 나 대신 잡아먹힌다면 한동안 배가 부른 범고래한테 내가 먹힐 확률은 줄어들 테니까요. 그래서 펭귄들은 마치 우리가 커피숍 계산대 앞에

모두 같은 전략을 쓰면 결국 비용만 증가할 뿐이다.

서 줄을 서듯이 모두가 한꺼번에 물에 들어가지 않고 차례를 기다립니다. 다른 점이라면 제일 앞줄에 서려는 펭귄보다는 뒷줄에 서려는 펭귄이 많다는 것이지요.

다른 펭귄보다 나중에 입수를 한다면 범고래한테 내가 잡아먹힐 확률은 줄어드는 이득이 생깁니다. 하지만 기다리는 동안 배를 곯는 손실 혹은 비용도 발생하게 됩니다. 성질이 급해서 먼저 뛰어드는 펭귄은 배를 곯는 비용은 없지만 만에 하나 잡아먹힐 경우 이득도 없습니다. 여러분이라면 어떻게 하시겠습니까? 아마도 많은 분들이 기다렸다 다른 펭귄들이 들어가는 걸 보고 나도 들어가겠다고 답하시리라 생각됩니다. 그런데 만일 모두가 같은 전략, 그러니까 먼저 물에 뛰어들지 않고 나중에 들어가려 한다면 어떻게 될까요? 모두가 배를 곯게 될 겁니다. 이득은 없고 비용만 계속 발생하는 것이지요. 그 상태가 지속된다면 모두가 굶어 죽을 수도 있습니다. 펭귄들에게는 정말 딜레마가 아닐 수 없습니다.

우리나라의 교육열은 정말 유명하지요. 학교 교과 과정보다 한 학기, 빠르면 몇 년 먼저 학원에서 교과 과목들을 배운다고 합니다. 선행 학습은 분명 효과가 있습니다. 남들보다 먼저 배우고 남들이 배울 때 또다시 배우니 시험에서 좋은 점수를 얻을 확률이 높지요. 하지만 다수가 선행 학습을 한다면 '선행'의 의미가 없습니다. 모두가 높은 점수를 얻을 테니, 전체적으로 봐서 이익보다는 비용만 높아지는 셈입니다. 상품의 가격을 내리는 세일 전략도 마찬가지입니다. 한 상점에서 세일을 하면 값이 싼 그 가게로 고객들이 몰리겠지요. 결국 너도나도 세일을 하게 되고 일대 상가 전체가 손해만 보게 됩니다. 이것이 바로 게임 이론 가운데 하나인 치킨 게임(chicken game)입니다. 1950년대에 미국 젊은이들 사이에서 유행한 자동차 게임에서 이름을 따온 것인데, 제임스 딘(James Dean)이 출연한 유명한 영화 「이유 없는 반항(Rebel Without A Cause)」에도 등장합니다. 한밤중에 도로 양쪽에서 2명이 각자 자신의 차를 몰고 서로를 바라보며 정면으로 돌진합니다. 충돌 직전에 자동차 핸들을 꺾는 사람이 지는 경기지요. 먼저 핸들을 꺾으면 치킨, 즉 겁쟁이로 몰릴 테지만, 만일 나도 핸들을 안 꺾고 상대방도 꺾지 않는다면 자동차가 정면충돌해서 둘 다 죽게 됩니다. 이처럼 어느 한쪽도 양보하려 들지 않고 극단적인 경쟁으로 치닫는 상황을 치킨 게임이라 일컫습니다. 핸들을 끝까지 꺾지 않은 두 젊은이는 누구도 '먼저' 핸들을 꺾지 않았으니 둘 다 승자입니다. 잘해 봐야 상처만 남은 피투성이 승자겠지만요. 결국 모두가 같은 전략을 쓴다면 이득을 보는 이는 없는, 비용만 증가하는 상황이 초래될 뿐입니다.

딜레마의 신경 과학: 사랑과 경쟁 세포는 서로 이웃이다

동물 행동학의 창시자 니콜라스 틴베르헌(Nikolaas Tinbergen)은 일찍이 동시에 나타날 수 없는 두 가지 행동에 주목했습니다. 예를 들어 상대방을 공격하면서 친절하게 보듬는 행동은 함께할 수 없습니다. 친화성과 공격성, 이 두 가지 성격은 물과 기름처럼 우리 뇌에서 공존합니다. 뇌는 시의적절하게 두 가지 행동 중 하나를 선택해야 하는 상황에 놓이게 됩니다. 흥미롭게도 사랑할 때(교미) 뇌에서 작용하는 신경 세포와 남을 공격할 때 작용하는 신경 세포가 모두 사이뇌의 시상하부라는 한 영역에 모여 있는 것으로 나타났습니다. 다만 이들이 서로 억제하는 관계여서 일단 공격성이 시작되면 친화성은 억제되는 것이었습니다.

2011년 캘리포니아 공과 대학의 데이비드 앤더슨(David Anderson) 박사는《네이처》에 흥미로운 보고[2]를 하였습니다. 생쥐의 시상하부에 있는 공격성 신경을 광유전학적 방법으로 자극했더니 공격적인 행동을 나타내었습니다. 원래는 교미 반응을 보여야 하는 암컷에 대해서도, 아무것도 아닌 비닐봉지에 대해서도 공격 반응을 보였습니다. 반대로 공격 세포는 사랑 세포가 활성화되는 교미 동안에는 잠잠해졌습니다. 앤더슨 박사는 사랑 세포와 공격 세포가 서로 이웃하면서 상호 억제 관계에 있다는 사실을 실험으로 밝히며 공격성과 사랑의 딜레마가 생기는 이유를 신경 회로의 차원에서 훌륭히 설명해 내었습니다.

성경에 "원수를 사랑하라."는 이야기가 있습니다. 이 말은 신경 과학의 측면에서 보아도 맞습니다. 공격성과 분노를 없애기 위해서는 사랑 세포를 활성화하는 방법밖에 없습니다. 누군가로부터 사랑을 받아 본 경험도, 미움을 받아 본 경험도 있으실 겁니다. 어떤 기억이 오래 남던가요? 생존에의 위협과 연관되어 있기 때문에 공격을 당한 기억이 오래 남습니다. 이 기억은 없애기도 쉽지 않습니다. 아마도 분노를 제어할 수 있는 신경 회로를 활성화한다면 분노도 사라지지 않을까 합니다. 어쩌면 사랑과 용서가 이 분노 억제 신경 회로에서 탄생하는지도 모릅니다.

이타 행동을 가능하게 하는 거울 신경 세포

사회적 동물들은 희석 효과와 같은 수동적인 장점을 넘어 적극적인 의미로 서로 도움을 주려는 행동을 보입니다. 2013년 중국 항저우 동물원에서 잡아먹히는 동료를 구하기 위해 뱀을 공격한 쥐 이야기가 인터넷에서 화제가 된 적이 있습니다. 이러한 사실은 동물의 뇌가 동료의 상황이나 감정을 이해하는 능력, 즉 교감(empathy)이 가능하다는 것을 보여 줍니다. 친구를 구하려 노력하는 쥐의 행동은 사실 실험으로 검증되기도 했습니다. 2011년 시카고 대학교(University of Chicago)의 페기 메이슨(Peggy Mason) 교수 팀은 쥐의 교감 능력에 대해 매우 흥미로운 보고[3]를 했습니다. 메이슨 교수는 우리에 쥐를 가두고 동료 쥐가 레버를 누르면 갇힌 쥐가 풀려나도록 실험 장치를 만들었습니다. 친구 쥐가 갇혀 있는 주위를 맴돌다가 우연히 레버를 눌러 친구가 풀려나는 걸 보게 된 쥐는 다음부터는 점차 빠른 속도로 레버를 눌러 친구를 구해 줍니다. 이러한 행동은 동료 대신 물건이나 먹을 것이 들어 있을 때는 나타나지 않았습니다. 동료의 위기를 마치 자신이 그 상황에 처한 것과 같이 교감하여 벗어나고자 더 적극적으로 행동했다는 해석이 가능합니다.

이처럼 교감하는 데 관여하는 가상의 신경 세포를 거울 신경 세포

(mirror neuron)라고 합니다. 1990년대에 이탈리아에서 흥미로운 실험 결과가 관찰되었습니다. 원숭이의 뇌에 전극을 연결하여 먹이나 물건을 손으로 들었을 때 배쪽 앞운동 겉질(복측 전운동 피질, ventral premotor cortex)에서 활성화되는 신경 세포를 발견한 것이지요. 그런데 이들 신경 세포는 원숭이 앞에서 사람이 먹이나 물건을 손으로 들어 올릴 때에도 발화했습니다. 실제로 원숭이의 손은 가만히 있었는데도 말이지요. 당시 연구자들은 이 흥미로운 실험 결과를《네이처》에 보냈지만 게재되지 않았습니다.

이후 거울 신경 세포의 존재를 입증하는 많은 연구들이 있었습니다. 런던 대학교(University of London)의 타니어 싱어(Tania Singer) 박사는 2004년 연인들을 대상으로 뇌에서 통증을 교감하는 부위가 존재함을 보였습니다.[4] 실험에 참가한 연인들은 한 번은 자기가 직접 전기 충격을 받고 또 한 번은 자신의 연인이 전기 충격을 받는 장면을 목격하였습니다. 직접 전기 충격을 받았을 때에는 물리적 통증을 관장하는 부위와 감정적 통증을 관장하는 두 부위가 활성화되었습니다. 연인이 전기 충격을

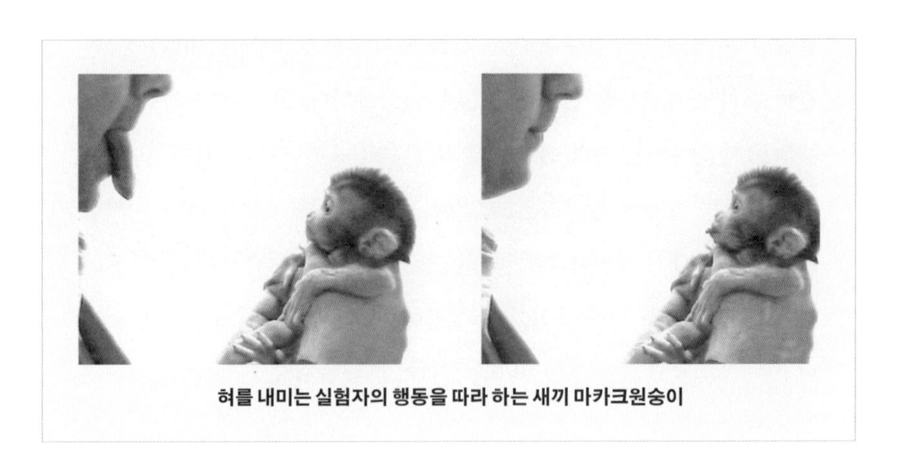

혀를 내미는 실험자의 행동을 따라 하는 새끼 마카크원숭이

받는 모습을 관찰했을 때에는 감정적 통증을 관장하는 부위만 활성화되었고요. 실제로 자신이 고통을 받는 상황은 아니지만 타인이 고통 받고 있다는 걸 알고 있을 때에는 통증이 교감된다는 사실이 싱어 박사 연구로 밝혀졌습니다.

상대방의 생각이나 감정을 이해하고 따라 하려는 능력은 유아기부터 일찌감치 발달합니다. 어른들이 말하는 '도리도리'나 '짝짜꿍'을 따라 하는 것이 대표적인 증거입니다. 새끼 원숭이도 동일한 능력을 지닌 것이 확인되었습니다. 최근 다양하게 진행되는 행동 실험에서는 이러한 교감 능력이 성인이 되었을 때 사회성뿐 아니라 리더십을 결정하는 중요한 인자라는 사실이 속속 밝혀지고 있습니다.

패턴 완성과 패턴 분리의 딜레마

뇌는 여러 가지 현상들을 연관시키는 능력이 탁월합니다. 불에 탄 숭례문의 잔해만 보아도 "아, 이건 숭례문이야."라고 답할 수 있습니다. 'ㅃㄹㄹ'라는 단서만 놓고도 인기 캐릭터 '뽀로로'를 단박에 연상시키지요. 일부를 가지고 나머지 전체를 완성하는 이러한 메커니즘을 '패턴 완성(pattern completion)'이라고 합니다. 반대로 서로 비슷하게 보여도 다르다고 인식하는 것을 '패턴 분리(pattern separation)'라고 합니다.

동물의 행동에서 패턴 완성과 분리는 매우 중요합니다. '어디에 가면 먹이가 있다.'(장소-먹이 연결) '어떻게 하면 암컷을 유혹할 수 있다.'(행동-행동 연결) 같은 생각이 패턴 완성과 분리를 통해 가능해집니다. 사자의 소리로 위험한 천적이 있다는 사실을 깨닫는 것도 패턴 완성 능력 덕분이지

화재 전후의 숭례문은 시각적으로 매우 다르나, 우리는 모두 같은 숭례문을 떠올릴 수 있다.

요. 마찬가지로 비슷한 배경에서 보호색을 띠고 숨어 있는 먹이를 재빨리 발견하려면 배경과 먹이를 구분하는 패턴 분리 능력이 탁월해야 합니다.

그러나 이렇게 생존에 중요한 패턴 완성과 분리 기능은 동시에 부작용을 일으키기도 합니다. 잘못된 완성 혹은 분리가 일어나는 것이지요. 대표적인 것이 PTSD(Post Traumatic Stress Disorder, 외상 후 스트레스성 장애)라는 정신과 질환입니다. 대구 지하철 참사와 같은 큰 사고를 겪은 사람들은 그때의 기억이 남아 있어서 정상적인 지하철을 봐도 기억이 완성되어 지하철을 탈 수가 없습니다. 심지어 지하철 의자를 떠올리게 하는 의자만 봐도 못 앉는 식으로 범위가 계속 확장됩니다. 패턴 완성이 우리 생존에 중요하기는 하지만 이런 정신 질환을 유발할 수도 있는 것입니다.

「번지점프를 하다」라는 영화를 보셨는지 모르겠습니다. 고등학교 교사인 남자 주인공은 자신의 남자 제자에게서 사별한 애인을 느끼게 됩니다. 그 제자에게 존재하는 옛 애인과 유사한 점을 통해 뇌가 패턴 완성을 한 것이라 볼 수도 있습니다. 분명히 다른 점들도 있는데 패턴 분리에 실패해서 동일인으로 착각하게 된 것이지요. 패턴 완성을 이용한 심리학

다리 위에서 느낀 흥분을 사랑의 감정과 연결할 정도로 우리 뇌는 패턴 완성에 익숙하다.

개념 중에 카필라노(Capilano) 효과가 있습니다. 캐나다 노스밴쿠버 근처에 있는 카필라노 강에는 유명한 흔들다리가 있습니다. 브리티시컬럼비아 대학교(University of British Columbia)의 심리학자 아서 애런(Arthur Aron)과 도널드 더턴(Donald Dutton) 박사가 1970년대에 이 흔들다리 위에서 재미난 실험을 하나 했습니다.[5] 이 흔들다리는 폭이 아주 좁은데다 아래로는 강물이 세차게 흐르고 있어 다리를 건너는 동안 엄청난 스릴을 경험할 수 있다고 합니다. 남자들은 흔들다리를 건너와서는 그곳에 기다리고 있는 젊고 매력적인 여성과 짧게 설문 조사를 합니다. 설문 조사가 끝이 나면 여성이 남자에게 자신의 이름과 연락처를 건넵니다. 혹시 결과에 대해 궁금하다면 연락을 달라고 하며 말이지요. 그러자 흔들다리를 건너온 남성의 절반 정도가 여성에게 연락을 취했다고 합니다. 흔들리지 않는 안전한 다리를 건넌 남성들은 동일하게 연락처를 받았음에도 거의 연락을 취하지 않았습니다. 흔들다리를 건너는 동안 생겨난 신체적 흥분 상태를 여성에 대한 사랑으로 연결 지은 것입니다. 여기에서 나온 속설 하나가 바로 연애할 때 전통 차와 같은 마음이 차분해지는 음료 말고 혈류량과 심장 박동을 증가시키는 커피를 마시라는 것입니다. 연애를 시작하고 싶을 때 함께 놀이동산에 가서 롤러코스터를 타라는 조언도 마찬가지입니다.

스트레스의 딜레마

살아가며 우리는 일과 사랑을 쟁취하고자 많은 노력들을 기울입니다. 그 과정에서 실패도 겪고 엄청난 스트레스로 고통 받기도 합니다. 직장에서 사사건건 내 일에 트집을 잡는 직장 상사를 만나면 '저 인간은 내 스트레스의 근원이야.'라는 생각이 들기도 하지요. 스트레스는 계속 축적이 되면 결국 우울증이나 면역력 약화를 불러와 수명까지 단축시키기도 합니다. 그런데 이 스트레스는 외부에서 오는 게 아니라 내부에서 내 '뇌'가 스스로 만들어 내는 것이라는 사실을 아셔야 합니다.

스트레스가 오면 뇌는 이마엽에서 시상하부에 명령을 내려 스트레스 호르몬을 만들어 냅니다. 왜 뇌는 스트레스를 받는 회로를 가지고 있을까요? 그만큼 생존에 중요하기 때문입니다. 특정한 자극이 왔을 때 뇌는 자신이 지금 위험한 상황에 처해 있음을 자각하고 스트레스 호르몬을 통해 온 몸에 경고를 줍니다. 그래서 우리는 더 힘을 내고, 더 열심히 뛰고, 또 위험을 피하려고 노력을 하게 됩니다.

하지만 스트레스 호르몬은 위급한 상황을 재빨리 벗어나고자 뇌가 만들어 내는 일종의 극약 처방과도 같습니다. 그렇기 때문에 장기화되면 우리 몸에 여러 문제를 일으키게 됩니다. 스트레스에 장기간 노출되어 고통받는 사람들의 뇌를 보면 결국 이마엽의 기능이 저하되어 있습니다. 이마엽에서 스트레스 호르몬을 만들라는 명령을 자꾸 내리니까 이마엽의 기능을 억제하여 스트레스 호르몬의 양을 (고통을) 줄여 보려는 것이 우리 신체가 보이는 자연스러운 반응입니다. 그런데 그러다 보니 이마엽의 원래 기능이 망가집니다. 이마엽은 우리가 상황을 판단하고, 패턴을 분리하고, 패턴을 완성하는 일을 담당하는 기관인데 이마엽의 기능이 저하되면 결국 상황을 잘 판단하지 못하고 자기 자신도 통제가 안 되는 현상, 즉 우울 장애가 시작됩니다.

스트레스가 만병의 원인인 이유는 몸 전체의 면역력을 약화시키기 때문입니다. 스트레스 호르몬의 방출은 모든 에너지를 일단 위급한 상황에서 벗어나는 데 사용하겠다는 전략입니다. 예컨대 축구에서 점수가 불리하면 수비수를 공격수로 교체하는 극약 처방인 셈입니다. 현대 사회에서는 실제로 포식자에게 잡아먹힐 정도로 위급한 상황은 많지 않습니다. 그러나 우리 뇌는 아직 우리가 아프리카 대초원을 떠돌던 시절에 머물러 있어, 마치 당장에 죽을 것처럼 스트레스 호르몬을 분비하고 있는 것입니다.

집단 이론의 딜레마에서 벗어나기

우리가 개인으로서 행동을 이해하고자 함은 왜일까요? 아마도 내가 무엇을 하고 있으며 그리고 무엇을 해야 할지 그 해답이 궁금하기 때문일 것입니다. 물론 집단으로 보면 어떤 고민을 하든지 결국 모든 것은 생존과 번식으로 귀결됩니다. 그러나 우리는 사랑을 위해 생존을 하고 생존을 위해 경쟁을 하는 과정에서 무수히 많은 딜레마에 직면하게 됩니다. 앞서 말씀드렸다시피 이를 극복하기 위한 만능의 한 가지 해법이나 처세술은 존재하지 않습니다. 그랬다면 애당초 딜레마라고 부르지 않았겠지요. 결국 이것은 각자의 인생에서 해결해야 할 몫이며 숙제입니다. 저마다 자신의 환경에 맞춘 다양한 전략이 가능할 것입니다.

지구상의 모든 생명체가 생존과 번식을 최고의 목표로 삼고 있다는 생물학적 사실이 우리가 그것을 따라야 한다는 규칙, 내지는 당위를 말해주는 것은 결코 아닙니다. 저는 여러분께 오히려 개인으로서 나에게 주어진 특권, 즉 다른 사람들이 사용하지 않는 독특한 틈새 전략을 활용하라고 말씀드리고 싶습니다. 다른 사람의 전략 중에서 여러분이 보기에 그럴듯해 보이는 아이디어가 있을 수 있습니다. 그러나 "저 사람은 저렇게 했더니 성공했더라."라는 말에 이끌리지 않으시길 바랍니다. 앞서도 말씀드렸다시피 내 귀에 들어왔을 때 이미 그 전략은 소용이 없는 전략입니다. 내가 사용했을 때는 비용만 들고 이득이 없습니다. 게임의 규칙을 배우려는 것보다 규칙을 만들어 내는 게 중요하다는 것입니다.

사람들은 대부분 기존의 사회 체제나 규칙에 순응하려는 기질이 있습니다. 이를 동화(conformity)라고 합니다. 우리 조상에게는 이러한 전략이 생존에 중요했을지 모릅니다. 그러나 환경도 바뀌었고 시대도 변했습니다. 미국의 대통령 존 피츠제럴드 케네디(John Fitzgerald Kennedy)는 이런 유명한 말을 남겼습니다. "동화는 자유의 간수이자 성장의 적이다.(Conformity is the jailor of freedom and the enemy of growth.)" 모든 사람이 동일한 처세술을 따를 때, 우리를 기다리는 것은 개인의 이득은 없고 비용만 증가하는 슬픈 미래입니다.

마이크로소프트의 빌 게이츠(Bill Gates)나 애플의 창시자 스티브 잡스 같은 분들이 바로 세상에 자신만의 새로운 규칙을 제시하여 성공한 사람들이라고 생각합니다. 이들이 제시한 규칙에 관심을 가질 것이 아니라 새로운 규칙을 만들어 낸 이들의 창조력을 본받아야 합니다. 세상과의 경쟁에서 너무 스트레스 받지 마시고 이 강의를 계기로 나만의 즐거운 전략을 생각해 볼 기회를 더 많이 가지시길 기원합니다. 감사합니다.

3강

뇌가 만들어 내는 행동의 방정식

행동을 조절하는 우리의 뇌는 어른 주먹 2개 정도의 크기에 고작 1.4킬로그램의 무게이지만, 우주적인 복잡성을 가집니다. 컵 하나를 잡는 손가락 근육의 움직임에만 초당 기가헤르츠(gigahertz)의 정보 처리가 필요하다고 합니다. 또한 행동의 결정에는 2만에서 3만여 개의 유전자와 수많은 환경적인 요소들이 관여합니다. 유전자, 환경, 신경, 그리고 근육이 상호작용하는 확률론적 조합만 상상해 보아도 '행동은 우주보다 복잡하다.'라는 결론이 사실임을 알 수 있습니다. 이렇게 우주적으로 복잡한 행동의 원인을 어떻게 이해할 것인가가 제 마지막 강의의 주제가 되겠습니다.

"운이 없으면 뒤로 넘어져도 코가 깨진다."라는 속담을 들어 보셨을 것입니다. 코가 깨진 이유를 '운이 없어서'라는 형이상학적인 원리로 설명하려는 그야말로 엉뚱한 생각입니다. 이런 접근으로는 왜 코가 깨지는지, 그 과정을 생각해 볼 여지가 전혀 없습니다. 또 한 예로 수학 교과서에 나와 있는 원의 정의를 생각해 볼 수 있습니다. 원의 수학적인 정의는 '한 정점으로부터 같은 거리에 있는 모든 점의 집합'입니다. 이러한 정의는 완성된 원을 묘사하고는 있으나, 원이 만들어진 과정이나 원인에 대해서는 말하고 있지 않습니다. 서양의 철학자 바뤼흐 스피노자(Baruch Spinoza)는 이런 비생산적인 접근 방법이 매우 마음에 들지 않았던 모양입니다. 그는 자신의 책 『지성 개선론(*Tractatus de intellectus emendatione*)』에서 원이 만들어지는 원인을 근거로 새롭게 원을 정의하였습니다. 원을 그릴 때 시작점이 있다면 그 점이 다음 점의 원인이 됩니다. 이런 식으로 수많은 점이 연결되어 선을 만들면서 끝내 종점이 시작점과 만난 결과물이 원이라는 것이지요. 수많은 원인이 연결되어 결과를 이끌어 내는 과정에 중점을 둔 설명입니다. 우리는 스피노자의 문제 제기로부터 좋은 과학적 탐구 방법이란 무엇인가에 대한 교훈을 얻을 수 있습니다.

먼저 과정에 주목해야 합니다. 앞서 말한 "뒤로 넘어져 코가 깨지는" 사건을 과정으로 살펴봅시다. 몸의 중심이 흐트러지면서 몸의 위치 변화가 귀의 안뜰 기관(전정 기관, vestibular organ)에 전달되고 동시에 척수 신경으로 전달됩니다. 영화 「매트릭스(matrix)」에서 주인공이 총알을 피하는 장면을 상상하면 되겠습니다. 이때 몸에서는 몸을 정상적인 상태로 되돌리며 다시 일어서려는 직립 반사(righting reflex)가 자동적으로 시작되는데, 몸이 뒤집히기만 하고 영화처럼 일어서는 데 실패하면 얼굴이 지면에 닿아 코가 깨질 수 있습니다.

고대 그리스의 철학자 헤라클레이토스(Heraclitus)는 자연의 이해에서 과정과 연속성의 중요성을 강조한 역사상 첫 번째 인물입니다. 그는 스승도 없이 스스로 고민하면서 자연의 원리를 탐구했습니다. 그의 유명한 발견 중 하나가 "자연은 변하고, 변하지 않는 것은 없다.(*πάντα χωρεῖ καὶ οὐδὲν μένει.*)"입니다.[1] 같은 강물에 2번 빠질 수 없다는 격언도 그의 이론

라파엘로 산치오(Raffaello Sanzio)의 벽화 「아테네 학당(Scuola di Atene)」에서 맨 앞에 혼자 앉은 채로 묘사된 헤라클레이토스(원으로 표시)

으로부터 나왔습니다. 얼핏 당연해 보여도 이는 과학자가 무엇을 보아야 하는가에 대한 통찰을 담고 있으며, 후배 과학자들에게 큰 영향을 주었습니다. 지구와 천체의 운동 법칙을 규명한 아이작 뉴턴은 『프린키피아(*Principia*)』 서문에 "자연은 비약하지 않는다.(*Natura non facit saltus.*)"라는 말을 썼습니다. 자연의 속성을 연구할 때 점차적으로 변화하는 과정을 수학적으로 표현하고자 했던 자신의 연구 철학을 피력한 것입니다. 뉴턴과 더불어 인류 지성에 가장 큰 영향을 미친 과학자로 손꼽히는 찰스 다윈의 진화론도 맥락은 같습니다. 뉴턴이 물체가 변화하는 동역학(dynamics)에 관심을 가졌다면, 다윈은 생명이 변화하는 원리를 발견하려 하였습니다. 이렇게 '그것이 무엇인가.'라는 질문보다는 '그것이 어떻게 변하는가.'에 주목하는 과학적 방법론이 헤라클레이토스로부터 시작된 서양 과학의 중요한 전통이라 하겠습니다.

둘째, 복잡한 현상일수록 형이상학적인 존재 원인보다는 단순한 원인을 먼저 찾아 하나씩 연결해 가다 보면 더 큰 통찰을 얻을 수 있습니다. 간단한 예를 들어 보겠습니다. 해마다 노벨상 시즌이 되면 왜 한국 과학자는 노벨상을 받지 못하느냐는 여론이 일고는 합니다. 우리가 처한 현실을 타개할 근본적인 답을 기대하는 것이지요. 제가 맡은 4학년 수업 중에 한 학생이 이런 말을 한 적이 있습니다. "지금껏 공부하면서 가장 인상 깊었던 사실은 자연법칙이나 원리(principle) 중에 한국 과학자가 발견한 것이 하나도 없다는 것입니다." 노벨상을 받을 만한 이론이 한국에 없으니 노벨상을 못 받는 것은 당연하다는 주장입니다. 마찬가지로 '나는 왜 결혼을 못하고 있을까?'보다 '왜 이성 친구가 없을까?', 또한 '나는 왜 성공하지 못하는가?'보다 '성공을 위해 오늘 내가 할 일이 무엇일까?'를 묻는 편이 더 직접적이고도 생산적인 질문인 것이지요.

묻지마 범죄와 스피노자의 원

'묻지마 범죄'라는 말이 있습니다. 범인과 피해자 사이에 아무런 상관관계가 존재하지 않고 특별한 이유 없이 저질러진 살인을 뜻합니다. 범인에게 행동을 유발한 당시의 상황을 물으면 "나를 쳐다봐 기분이 나빴다."와 같은 대답을 합니다. 그렇다면 '쳐다본 행위'를 살인의 이유로 납득할 수 있을까요? 근본적인 이유를 추구하는 욕구를 가진 많은 사람들은 "아니요."라고 대답할 것입니다. 여기에 스피노자의 원의 논리를 적용해 봅시다. 나를 쳐다보는 누군가의 시선도 공격성을 유발하는 원인이 될 수 있습니다. 원인에 대한 그럴듯한 설명이 증명되기 전까지는 하나의 가설이라고 하겠습니다. 이 가설이 증명되면 범인은 '왜' 누가 쳐다보면 분노가 생길까 하는 또 다른 질문을 할 수 있고, 이에 대한 원인들을 생각해 볼 수 있습니다. 그리고 그 원인의 원인을 또 찾아갑니다. 이렇게 수많은 질문을 던지며 연결된 원인을 추적하여 하나의 원을 완성하면 '묻지마 범죄'의 원리에 대한 훌륭한 과학이 되는 것입니다.

행동에 대한 이해도 단순하고 직접적인 원인부터 찾으려고 노력했을 때 발전하기 시작했습니다. "1,000리 길도 한 걸음부터."라는 말처럼 100억 개의 신경 세포로 구성된 뇌에 대한 연구도 하나의 세포에 집중하면서 시작되었습니다. 물론 과학 연구는 처음부터 원을 그리듯이 깔끔하게 진행되지만은 않습니다. 실제로 처음에는 여기저기 끊겨 있는 점선으로 원 모양이 만들어진 다음 마지막에 가서야 실선에 가까운 원으로 완성됩니다. 유전자 발현의 조절 원리를 규명한 오페론(operon) 이론으로 노벨상을 받은 프랑수아 자코브(François Jacob)는 그의 책 『파리, 생쥐 그리고 인간(*La Souris, le Mouche et l'Homme*)』에서 이러한 실존적인 과학의 속성을 '밤의 과학'이라고 묘사했습니다. 사람들은 과학이 정연한 논리와 순서에 따라 진행된다고 생각하나(낮의 과학) 이것은 현장에서는 없는 허상이라는 것이죠. 새로운 사실의 발견은 원인에 대한 무지를 전제로 하기 때문입니다. 무지란 어두운 방과 같아, 우리는 미래를 알 수 없는 불확실성 속에서 좌충우돌하게 됩니다.

제가 박사 과정 때 행동 연구를 위해 시작했던 줄기세포 연구에서도 좌충우돌의 사건이 있었습니다. 2005년 황우석 전 서울대학교 교수가 핵 치환(nuclear substitution) 법으로 인간 줄기세포의 대량 제조에 성공하였음을《사이언스》에 보고하며 '분화한 세포는 줄기세포로 돌아갈 수 없다.'라는 기존 이론을 뒤집은 것이 시작이었습니다. 당시 이 기술은 불치병을 치료할 가능성을 열었다는 평가를 받았습니다. 물론 불행하게도 이 사건은 논문 조작으로 막을 내렸고, 체세포는 줄기세포로 바뀔 수 없다는 기존 이론이 공고해지는 결과만을 낳았습니다. 그런데 몇 년 뒤 일본 교토 대학교의 야마나카 신야(山中伸弥) 교수가 전사 인자 세 가지를 체세포에 넣어 주는 간단한 방법으로 줄기세포를 만들 수 있다는 '역분화(dedifferentiation) 이론'을 최초로 보고[2]하여 2013년 노벨 생리·의학상을 받습니다. 줄기세포를 줄기세포답게 하는 원인을 찾은 것이지요. 수십 개의 전사 인자를 1개씩, 2개씩, 3개씩 조합해 체세포에 넣어 본 것입니다. 아주 직접적이고도 가까운 원인을 찾아 성공한 예입니다.

행동의 원인을 찾아서

행동의 원인을 찾아 방황한 과학의 역사를 잠시 정리해 보겠습니다. 17세기 행동 연구의 대표적인 주장으로 르네 데카르트(René Descartes)의 심신 이원론이 있습니다. 그의 이론에 따르면 영혼과 육체는 분리되어 있으며, 두뇌 한가운데 있는 평평한 잣 모양의 송과선(Pineal gland) 위에 영혼이 앉아서 조이 스틱과 같이 생긴 뇌하수체(pituitary gland)를 움직여 행동을 조절합니다. 뇌와 근육은 신경으로 연결되는데 이 신경은 일종의 관으로, 안에는 물이 가득 차 있습니다. 뇌하수체가 움직이면 수압이 변하면서 근육을 움직이게 된다는 것이죠. 17세기에 수압이나 유압식 동력 장

데카르트가 제안한 행동의 원리

치를 행동의 원리로 생각했다는 사실이 놀라울 따름입니다. 행동의 원인을 신경과 근육이라는 하드웨어로 설명하려는 최초의 아이디어 중 하나라 할 수 있습니다.

데카르트의 선구적인 생각에 이어 이탈리아의 생리학자 루이지 갈바니(Luigi Galvani)는 1780년 전기 자극을 가했을 때 개구리 뒷다리 근육이 수축된다는 사실로부터 신경은 수압이 아닌 전기 신호를 통해 정보를 전달한다는 것을 밝혀냈습니다. 19세기에 과학자들은 전기 신호가 신경 세포 안팎에 존재하는 이온의 농도 차이로 생김을 알게 되었죠. 그리고 20세기 초 오토 뢰비(Otto Loewi)는 신경 세포가 만들어 낸 전기 신호가 다른 신경으로 전달될 때 신경 전달 물질이라는 화학 물질을 통한다는 사실을 발견하였습니다. 시냅스를 통해 전해지는 신경 전달 물질로 자극

받은 다른 신경 세포는 다시금 전기 신호를 만들어 냅니다. 이러한 전기 신호와 신경 전달 물질의 연쇄적인 전파로 결국 운동 신경 끝에서 분비된 아세틸콜린이 근육을 수축시킵니다.

이러한 결과로부터 신경이 모든 행동의 근원이라는 '신경 세포 원리(neuron doctrine, 뉴런 원리)'가 지배하는 시대가 열립니다. 많은 과학자들이 신경의, 신경에 의한, 신경을 위한 연구를 수행한 시기였습니다. DNA 이중 나선 구조의 발견으로 노벨상을 받고 말년에 신경 과학을 연구한 프랜시스 크릭(Francis Crick)의 1994년 저서 『놀라운 가설(*The Astonishing Hypothesis*)』을 보면 '신경 세포 원리'의 주장을 일목요연하게 알 수 있습니다. 즉 행동과 고등한 뇌의 인지 기능을 신경만으로 설명 가능하며, 영혼이란 개념은 필요 없다는 것입니다. 행동을 설명하는 스피노자의 원에서 영혼은 선 밖의 존재라는 것이지요. 같은 맥락에서 MIT(Massachusetts Institute of Technology, 매사추세츠 공과 대학교)의 한국계 교수인 세바스천 승(승현준) 박사는 "나는 신경의 연결이다.(I am my connectome.)"라는 말을 했습니다.[3] 1000억 개의 신경 세포가 100조 개의 시냅스로 서로 연결되어 있는 뇌의 연결 패턴을 도식화한 지도를 커넥톰(connectome)이라 하는데, 우리의 자아가 결국 신경 회로의 기능으로 만들어진다는 자신만만한 주장입니다.

프랜시스 크릭은 DNA 구조의 발견으로 노벨상을 받은 이후 신경 과학 연구에 매진하였습니다. 신경 과학의 한계를 경험한 그는 신경 세포를 빛으로 조작하는 방법이 미래의 핵심 과제가 될 것으로 예언했습니다. 1999년 일본의 오쿠노 다이치(奧野大地)와 무네유키 에이로(宗行英朗) 박사는 고세균(archaea)에서 빛에 반응하는 Cl^- 이온의 통로인 할로로돕신(halorhodopsin)을 일반 세포에 넣어 준 뒤 빛을 쪼여 세포 내 Cl^- 이온의 조절에 성공했고,[4] 2002년 게로 마이센브룩(Gero Miesenbock)은 로돕신(rhodepsin)을 활용하여 초파리의 신경 세포를 흥분시키는 데 성공하였습니다. 그러나 이러한 방법들은 크릭의 예언처럼 효과적이지는 못했습니다. 빛을 활용하기는 했으나 반응 속도가 느렸기 때문입니다.

2002년 텍사스 주립 대학교 휴스턴 건강 과학 센터(University of Texas Health Science Center in Houston)의 존 스푸디히(John Spudich) 교수 실험실에서 정광한 박사(현 서강대학교 교수)는 단세포 녹조류의 일종인 클라미도모나스(*Chlamydomonas reinhardtii*)에서 두 가지 채널로돕신(Channelrhodopsin)을 얻어 《미국 국립 과학원 회보》에 보고합니다.[5] 2005년 이후 채널로돕신을 활용하여 게오르그 나겔(Georg Nagel), 에드 보이든(Ed Boyden), 칼 다이서로스(Karl Deisseroth) 박사는 신경 세포와 행동을 조절할 수 있게 됩니다. 크릭이 예언한 꿈의 시대, 행동을 빛으로 조절하는 시대가 도래한 것입니다.

이런 고무적인 연구 성과에 따라 2013년 버락 오바마 대통령은 미국의 차세대 주력 연구 사업으로 'BRAIN 계획'을 선언합니다.[6] 1억 달러(약 1000억 원)를 투자하여 10년 이내에 인간의 뇌를 구성하는 신경 회로를 모두 밝히겠다는 야심찬 계획입니다. 10년 뒤에는 뇌에 대한 이해를 넘어 무엇보다 뇌 질환 치료 분야에서 괄목할 만한 성장이 있을 것입니다. 뇌와 행동에 대한 이해를 바탕으로 등장할 새로운 학문과 문화 예술을 생각하니 벌써부터 기대가 됩니다.

환경에서 배우는 뇌: 혹돔과 명태조 주원장

뇌에서 정보가 어떻게 생겨나는지에 대해 18세기 존 로크(John Locke)와 같은 경험주의 철학자들은 빈 서판(*Tabular rasa*) 이론을 주장했습니다. 우리 뇌의 소프트웨어는 태어날 때 백지 상태이며, 경험을 통해 만들어지고 이것이 행동으로 나타난다는 것입니다. 최근 화제가 된 '상어와 친구가 된 어부 이야기'[7]가 좋은 예입니다. 원래는 잡아먹어야 할 대상인데 특별한 경험을 겪고서는 서로 반가워하고 함께 놀 수 있는 친구로 발전한 것이지요. 저도 비슷한 경험을 한 적이 있습니다. 한 횟집에서 그곳 수조에 들어 있는 혹돔(*Semicossyphus reticulatus*)과 아주 잠시지만 특별한 경험을 했습니다. 다른 물고기들과 달리 그 혹돔은 저를 비롯한 사람들을 잘 따르고 손으로 신호를 보내면 달려와 재롱을 부리기도 했습니다. 머리를 쓰다듬어 주는 것을 좋아했고요. 아마도 혹돔의 뇌에 사람은 먹이 같이 좋은 보상을 준다는 기억이 형성되어 사람을 피하는 본성이 변하게 되었을 것입니다.[8]

나쁜 기억도 마찬가지입니다. 르네상스 시기 이탈리아의 정치가 마키아벨리(Machiavelli)는 『군주론(*Il Principe*)』에서 이러한 뇌의 양면성을 통찰하고 있습니다. "왕이 정권을 잡았을 때 자신의 반대 세력에 보상을 줘서 자기편을 만들려고 노력하지만 소용없다. 언젠가는 또 배신한다." 그래서 그가 내린 해답은 "타인에게 미운 감정을 사게 하지 않는 것이 상책이나 기왕 원수지간이 되었다면 그를 없애라. 그것밖에 방법이 없다." 한 번 원수지간이 되면 다시 친해지기가 어렵다는 결론입니다. 뇌에서는 나쁜 감정과 대상 간의 연결이 특히 공고한데 마키아벨리는 경험으로 이를 통찰했던 것입니다.

두 가지 서로 다른 자극이 연결되는 현상의 과학적 근거를 제시한 사람으로 러시아의 이반 파블로프를 빼놓을 수 없습니다. 파블로프는 소화계통에 관한 연구로 노벨상을 받았습니다. 그러나 그의 이름을 역사에 길이 남게 한 것은 조건 반사의 발견이지요. 시작은 어디까지나 우연이었습니다. 소화가 이루어지는 과정을 연구하기 위해 개에게 항상 특정한 소리와 함께 먹이를 주었는데, 나중에는 개가 소리만 듣고도 침을 흘리게 되었습니다. 개의 뇌가 먹이와 소리 자극을 하나로 연합시킨 것이지요. 이것을 고전적 조건 형성(classical conditioning)이라고 합니다. 먹이를 보고 침을 흘리는 것과 같이 개가 원래 가지고 있던 행동에서 원래 없었던 행동, 그러니까 소리를 듣고 침을 흘리는 행동을 형성하는 게 가능합니다. 행동주의 심리학자 벌허스 스키너는 자연 상태의 쥐라면 절대로 하지 않을 '레버를 누르는 행동'을 유도했습니다. 레버를 누르면 먹이가 나오는 환경

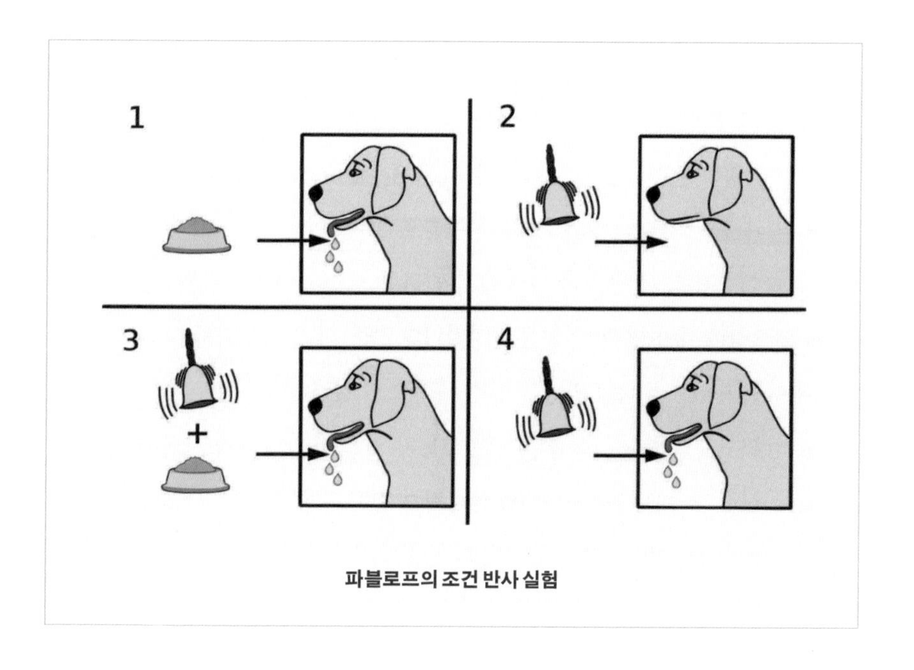

파블로프의 조건 반사 실험

에 처하면 쥐는 경험을 통해 행동을 배웁니다. 자연계에는 존재하지 않았던 레버를 가지고 새로운 방법을 습득합니다. 이렇게 레버를 누르는 행동과 먹이가 나온다는 사실이 뇌 속에서 서로 연결되는데 이러한 연결이 바로 행동의 원인이 되는 소프트웨어라는 것입니다. 미국의 존 왓슨(John Watson) 교수는 한 걸음 더 나아가 사람에게 이 방법을 써 보았습니다.(지금은 윤리적 문제로 불가능한 실험입니다.) 생후 11개월의 아기 앨버트로 하여금 흰쥐에 공포감을 갖도록 만들었는데, 이후 이 공포감은 흰색 및 쥐와 유사성을 가진 모든 대상으로 확대되었습니다. 이런 결과를 바탕으로 왓슨은 "내게 아기들을 데리고 오면 어떤 사람으로든 마음대로 만들 수 있다."라고 선언하기까지 했습니다.[9]

고전적 조건화가 더 복잡하게 일어나면 다양한 패턴의 기억을 만들어 낼 수 있게 됩니다. 14세기 중국 명나라의 태조 주원장(朱元璋)은 왕위에 오르고 나서 이상한 교지를 내립니다. 바로 승(僧)과 적(賊)이란 글자를 사용하지 말라는 것이었는데, 가난한 농부의 아들로 태어나 한때 승려로, 또 홍건적으로 활동했던 자신의 암울한 과거를 떠올리기 싫어서 내린 명령이었습니다. 본의 아니게 승, 적, 광(光, 승려의 삭발한 머리를 생각나게 함)과 같은 단어를 써서 형장의 이슬로 사라진 신하들이 많았다고 합니다. 이렇게 특정 단어나 자극에서 연관된 나머지 정보가 생각나는 현상이 2강에서 설명했던 패턴 완성입니다. 캐나다의 심리학자 도널드 헵(Donald Hebb)은 패턴 완성을 신경 과학으로 설명하기 위해 시냅스 가소성이라는 개념을 제시했습니다. 신경들의 연결인 시냅스가 강화되면 나중에 신경 중 하나만 자극해도 나머지가 함께 발화한다는 것입니다. 마치 얼굴의 일부만 보아도 그 사람이 누구인지 인상 전체를 떠올릴 수 있는 것처럼 말입니다. 경험을 통해 시냅스가 장기적으로 강화되면 이를 장기 강화 현상이라고 하고, 장기적으로 약화되면 장기 억압 현상이라고 합니다. 시냅스 가소성의 메커니즘을 규명한 공로로 아르비드 칼손(Arvid Carlsson), 폴 그린가드(Paul Greengard), 에릭 캔들은 2000년 노벨 생리·의학상을 받습니다. 앞서 예를 든 상어와 혹돔, 그리고 명 태조의 황당한 교지 사건도 시냅스 가소성으로 설명이 가능합니다. 상어와 혹돔의 경우에는 뇌에서 좋은 감정을 유발하는 신경과 사람이라는 시각 자극에 반응하는 신경 사이에 장기 강화가 일어난 것이고 명태조는 글자와 연결된 과거의 장기 기억이 떠오른 것입니다.

시냅스 가소성은 장기 기억과 단기 기억, 망각 현상 등 다양한 뇌의 인지 기능을 설명해 주고 있습니다. 그러나 시냅스 가소성만으로 뇌의 모든 현상을 설명할 수 있는 것은 아닙니다. 뇌는 자아, 혹은 자신을 통제하고 있다는 인식을 스스로 만들어 냅니다. 이러한 인식이 정말로 환경으로부터 얻어지는 것일까요? 아직 많은 질문이 상상조차 할 수 없는 난제로 남아 있습니다. 이는 완성되지 않은 스피노자의 원, 현대 신경 과학의 한계를 보여 줍니다.

또 다른 행동 소프트웨어, 유전자

환경과 신경 회로가 복잡하게 연결되면서 만들어 내는 행동의 비밀을 밝히기 위해 신경 과학자들은 신경 세포와 회로를 구성하는 요소인 유전자에 관심을 돌리기 시작했습니다. 요즘 유전자에 대한 이야기를 많이 합니다. 아이들의 학업 성적을 가지고 '누구의 유전자를 받아서 그런 것이네.' 하며 부부간에 다툼을 벌이기도 하고, '한국인의 유전자'라는 등 '운동선수 유전자'라는 등 과장된 이야기를 하기도 합니다.

우리가 사회적 지위, 능력, 외모를 좌우하는 잣대로 유전자를 생각하기 시작한 것은 언제부터일까요? 행동이나 재능이 유전된다고 생각한 최초의 인물은 『국가(*Politeia*)』에서 우수한 짝을 위해 남녀의 결혼을 나라가 결정해야 한다고 주장한 플라톤(Platon)입니다. 1869년 찰스 다윈의 사촌이었던 프랜시스 골턴(Francis Galton)은 그의 『유전되는 재능

행동 유전학의 아버지 프랜시스 골턴

(*Hereditary Genius*)』이란 책에서 다양한 가족 관계를 행동학적으로 분석해 유전의 중요성을 밝혔습니다. 한 예로, 서로 다른 환경에서 자랐다고 할지라도 유전자가 동일한 일란성 쌍둥이는 같은 환경에서 자란 이란성 쌍둥이 형제들보다 비슷한 점이 더 많이 관찰됩니다. 이러한 골턴의 연구는 행동 유전학(behavioural genetics)이라는 분야를 개척하게 됩니다. 행동 유전학은 행동을 조절하는 유전자의 중요성을 연구하는 학문으로, 제 실험실의 이름이기도 합니다.

행동 유전학은 사회적으로도 큰 반향을 얻어 우생학(eugenics)이라는 당대 최고 인기 학문으로 발전합니다. 1912년 영국에서는 윈스턴 처칠을 대표로 제1차 국제 우생학 대회가 열렸고, 열등한 유전자들을 제거함으로써 인류의 많은 문제를 해결하자고 천명합니다. 그러나 더 좋은 사회를 만들자는 우생학은 역설적이게도 인종 차별의 근거를 제공하고 맙니다. 1940년대 미국에서는 매춘, 사기, 범법, 정신 지체 등이 유전된다는 논리로 빈곤층과 지적 장애인에게 불임 시술을 하는 단종법(sterilization law)이 제정되었으며 제2차 세계 대전 중에 나치는 유대인 학살(Holocaust)이라는 심각한 범죄를 자행했습니다. 결국 우생학은 역사 속으로 사라져 이제 거론조차 되지 않고 있습니다.

행동을 조절하는 유전자의 중요성은 20세기에 들어서야 다시 빛을 보게 됩니다. 1990년대 말 줄기세포 연구가 시작되면서 특정 유전자가 제거된 생쥐를 만들 수 있는 '유전자 표적화(gene targeting)' 기술이 개발되었기 때문입니다. 1992년 도네가와 스스무(利根川進) 등은 유전자 표적화 기술을 이용하여 생쥐의 뇌에서 칼슘/칼모듈린 의존 인산 전달 효소 II(Ca^{++}/calmodulin dependent protein kinase II, CaMKII)라는 유전자를 제거하자 학습 능력을 잃고 기억을 담아내는 기능에 이상이 생겼다고 보고합니다.[10] 행동과 유전자의 관계를 직접적으로 밝혀낸 것이지요.

제가 1993년 박사 과정에 입학하여 맡은 프로젝트가 줄기세포에서 유전자를 표적화한 뒤 이를 대리모에 이식하여 특정 유전자가 제거된 생쥐를 만드는 것이었습니다. 당시에는 생쥐를 만드는 데만 꼬박 2년이 걸렸습니다. 유전자 표적화 기술은 날로 발전하여 최근에는 몇 달 만에 생쥐가 나오는 시대가 되었습니다. 앞으로는 인간을 구성하는 2만에서 3만여 개 유전자의 모든 유전학적 기능이 밝혀질 것입니다. 그러나 복잡한 행동이 고작 유전자 2~3만 개로 설명될 리 만무합니다. 이들 유전자가 일으키는 다양한 상호 작용의 조합을 고려해 봐야 합니다. 만약 유전자가 특정 행동을 설명한다고 해도, 기능을 설명하는 일에는 신중을 기해야 합니다. 우생학으로 대변되는 유전자 결정론이 과학의 발전 면에서나 사회적으로 얼마나 많은 문제를 불러일으켰는지를 끊임없이 되새길 필요가 있습니다.

환경과 유전자의 관계: 고정 행동 양식

행동을 결정하는 두 가지 요소인 환경과 유전을 우리는 어떻게 보아야 할까요? 일리노이 주립 대학교 어배나 샘페인 캠퍼스(university of illinois at urbana-champaign)의 곤충학자 진 로빈슨(Gene Robinson)은 2004년 《뉴욕 타임즈(*New York Times*)》에 기고한 글[11]에서 "DNA는 유전적임과 동시에 환경적이다."라고 묘사했습니다. 유전자의 기능을 환경과의 상호 작용 속에서 바라보는 적절한 시각이 중요하다는 것입니다.

이 상호 작용에서 가장 기본이 되는 메커니즘을 밝혀낸 선구자들이 있습니다. 1973년에 노벨 생리·의학상을 받은 카를 폰 프리슈(Karl von Frisch), 콘라트 로렌츠(Konrad Lorenz), 니콜라스 틴베르헌이 그 주인공으로, 이들의 공로는 배우지 않아도 동물의 뇌 속에 내재(built-in)되어 있는 소프트웨어, 즉 고정 행동 양식(fixed-action patten)의 존재를 규명한 것입니다. 이러한 소프트웨어는 항상 정해진 대로 나타나는 것이 아니라 특정 환경 혹은 자극에 의해 발현됩니다.

로렌츠 교수는 청둥오리나 거위의 학습 행동을 관찰하다가 갓 태어난 새끼들이 부모를 인식하는 과정에 고정 행동 양식이 있다는 것을 발견하였습니다. 새끼 오리는 알에서 깨어나 2시간 안에 본 가장 큰 것을 어미로 여기는데, 이 행동을 '각인'이라고 합니다. 그래서 태어나서 제일 처음으로 로렌츠를 본 오리들은 그를 어미로 알고 따라다녔습니다. 거위들을 수

각인을 이용하여 기러기에게 월동 경로를 가르칠 수 있다.

백 킬로미터 떨어진 철새 도래지까지 인도하는 내용을 담은 영화 「아름다운 비행(Fly Away Home)」 역시 각인 현상으로 인해 실제로 벌어진 일을 바탕으로 한 것입니다.

틴베르헌 교수는 거위를 대상으로 고정 행동 양식을 연구했습니다. 어미 거위는 알을 둥지 바깥에 내놓으면 부리로 알을 굴려 도로 둥지에다 집어넣는 행동을 보이는데, 모양이 비슷한 공을 두어도 마찬가지입니다. 이렇게 거위는 '달걀 모양' 자극만 있으면 무조건 둥지로 가져오는 행동을 합니다. 흥미로운 것은 중간에 알을 빼앗아도 한 번 시작된 알을 옮기는 행동은 완결될 때까지 진행된다는 것입니다. 환경과 유전 인자가 어떻게 상호 작용하는지 극명하게 보여 주는 실험 결과입니다.

고정 행동 양식의 또 다른 예를 보겠습니다. 아기 새들이 들어 있는 둥지를 날마다 조금씩 강 쪽으로 옮깁니다. 어미 새도 이에 맞추어 조금씩 강 쪽으로 나와서 새끼에게 먹이를 주게 되었는데, 나중에는 아예 둥지를 물 위에 띄워 놓았다가 어느 순간 치워 버렸습니다. 그러자 어미 새는 물고기에게 먹이를 주기 시작했습니다. 물고기야 먹이를 마다할 이유가 없으니 기꺼이 어미 새가 주는 먹이를 받아먹었지요. 우리가 보기에는 새끼 새와 물고기가 확연히 다르게 생겼는데 어미 새는 왜 자기 자식도 아닌 물고기에게 부지런히 먹이를 물어다 주었던 것일까요? 자세히 관찰해 본 결과, 아기 새와 물고기에게는 한 가지 공통점이 있었습니다. 먹이를 달라고 입을 크게 벌렸을 때의 입 모양이 다이아몬드 형태로 비슷했습니다. 어미 새는 다이아몬드 모양의 구멍만 보면 먹이를 집어넣는 고정 행동 양식을 지녀서 그와 닮은 입 모양을 지닌 물고기를 보자 열심히 먹이를 물어다 주었던 것입니다.

복잡하게만 보였던 행동들이 의외로 간단한 자극 하나로 나타날 수 있

고정 행동 양식의 존재를 규명한 니콜라스 틴베르헌(왼쪽)과 콘라트 로렌츠(오른쪽)

음을 살펴보았습니다. 그러나 명심해야 할 것은 이러한 연구들은 행동을 유발하는 직접적인 원인을 이야기하고 있을 뿐이라는 점입니다. 여기서 실험 결과를 확대 해석해 "생물학적으로 볼 때 결국 모성애란 없는 것이냐?"라는 문제로 발전시키는 것은 논리적인 오류를 저지르는 것입니다. 스피노자의 원에서 이야기했듯이 거위가 알을 모으는 행동은 복잡한 모성 행동을 이루는 다양한 원인 중 하나의 점에 불과합니다. 우리가 원하는 궁극적인 답에 도달하기 위해서는 단순한 행동의 원인을 하나씩 차근차근 연구하는 끈기가 필요합니다.

틴베르헌 교수는 행동에 관한 질문을 새로운 관점에서 정리했습니다. 첫 번째는 근접 원인(proximate causes)으로 '행동을 유발하는 자극은 무엇인가?(환경적인 요소)' '행동을 어떻게 만들어 내는가?(생리학적, 발생학적 요소)'를 알아보는 것입니다. 예를 들어 금화조가 노래를 하기 위해서는 금화조의 뇌에 노래를 배우기 위한 회로가 형성되어야 합니다.(발생학적 원인) 그리고 어린 시기에 아빠의 노랫소리를 들어야 합니다.(환경적 원인) 두 번째는 궁극적인 원인(ultimate causes)입니다. 이런 행동을 왜 갖고 있을까를 묻는 것이지요. 위험한 상황을 회피하는 행동을 예로 들자면, 이런 행동은 분명히 생존에 유리했을 것이고 이를 가능하게 하는 유전자들을 조상들로부터 물려받았겠지요. 아마도 조상들의 적응, 그러니까 생존과 번식에 유리했기에 남아 있게 되었다는 것이 다윈이 발견한 자연 선택 이론이 말하는 궁극적인 원인입니다.

다양한 행동의 근인들

지금부터는 스피노자의 접근법을 따라 가까운 것부터 하나씩 조사하면서 행동의 원인을 탐구하도록 하겠습니다. 가장 단순한 원인의 좋은 예가 화학 물질입니다. 저는 어렸을 때 양봉하는 모습을 가까이서 본 적이 있습니다. 벌통을 보면 통마다 여왕벌이 한 마리만 있습니다. 조금 작은 것이 수벌이고, 중간 크기가 일벌입니다. 그런데 놀랍게도 일벌과 여왕벌은 유전자가 토씨 하나 다르지 않고 똑같습니다. 다만 뭘 먹느냐에 따라서 행동이 달라집니다. 여왕벌을 기르기 위해서 일벌들은 왕대(queen cell)라는 특별한 방을 만들고 로열젤리로 채웁니다. 그 안에서 로열젤리를 먹으며 자란 애벌레가 여왕벌이 됩니다. 그래서 새끼 일벌을 잡아 계속 로열젤리를 먹이면 여왕벌을 만들 수 있습니다. 벌통에 이 여왕벌을 넣으면 여왕벌이 일벌 집단을 데리고 분가를 합니다. 이 분가한 벌들을 새 벌

페로몬으로 일벌을 지배하는 여왕벌

통에 담아서 벌통을 늘립니다.

로열젤리 안에 무엇이 들었기에 로열젤리를 먹는 것만으로 벌들의 운명이 바뀌는 것일까요? 이 비밀은 2011년에서야 밝혀졌는데,[12] 로열락틴(royalactin)이라는 펩타이드가 원인이었습니다. 펩타이드란 아미노산 결합의 길이가 매우 짧은 단백질의 일종입니다. 과학자들은 이 단백질이 여왕벌을 만든다는 사실을 발견했습니다. 나아가 로열락틴이 여왕벌과 같이 늘씬한 몸매를 만드는 데 중요하다는 가설을 증명하기 위해 초파리에게 이 로열락틴을 먹여 보기도 했습니다. 아니나 다를까 초파리의 몸통이 마치 여왕벌처럼 길어졌습니다.

벌들의 사회를 보면 여왕벌에게 모든 일벌이 순종합니다. 알과 애벌레를 깨끗이 닦아 주고, 밥도 주고 모든 뒤치다꺼리를 다 합니다. 어떻게 여왕벌 한 마리가 수천 마리의 일벌을 지배할까요? 비밀은 곤충이 서로 의사소통을 할 때 사용하는 화학 물질, 페로몬(pheromone)에 있었습니다. 여왕벌은 큰턱샘(mandibular gland)에서 (2E)-9-옥소데센산((2E)-9-oxodecenoic acid, 9-ODA), 9-히드록시-(E)-2-데센산(9-hydroxy-(E)-2-decenoic acid, 9HDA), 파라옥시벤조산메틸(methyl p-hydroxybenzoate, HOB), 4-히드록시-3-메톡시페닐에탄올(4-hydroxy-3-methoxy phenylethanol, HVA)이라는 화학 물질을 계속 분비하여 다른 일벌이 여왕벌이 될 수 없게끔 생식 능력을 억제합니다. 자신한테만 봉사하게 만드는 거지요. 그런데 개체 수가 늘고 집단이 커지면 여왕벌이 일벌 하나에게 내보낼 수 있는 화학 물질의 농도가 점점 낮아집니다. 그때에는 변방 어디선가 새로운 여왕벌이 탄생해서 새로운 집단을 꾸려 독립하게 됩니다.

벌이나 개미 사회에서는 인간 사회의 직업에 해당하는 역할도 화학 물질로 결정됩니다. 벌통을 청소하는(cleaning cell) 벌, 애벌레를 돌보는 간호사(nurse) 벌, 밖으로 나가 먹이를 채집하는(forager) 벌로 나뉩니다. 왜 어떤 벌은 집에서 일하고 어떤 벌은 나가서 일할까요? 비밀은 채집꾼 벌이 꽃에서 꿀을 따서 모이주머니에 모은 다음 입에서 뱉어 낼 때 섞이는 화학 물질, 올레산에틸(ethyl oleate) 속에 있었습니다. 이 물질은 간호사가 꿀 채집꾼으로 바뀌는 것을 억제합니다. 바깥에 나가는 벌이 많을 때는 그만큼 꿀에 들어가는 올레산에틸 농도가 높으니까 채집꾼 벌이 더는 안 나옵니다. 그런데 꿀을 채집하는 과정에서 천적인 말벌, 거미, 사마귀에게 잡아먹혀 채집꾼의 숫자가 줄면 올레산에틸도 줄면서 간호사 벌이 밖으로 나가 채집꾼 일을 하게 됩니다.

조선 시대 궁녀는 평생 독수공방으로, 심지어는 궁궐을 나와서도 처녀로 살아야 했고 이를 어길 시에는 참수형을 당했습니다. 유사한 현상이 개미에게도 있습니다. 벌처럼 개미 사회에서도 일개미와 여왕개미 간에 유전적으로는 차이가 없으며, 애벌레 시절 섭취한 영양에 의해서 일생이 결정됩니다. 또한 2개의 종 모두가 암컷 혼자서 알을 낳을 수 있습니다. 암컷 혼자 알을 낳았을 때에는 염색체를 절반만 가진 수컷이 태어나고 수컷과 교미를 하고 알을 낳으면 온전한 유전자를 가진 암컷이 태어납니다. 여왕개미 역시 자매인 일개미들의 생식 능력을 페로몬으로 억제하지만, 만약 어떤 일개미가 임신을 했다면 병정개미들이 그 일개미의 다리를 교대로 6시간씩 잡아서 움직이지 못하게 하고 굶겨 죽입니다. 모두 화학 물질을 통해 이루어지는 행동들입니다.

우리는 왜 기부하는가?

이번에는 복잡한 인간 행동에 같은 접근법을 적용해 보겠습니다. 동물에서는 관찰되지 않는 행동이 사람에게는 있습니다. 예를 들어 자신의 재화를 남에게 나누어 주는 자선이나 기부가 그것입니다. 동물 행동학으로 볼 때 기부는 아주 이상한 행동입니다. 자신과 전혀 관련이 없는 타인들에게 자신의 재산을 건네준다는 것은 이득은 없이 손해만 보는 행동 같습니다. 특히 전 재산을 기부하는 경우 자신의 후손에게 명백한 불이익이 돌아가는데도 이런 행동이 왜 인간 사회에서 나타나는 것일까요? 기부 행동의 근접 원인과 궁극 원인은 무엇일까요?

저는 이 주제로 학생들과 종종 토론을 합니다. 먼저 근접 원인을 살펴보겠습니다. 저와 토론했던 학생들 중에는 '돈이 싫어서.' 내지는 '주목을 받기 위해서.'라고 답을 한 친구들도 있었습니다. 기부를 하면 물론 세금 감면 같은 직접적인 혜택이 따라오기도 합니다. 하지만 기부액에 비하면 세금 감면의 효과는 미미하지요. 재정적 측면 외의 효과를 찾아보면 기부를 한 사람은 보람을 느끼면서 기분이 좋아지는 보상을 얻습니다. 긍정적인 보상이 뇌를 자극하면 신체가 더욱 건강해질 수도 있습니다. 기부로 인한 건강 효과가 돈을 들여 건강을 유지하는 것보다 크다면 충분히 가능한 이야기입니다.

궁극적인 원인은 어떨까요? 만일 모두가 자신만을 생각하는 이기적인 사람들로 구성된 사회라면 그 사회는 언젠가는 파멸하고 말 것입니다. 기부라고 하는 일종의 이타적인 행동들을 나타내는 사람들이 존재함으로써 그 사회는 유지될 수 있는 것이지요. 성 선택 이론을 적용해서 설명할 수도 있습니다. 만일 기부를 하는 행동이 사회적 지위 등에서 경쟁자들보다 우월함을 내보이는 신호가 된다면 이성에게 보다 쉽게 호감을 얻고 보다 많은 자손을 낳게 되겠지요. 결국 기부 행동을 유발하는 유전자가 후대로 계속, 더 널리 전파될 것이고 말입니다. 동물 행동학은 아직 순수한 의미의 이타 행동을 아직 찾아내지 못했지만, 많은 학자들이 이타적 본능의 여부를 두고 치열하게 논쟁하고 있습니다.

훌륭한 과학자는 바로 여러분!

3강의 내용을 정리해 보겠습니다. 동물의 행동은 많은 원인들이 모여 발생합니다. 그 원인(原因)은 '어떻게'에 해당하는 근인(近因)일 수도 있고, 그보다 조금 더 근본적인 '왜'에 해당하는 원인(遠因)일 수도 있습니다. 다양한 원인이 서로 인과를 맺으면서 궁극적인 원인을 만들어 냅니다. 이렇게 행동의 원인을 하나하나 차근히 밝혀 나가는 일이 과학의 임무입니다. 일상을 살아가면서 스스로 그런 질문을 던지고 있다면 여러분은 이미 훌륭한 과학을 하고 있는 것입니다. 지금까지 우리는 다양한 동물의 행동 속에서 생존과 번식의 승리자가 되려 노력하고, 배신하고, 동시에 협력하는 뇌의 전략을 알아보았습니다. 한 학기의 수업을 짧은 강의 속에 다 담으려다 보니 충분한 지식을 전달하지 못한 부분이 있을지도 모르겠습니다. KAIST에서 매년 동물 행동학을 강의하며 마지막 시간에 학생들에게 당부하는 말이 있습니다. "여기서 배운 지식을 모두 잊어버리시기 바랍니다." 옳고 그름이 계속 바뀌는 한 순간의 지식보다는 이 지구상의 다종다양한 생물들이 선보이는 온갖 행동과 그 행동들이 품고 있는 경이로움을 더 기억해 주기를 바라는 마음에서 덧붙이는 말입니다. 여러분 또한 이 책을 덮는 순간 제가 지금까지 이야기한 지식들은 모두 잊으시고 주변의 생명체들로부터 자신만의 동물 행동학을 시작하시기를 바랍니다. 감사합니다.

eaker

sly?

A t

How to test this idea?

A jumping

Q & A

Q_ 성범죄나 묻지마 살인이 언론에 보도될 때 동물 행동학을 연구하시는 분들은 어떤 관점에서 사건을 보는지 궁금합니다. 그 생각이 일반 상식과 충돌이 되나요? 또 충돌될 때는 어떻게 처리하시는지요?

A_ 동물 행동을 연구하는 과학자 사이에서도 관점이 다를 수 있습니다. 진화 심리학자라면 범죄나 그에 관련된 공격성이 과거에는 생존과 번식에 중요했다고 설명할 수 있을 것입니다. 그런 사람들이 성 선택에서 유리한 고지를 차지했으리라고 말이지요. 저는 뇌에서 왜 이런 일이 일어나는지를 묻는 데 관심이 있습니다. 그런 신경과학적 원리들이 최근에 밝혀지기 시작했습니다. 흥미로운 것 중의 하나는 이 신경회로를 분석해 보니까 폭력과 협력(또는 우애-사랑)의 회로가 동전의 양면 같은 관계라는 것이었습니다. 그러니까 회로상으로만 보면 미워하면서 동시에 사랑할 수는 없습니다. 사랑에 관련된 회로는 폭력성을 억제하고, 반대로 폭력 회로는 사랑회로를 억제합니다. 이를 통해 학교 폭력을 없애기 위해서는 아이들에게 서로 우호적으로 협력하거나 우정을 쌓을 기회를 주어야 한다는 이야기를 할 수 있을 것 같습니다. 제가 말하는 사랑과 동물 행동학에서 말하는 사랑은 좀 다르긴 하지만, 방향은 같다고 봅니다.

Q_ 묻지마 범죄에서 결국 공격성을 일으키는 원인은 무엇인가요?

A_ 화가 나는 상황에 놓였을 때 공격성이 새로 만들어지는 것인지, 아니면 우리는 공격성을 발휘할 준비가 항상 되어 있는데 다만 평소에는 억제되어 있는 것인지에 대한 논란이 있었습니다. 결론은 우리는 언제든지 공격할 준비가 되어 있다는 것입

니다. 스위치만 누르면 폭발할 준비가 되어 있는 폭탄과 마찬가지입니다. 이마엽이 그 스위치 역할을 하고 있지 않을까 의심하고 있습니다. 잠을 잘 때에는 이마엽의 기능이 약화됩니다. 그래서 꿈속에서는 현실에서 차마 하지 못할 일들을 미워하는 사람들에게 태연하게 행하고는 합니다. 결국 공격성이라는 것은 누구나가 가지고 있는 감정입니다. 다만 그것이 얼마나 효과적으로 억제되고 있느냐 하는 문제입니다. 지금으로서는 묻지마 범죄든 아니든 우리 모두에게는 내재적인 공격성이 있고 무엇인가가 이마엽의 스위치를 켜면 공격성이 표출되는 게 아닐까 생각하고 있습니다.

Q_ 제가 공부할 때에는 사람의 성격이나 취향은 유전의 영향이 반이고 환경의 영향이 반이라고 배웠습니다. 개인적으로는 동물이 본능과 유전의 영향을 더 많이 받고 사람은 환경의 영향을 더 많이 받지 않을까 생각했는데, 동물 행동에서 환경과 학습에 영향을 받는 비율을 따지면 얼마나 될까요?

A_ 옛날에는 환경과 유전 중 어느 것의 비중이 더 높은가에 관한 논쟁들이 있었지만 요즘은 둘을 분리해서 설명하지 않고 있습니다. '유전적'이라고 하면 오래전에 이미 결정되어 변하지 않는 그 무엇을 말하는 것 같지만, 애당초 '유전'은 환경에 잘 적응하고 반응하며 변화하도록 만들어진 것입니다. 그렇게 말하면 유전이 전부인 셈이죠. 환경의 정의가 무엇이냐에 따라서도 이야기가 달라집니다. 세포 안에도 환경이 있습니다. 세포 안에 핵이 있고 핵 안에 유전자가 실처럼 길게 존재하는 염색질(chromatin)이 있는데 세포 안의 환경 변화에 따라 염색질의 구조가 바뀌고 유전자 발현이 변합니다. 염색질에는 히스톤(histone)이라는 단백질이 있어서 환경에 따라 히스톤의 구조가 바뀌기 때문입니다. 최근에는 환경이 어떻게 유전자의 구조를 변화시키고 결국 유전자의 발현을 변화시키느냐를 연구하는 후성 유전학이

라는 새로운 학문이 인기를 끌고 있습니다.

Q_ 제가 24개월 된 딸을 하나 키우고 있는데, 다른 일을 하려다 보니 어쩔 수 없이 스마트폰을 켜서 「뽀로로」를 보여 줄 때가 많습니다. 3살 버릇이 여든까지 간다는 말도 있는데 과연 이렇게 어릴 때부터 스마트폰으로 동영상을 보여 주는 것이 괜찮은지요?

A_ 나중에 따님이 자라서 뽀로로를 닮은 남자를 만날 가능성이 높습니다. 농담이고요. 걱정하지 않으셔도 될 것이 발달 항상성(developmental homeostasis)이라는 개념이 있습니다. 발달 과정에서 프로그램대로 발달하도록 유지하는 능력입니다. 몇 십 년 전까지만 해도 어린이들이 영양 공급도 제대로 못 받고 어렵게 자랐습니다. 부모에게서 제대로 양육을 못 받고 자란 사람과 양육을 잘 받은 사람을 대상으로 나중에 정신병 유병 확률 등을 조사해 보았습니다. 그랬더니 전쟁이 났던 시기나 평화로웠던 시기나 별로 차이가 없었습니다. 그만큼 아이들은 나름의 저항성을 가집니다. 건강하게 자랄 수 있는 프로그램을 갖고 있는 것입니다. 실험을 해 보면 부모가 줘야 하는 자극이라는 것이 그렇게 대단하지 않습니다. 하다못해 원숭이 같은 경우에는 엄마를 대신할 천으로 된 인형만 안겨 줘도 상당히 정상적으로 자랍니다. 그리고 친구와 노는 것과 같은 몇 가지 자극만으로도 정상적으로 자란다는 사실을 보였습니다. 그래서 일단은 크게 걱정하지 않으셔도 된다는 이야기를 드리고 싶습니다.

또 하나, 해가 될 것 같은 환경에 대해서는 그리 걱정하지 않으셔도 되지만 좋은 자극은 되도록 많이 주는 편이 좋다고 생각합니다. 가장 좋은 자극은 사회적인 상호 작용입니다. 스마트폰이나 컴퓨터 게임 등으로 완전히 대체할 수 없는 것이 사회적인 상호 작용이기 때문입니다. 스마트폰에만 아이를 맡기지 않고 잠깐 동안만이라도 아이와 친밀하게 상호 작용을 하는 시간을 갖는다면 충분히 문제없이 성장할 수 있으리라 생각됩니다.

Q_ 들쥐를 가정적으로 만드는 유전자를 언급하시며 유전자를 뇌에 발현시킨다고 이야기하셨는데, 유전 공학으로 그것이 어떻게 가능한가요?

A_ 현재 생명 공학 기술이 많이 발전되어 유전자를 뇌나 간 등 우리 몸의 원하는 부위에 넣을 수가 있습니다. 먼저 바이러스에서 해로운 부분을 다 빼고 우리가 원하는 유전자를 집어넣습니다. 그 바이러스를 뇌의 특정 부분에 넣으면 바이러스가 세포를 감염시키고 유전자를 전달합니다. 결과적으로는 세포가 유전자를 발현하게 되는 것이지요. 바이러스의 유해한 유전자는 이미 제거했기 때문에 집어넣은 유전자의 발현 효과만 볼 수가 있습니다.

Q_ 새가 사람의 목소리를 흉내 내는 것이 언어로 발달할 수 있을까요?

A_ 소리 자체를 흉내 내는 것과 언어가 유사점이 있기는 합니다. 갓난아기도 엄마의 목소리를 따라 하다 언어를 배우니까요. 하지만 흉내를 내는 것만으로는 언어를 완성하기 어렵습니다. 언어에는 소리와 의미가 있는데, 뇌에서 문법(syntax)으로 둘이 연결되어야 합니다. 이는 언어 신경 생물학의 중요한 주제 중 하나로, 이것을 처리하는 부분이 일부 새와 유인원, 그리고 사람의 뇌에 매우 발달해 있습니다. 앵무새는 사람의 언어를 잘 따라 하지만 실제로 그 소리를 의미와 연결할 수 있을지에 대해서는 아직 연구가 부족합니다. 동일한 과정일 것이라고 추정은 하고 있습니다. 다만 그것을 입증하는 건 또 다른 문제라는 거지요.

Q_ 약속이나 한 듯이 같은 시기에 나와서 번식을 하는 하루살이나 다른 곤충을 보면 동물이 계절이나 시간을 인식하는 것 같다는 생각이 듭니다. 이것은 어떻게 가능한가요? 평상시에도 시간을 인식하는 것인가요?

A_ 첫 번째로 생체 시계(bio-clock)라는 개념이 있습니다. 세포 속에 단백질로 이루어진 시계가 있어 하루 주기 혹은 1년 주기를 판단하여 세포 대사의 변화 주기를 조절한다는 것입니다. 또는 시간 자체를 인식하지는 않더라도 발달이나 환경에 의해서 생기는 몸의 생리학적인 변화(예를 들어 봄에는 온도가 올라가니까 세포가 활성화되기 시작합니다.)를 활용하기도 합니다. 세 번째로 달이나 해의 위치를 보고 시간을 인식하기도 합니다. 벌은 해의 위치를 파악한 후 집을 나섭니다. 그리고 일을 하는 동안 변한 해의 위치를 거꾸로 계산해서 다시 집을 찾아오지요. 네 번째로는 고등 인지 기능으로 우리 뇌가 스스로 느끼는 시간 인식에 관한 것입니다. 이 부분에 대해서는 아직 연구가 미진하지만 상당히 중요한 개념입니다. 예를 들면 엘리베이터에 거울을 설치하는 데에는 이유가 있습니다. 거울을 보다 보면 시간이 빨리 간다는 행동 연구 결과를 바탕으로 한 것이지요. 아무래도 거울이 있으면 엘리베이터가 느리다고 불평하는 일이 줄어들 것이라 기대한 것이겠지요.

Q_ 패턴 완성이 생존에 유리하지만 간혹 부작용을 나타낸다고 하셨는데 과학으로 그런 부작용을 없앨 방법이 있을까요?

A_ 뇌에는 망각(extinction)이라는 메커니즘이 있습니다. 나에게 못되게 구는 사람은 아무래도 밉겠지요. 내 뇌는 패턴 완성을 통해 미움과 그 사람의 모든 것을 연결해 놓습니다. 그러고 나면 그 기억을 완전히 지우기란 불가능합니다. 그렇다면 망각은 무엇일까요? 망각은 잊는 것이 아닙니다. 그 사람이 더는 나한테 해롭지 않다

는 새로운 기억을 심는 것입니다. '이 사람은 더 이상 나한테 해를 주지 않아.'라는 새로운 기억을 만드는 거예요. 최근에는 그런 메커니즘을 신경 과학적으로 살펴보는 연구가 활발하게 이루어지고 있습니다. 특정한 공포증에 걸린 환자에게 심리 치료를 통해 오히려 그 기억을 더 떠올리게 합니다. 떠올리게 하면서 그게 더는 위험한 기억이 아니라는 새로운 패턴을 완성해 주는 거지요. 새로운 패턴을 완성함으로써 그 기억들을 지울 수가 있습니다.

Q_ 스트레스를 뇌가 스스로 만들어 내는 것이라고 말씀하셨는데, 이런 스트레스를 이겨 낼 방법이 있을까요?

A_ 결국 패턴 완성이 문제입니다. 예를 들어 제가 어떤 사람한테 상처를 받았다면 패턴 완성이 되어서 이제 그 사람을 보기만 해도 스트레스가 생기는 것이거든요. 망각 메커니즘을 이용해서 그 사람에 대한 좋은 기억을 덧씌우는 것이 해법입니다. 두 번째, 똑같은 스트레스를 받아도 대부분의 사람들은 스트레스를 안 받은 것처럼 생활합니다. 모두 정신병에 걸린 것이 아닙니다. 스트레스 저항성(stress resilience)이 잘 작동하고 있는 것이지요. 예전에는 스트레스를 받는 과정을 많이 연구했는데 요즘은 스트레스 저항성 연구를 더 활발히 하고 있습니다. 뇌의 이마엽이 주로 이런 기능을 합니다.

앞서 패턴 완성과 패턴 분리의 딜레마에 관해 말씀드렸는데 패턴 분리를 활발하게 하는 사람은 우울증에 잘 빠지지 않는다는 가설이 있습니다. 예를 들면 직장에 스트레스를 주는 사람이 있다고 해서 저는 출근하기를 싫어하지는 않습니다. '직장이 스트레스를 주는 게 아니라 그 사람의 행동이 나한테 스트레스를 주는 거지.' '그 사람이 나쁜 사람이 아니고, 내 직장이 나쁜 게 아니고, 내 환경이 나쁜 게 아니지.' 이런 식으로 생각하는 것입니다. 그래서 저항성을 키우는 방법 중에 하나가 바로 패턴 분리 능력을 키우는 것입니다.

Q_ 시험을 치르다가 마지막 몇 분 동안 초인적인 집중력을 발휘하곤 하는데, 그게 패턴 완성의 극대화인가요?

A_ 패턴 완성과 집중력의 관계를 질문하신 것 같습니다. 시험 끝나기 1분 전에 갑자기 답이 생각나는 경우가 있지요. 아르키메데스(Archimedes)의 '유레카' 현상입니다. 신경 세포 수준에서 학습은 세포와 세포의 연결이 강화되는 것으로 볼 수 있는데, 우리가 이러한 연결을 모두 인지하지 못한다 하더라도 뇌 속에는 존재합니다. 집중력이라 함은 이렇게 특정 문제 해결을 위해서 신경들의 연결을 활발하게 사용하는 상태가 아닌가 생각됩니다. 보통 때에는 깨닫지 못했던 연결들이 집중과 함께 모든 가능성들이 재구성되어 답이 떠오르는 것으로 이해하면 되겠습니다.

Q_ 『이기적 유전자』를 보면 동물적인 행동이 인간의 일상생활에 많은 영향을 미친다고 나오는데 사실인가요?

A_ 맞습니다. 우리도 동물이기에 동물들과 유사한 행동이 있습니다. 특히 생존과 번식에 관한 원리는 인간과 동물에 공통적으로 적용 가능한 부분이 많습니다. 한 가지 제가 강조 드리고 싶은 것은, 현상을 연구하는 과학을 통해 특정한 가치를 이끌어 내는 자연주의적 오류를 범해서는 안 된다는 것입니다. 앞선 강의에서 이야기한 우생학이 대표적인 사례입니다. 우생학자들은 '야생의 경쟁으로 우수한 유전자를 선별하는 동물과 달리, 인간은 이성으로 우수한 유전자를 판별해 보존할 수 있으니 열성 유전자를 가진 자는 생식을 포기하는 것이 맞다.'라고 주장했습니다. 암컷과 수컷의 유전자가 같은 정도로 자손에게 전달되는 등의 생물학적 현상으로부

터 남녀평등의 원리나 호주제 폐지 같은 사회적 가치문제를 거론하는 것도 같은 예가 됩니다. 남자와 여자를 차별해서는 안 된다는 것은 그 어떤 과학적 사실과도 상관없이 당연하고 지켜져야 하는 일입니다. 하지만 거꾸로 가치문제가 과학적 사실로 연결되어서도 안 됩니다. 남녀가 평등해야 한다는 가치문제로부터 '남자와 여자는 생물학적으로 전혀 차이가 없다.'가 도출되어서는 안 되는 것이지요. 동물 행동학과 관련한 대중 과학서나 신문 기사들을 볼 때 글에서 이야기하는 과학적 관찰 결과, 과학적 사실들과 사회적 가치를 분리해서 생각하는 태도를 반드시 지녀야만 합니다.

정용, 정재승, 김대수, 진중권

뇌 과학은 신인류의 꿈을 꾸는가?

진중권_ 반갑습니다. 저는 전체 정담의 사회를 맡은 동양대학교 교양학부의 진중권입니다. 9번의 강의로 진행된 KAIST 명강 2가 마침내 대단원을 맞았습니다. 이번 정담에서는 지금까지의 강연을 종합하고 요약하여 서로 다른 방향에서 뇌를 탐구하고 계신 세 교수님을 하나로 묶을 공통의 키워드를 발견하고자 합니다. 먼저 강연의 소회와 함께 각 교수님께서는 뇌를 어떻게 보시는지를 들어 보고 싶습니다.

정용_ 대중 앞에서 강연할 기회가 그다지 많지 않은데, 뇌라는 폭넓고 깊이 있는 주제를 호흡을 조절하며 풀어내는 일이 큰 도전이었습니다. 제 강의를 끝까지 함께해 주신 여러분의 열정에 감사를 드립니다. 강연을 준비하면서 연구자로서도 마음을 다잡는 기회가 되었던 것 같아 저로서도 무척 값진 시간이었습니다.

뇌를 보는 제 생각을 말씀드리기 전에 저는 우리들 사이에 통념처럼 널리 퍼져 있는 '뇌는 신비한 미지의 세계다.'라는 얘기부터 먼저 짚고 넘어가려 합니다. 저는 이런 통념이 오히려 뇌에 대한 인식에 불필요한 담을 쌓고 있다고 생각합니다. 신문이나 텔레비전 뉴스 같은 언론 매체에서 이와 같은 표현을 쓸 때가 많은데, 사실 뇌는 만질 수도, 자를 수도 있는 굉장히 물리적인 존재입니다. 강연을 하면서 뇌 자체보다 자신, 자아에 대한 관심이 우선하는 분들을 종종 뵈었습니다. '나는 왜, 어떻게, 이런 생각을 하게 되었을까?' '저 사람은 왜 저럴까?' 이런 생각에서 뇌에 대한 관심이 출발한 것으로 보였습니다. 그런 궁금증을 풀기 위해서는 무엇보다 먼저 뇌를 객관화할 수 있는 대상으로 보는 시각이 필요하다는 말씀을 드리고 싶습니다.

정재승_ 제 한마디 한마디에 집중해 주시는 여러분 덕분에 저도 강연을 하면서 굉장히 즐거웠습니다. 원래는 뇌 자체에 관한 이야기를 많이 들려드리려다가 그 부분은 정용 교수님께 양보하고 의사 결정과 관련된 인간의 행동과 기저 심리에 초점을 맞추어 강연을 진행했습니다.

복잡계를 연구하는 저에게 인간의 뇌는 사소한 입력 하나에도 복잡한 상호 작용을 거쳐 일정하지 않은 출력이 나오는(다시 말해 같은 자극이라도 다르게, 비선형적으로 반응하는) 정보 처리 기관입니다. 그래서 저는 '인간은 자신의 이익을 위해 의사 결정을 하는 경제적 동물이다.'나 '감정은 인간을 동물과 같게 만드는 열등한 능력이다.' 같은 단순한 명제에서 멈추지 않고 그 모두에 의미가 있다고 봅니다. 저에게 뇌는 컴퓨터이되, 살짝 망가진 컴퓨터와도 같습니다. 수많은 구성 요소들의 작동 원리를 모르기에 예측은 힘들지만, 그들의 상호 작용에 초점을 맞추면서 연구하려고 합니다. 뇌가 컴퓨터라는 사실을 우리가 의심하지 않는다면 뇌가 만드는 결과를 더 자세하게 파헤쳐 볼 수 있으리라고 생각합니다.

김대수_ 먼저 대중 강연에 익숙하지 않은 저의 강의를 잘 들어 주셔서 감사합니다. 제 강의 주제는 동물의 뇌와 행동이었습니다. 생존 욕구의 근원인 뇌는 생존에 성공하기 위해 '행동'을 만들어 낸다는 사실을 제 강의에서 배우셨다면 좋겠습니다.

저는 뇌가 착각을 만드는 곳이라고 생각합니다. 세상에 태어난 이상 우리는 모두 결국 죽는데, 결혼과 출산을 꼭 해야 할 이유도, 일이든 학업이든 뭔가를 열심히 해야 할 이유도 원래는 없습니다. 그 이유를 가장 가까운 곳에서 찾아보면 결국 뇌가 만들어 내는 프로그램으로 귀결됩니다. 매일 다른 사람과 지지고 볶고, 슬퍼하기도 좌절하기도 하는 이런 삶에 의미를 부여해서 하루하루 열심히 살아가게 하는 기관이 뇌인 것입니다. 물론 뇌가 만들어 내는 삶의 의미가 착각이 아닐 수도 있습니다. 다만 그 여부도 뇌를 통해 판단해야 한다는 것이 문제입니다.

진중권_ 이제 세 분께 돌아가며 질문을 드리겠습니다. 먼저 김대수 교수님 차례입니다. 교수님 강의에서 르네 데카르트가 '영혼은 인간 고유의 것이고 동물에게는 없다.'라는 생각을 동물 기계론이라는 이름으로 처음 주장했다고 말씀하셨지요. 데카르트의 말을 듣고 지나가는 말한테 울면서 용서를 구한 후세 사람이 있었죠. 바로 프리드리히 니체(Friedrich Nietzsche)입니다. 인간 중심주의에 빠질 수밖에 없는 인간은 유물론적 관점에서는 분명히 동물과 인간이 다르지 않음에도 불구하고 애써 자신과 바깥 세계를 구분하려 합니다. 이런 생각의 반대편에는 생쥐 같은 동물에서 얻어 낸 결과로 인간 사회의 복잡한 현상을 설명할 수 있다고 믿고 설명하려는 과학의 환원주의가 있습니다. 이들의 시도는 과연 어느 정도까지 가능할까요? 여기에는 패러다임의 차이가 분명히 있을 것 같거든요. 이 두 가지 생각들의 차이점은 무엇이고, 각각의 한계는 무엇인지 말씀을 부탁 드립니다.

김대수_ 강의를 하며 가장 강조한 내용이 절대로 제가 이야기한 과학적 사실들을 확대 해석하지 마시라는 것이었습니다. 생존과 번식에 초점을 맞춘 내용을 듣고서 '맞아, 내 인생의 목표는 번식이야.' 이렇게 생각하실 분은 물론 없겠지만 사실들에서 가치문제, 당위를 끌어내서는 안 될 일입니다. 그래서 저는 예로 드셨던 두 관점 모두가 좀 안타깝습니다. 최근 진화 심리학을 비롯해서 과학의 외연을 확대하려는 시도들이 의도와 다르게 굉장히 많은 해석을 낳았습니다. 과학이 밝히고 있는 것에 대해서만 말하고 모르는 건 모른다고 말하는 것이 올바른 과학이 취해야 할 자세지요.

그다음으로 우리가 생각하는 방식과 과학적 논리 자체에 한계가 존재함을 전제해야 할 것 같습니다. 인류 역사에 있었던 수많은 실수와 착각, 그리고 번복의 경험을 비추어 생각해 보면 이 사실은 더욱 명확해집니다. 이러한 시행착오를 거치면서도 결국에는 과학 지식이 축적되어 인간 사회의 복잡한 현상을 설명하고 나아가 인간에 대한 성찰까지 도달할 수 있느냐 하는 것이 과학 철학의 핵심 질문 중 하나입니다. 아마도 이 분야는 진중권 교수님이 오히려 전문가시니 제가 여쭤 봐야 할 것 같습니다.

진중권_ 성경을 보면 대홍수가 끝난 다음에 하나님이 노아에게 "자식을 낳고 번성하라."라고 말하지요. 인간의 뇌 속에 하나님이 생존을 프로그래밍해 둔 것이 아닌가라는 생각이 듭니다. 저도 옛날에는 사람과 동물은 다르다고 생각했는데, 아이가 태어나고 아이와 놀아 주다 보니 그 모습이 「동물의 왕국」에서 동물들이 새끼와 노는 모습과 크게 다르지 않더라고요.

그다음으로 정재승 교수님께 질문을 드리겠습니다. 교수님께서 뇌를 컴퓨터에 비교하셨는데, 재미있게도 망가진 컴퓨터에 비교하셨습니다. 뇌가 생각하는 과정을 컴퓨터로 시뮬레이션하려는 노력이 예전에 있었는데 요즘은 뇌를 직접 연구하는 방향으로 선회한 것 같습니다. 어떤가요? 제 생각에 컴퓨터는 작업을 순서도에 따라 선형적으로 처리하는 것 같아요. 반면에 뇌는 신경 세포의 시냅스로 이루어져 있는데 여기서 과거의 것과는 다른 새로운 컴퓨터 과학의 원리가 나오지 않을까요? 뇌 과학과 컴퓨터 과학의 관계라든지 두 학문의 현황에 대해 알고 싶습니다.

정재승_ "사람의 뇌를 우리가 얼마나 잘 모사할 수 있을까?"는 컴퓨터 과학자나 인지 과학자들의 오랜 꿈이었습니다. 여기에 얽힌 역사를 잠깐 보자면, 먼저 감정은 열등한 것이고 합리적 이성이 인간다운 능력이라고 간주했던 오랜 믿음이 있습니다. 좀 단순화해서 표현하면, 이른바 좌뇌 기능이 인간을 인간답게 하고 우뇌에는 중요한 기능이 별로 없으리라는 믿음이었습니다. 100년 전까지만 해도 '심장이 왼쪽에 있듯이, 뇌도 좌뇌가 중요하다.'라고 암암리에 믿었거든요. 예를 들면, 19세기 후반에 생리학자였던 폴 브로카, 카를 베르니케 두 사람이 좌뇌 관자엽이 언어라는 특정한 기능 하나를 담당한다는 사실을 처음으로 발견했습니다. 언어 영역이 하필 좌뇌의 앞부분에 있어서 "인간을 인간답게 하는 능력인 언어를 좌뇌에서 담당하니 좌뇌가 역시 중요하다."라고 생각했습니다. 뇌를 제대로 연구하기 시작한 이후에도 인간을 결정하는 것은 좌뇌라는 생각이 강했고, 그 영향을 아직 받고 있습니다. 미국의 SAT와 IQ 검사를 포함해 많은 검사가 사실 좌뇌 기능을 시험하는 것입니다.

사람이 사회에서 얼마나 인정받고 받아들여지는지가 좌뇌 기능으로 결정되었던 분위기는 시카고 대학교의 로저 스페리(Roger Sperry) 교수가 좌우 뇌가 분리된 뇌전증 환자를 대상으로 한 실험에서 우뇌에 좌뇌만큼의 의미가 있음을 밝히고 나서야 바뀌기 시작했습니다. 우뇌와 좌뇌는 서로 다른 기능을 할 뿐, 우열을 판단할 수는 없다는 생각을 하게 됐지요. 지금은 예술적 직관과 상상력을 관장하는 우뇌를 활용하는 인간이 되자는 이야기가 세간에 유행할 정도이지만, 당시 과학계에 이 사실은 엄청난 충격이었습니다.

그런데 이 와중에 수학적인, 언어적인 능력인 좌뇌 기능을 잘하면 컴퓨터에 똑같이 넣을 수 있겠다, 알고리듬화할 수 있겠다는 발상을 몇몇 학자들이 합니다. 그래서 지금은 신경 과학자와 컴퓨터 과학자들이 모여 좌뇌의 많은 기능을 컴퓨터 알고리듬화하는 연구를 하고 있지요. 여기에 기여한 사건이 IBM의 슈퍼컴퓨터 딥 블루(Deep Blue)가 체스의 그랜드 마스터 게리 카스파로프(Garry Kasparov)와 체스를 두어 대등한 경기를 펼친 것이지요. IBM은 딥 블루 프로젝트를 해체했지만, '이렇게 가다가는 인간이 결국 패배하는 미래가 올 것'임을 모두가 직감하게 된 사건이었습니다. 신경 과학계에서는 이 사건을 일종의 '좌뇌의 종말'로 받아들였습니다. 뇌가 아무리 발달해도 컴퓨터를 이길 수는 없다는 생각을 하게 된 거지요.

지금은 기억이든, 학습이든, 주의 집중이든 알고리듬화할 수 있는 인간의 능력은 컴퓨터로 대체 가능하며 또 언젠가는 대체되리라고 믿고 있는데, 문제는 우뇌 기능입니다. 물론 인간은 하나의 과제를 수행하는 동안에도 좌뇌와 우뇌를 모두 한껏 사용하며, 저 역시도 사람을 좌뇌형 인간, 우뇌형 인간이라고 단순화하는 데에는 동의하지 않습니다. 하지만 좀 단순화해서 표현하자면, 우뇌에는 부분보다는 전체를 파악하고, 텍스트(text)가 아니라 콘텍스트(context)를 읽는 능력이 있습니다. 상상과 직감 등을 담당하고 있지요. 이를 컴퓨터로 어떻게 코딩할지 아이디어조차 아직 없는 그런 상황입니다. 체스를 두는 시스템, 퀴즈 프로에 대답하는 시스템을 넘어 인간을 닮은 뇌를 만들려는 인공 지능 연구자들에게 이제 가장 핵심은 '우뇌'로 상징되는 기능을 어떻게 컴퓨터에 집어넣을 것인가라고 보시면 되겠습니다.

진중권_ 감정의 기능은 사실 옛날에는 심장에 있다고 생각했는데 우뇌로 올라왔습니다. 비슷한 싸움이 철학에도 있습니다. 우뇌와 좌뇌의 싸움인데 이성-합리주의, 즉 데카르트적 합리주의와 낭만주의의 싸움이지요. 역시 이런 싸움은 어디에나 있나 봅니다.

이제 정용 교수님께 질문을 드리겠습니다. 병이나 사고로 뇌의 기능을 잃는 경우가 있는데 뇌의 복원력이 뛰어나서 나중에 회복이 된다고 하더라고요. 사고로 좌뇌의 기능을 잃었던 한 미국 여성이 그 경험이 황홀하고 행복하며, 그야말로 '우주 만물이 나와 합일하는 느낌'이었다고 쓴 것을 보았습니다. 조금 이해하기 힘들었는데요. 뇌의 기능과 부위가 어떻게 연결되고, 어딘가 고장 났을 때는 어떻게 우회하여 기능을 회복하는지 설명을 부탁합니다.

정용_ 대한민국 사망 원인 2위를 차지할 정도로 뇌혈관 질환이 많아지면서 뇌졸중은 신경 과학자에게 중요한 자료를 제공하는 모형이 되었습니다. 많은 뇌졸중이 반신 마비나 언어 장애를 수반하는데 대부분 회복이 잘 됩니다. 회복에 짧게는 반년에서 길게는 1~2년이 걸리며 훈련을 많이 받을수록 예후가 좋습니다. 강의에서 오른손 마비에 가장 좋은 치료법이 왼손을 묶어 놓는 것이라고 말씀드렸는데, 바로 뇌의 가소성을 이용하기 위해서입니다. 생물학적으로 가소성은 손상된 뇌 부위에서 살아남은 세포들이 일을 좀 폭넓게 맡는다든지 또는 주변 세포들이 일을 더 한다는 식으로 설명됩니다. 좌반구가 언어 기능을 주로 관장하는 것은 맞지만, 어떻게 보면 우반구에도 언어 기능을 맡을 세포들이 있다고 할 수 있지요. 좌반구가 손상되면 우반구의 숨어 있던 언어 기능이 활성화되어 회복이 어느 정도 가능하기도 합니다. 다른 장기와 비교하면 회복이 굉장히 제한적이지만, 그래도 회복 기능은 있는 것 같습니다.

다만 진중권 교수님께서 말씀하신 황홀한 경험을 신경학적으로 어떻게 설명할지 저로서는 답을 못 드릴 것 같아요. 김대수 교수님이 말씀하신 견지에서 생각하면 역시 뇌가 만드는 일종의 착각이 아닐까 합니다. 한 가지 예로 유체 이탈 체험(out-of-body experience)이 있습니다. 몸이 하늘에 붕 떠서 자기 자신을 내려다보는 영적인 경험으로 뇌전증 환자의 수술 중 뇌의 특정 부위를 자극해도 같은 경험을 하는 것이 보고되었습니다. 우리는 경험한 것과 본 것을 의심하지 않지만, 사실 해당 영역을 관장하는 뇌 부위가 어떤 식으로든 활성화되어 느낀 것과 실제 경험을 구분하기란 불가능합니다. 꿈도 비슷한 맥락이라 할 수 있는데 이성적으로 이해가 되어야 현실이라고 받아들인다고 생각할 수 있습니다. 영화 「매트릭스」가 이 부분을 잘 표현했지요.

진중권_ 이렇게 보면 데카르트가 굉장히 과학적인 것 같아요. "내가 보는 것이 다 착각이며 실제로는 사악한 악마의 환상일지도 모른다. 확실한 것은 '나는 생각한다. 고로 존재한다.'뿐이다."라는 이야기를 벌써 몇 백 년 전에 했거든요. 한 바퀴 돌아서 김대수 교수님께 다시 질문 드리겠습니다. 최근 '이기적 유전자'라는 말을 많이 듣습니다. 그래서 유전자가 이기적인 줄로만 알았는데 또 어떤 사람은 이타적 유전자를 말합니다. 도대체 우리는 어느 장단에 맞춰 춤을 춰야 하나요?

김대수_ 이기적, 이타적이란 무엇을 말하는가? 이 물음은 동물 행동학에서 가장 중요하고 미스터리로 남아 있는 부분입니다. 동물 행동 중에는 이타적인 것이 분명히 존재합니다. 과학자가 그것을 가만히 못 놔두지요.

이타 행동을 다 분류했습니다. 자연계의 이타 행동 중에서 정말 순수하고 조건 없는 행동이 있을까요? 예를 들어 원숭이들이 모여 앉아 서로 털을 골라 주는 것은 이타 행동입니다. 털을 골라 주면서 기생충을 잡아먹는 보상을 받기도 하지요. 그런데 자기가 털을 골라 준 상대방이 가만히 있다면, 그다음부터 자신도 더는 안 해 줍니다. 즉 보상을 바라고 하는 행동인 겁니다. 그런 행동은 엄격한 의미에서 이타 행동이라고 하지 않고 '상호 협력'이라고 이야기합니다.

다른 예로 미어캣이라는 포유류가 있습니다. 미어캣은 두 발로 서서 주변을 감시하다 천적인 매가 날아오면 주변에 경고하는 울음소리를 냅니다. 사람들이 이것이야말로 이타 행동이라고 생각했어요. 이타적 행동으로 생존하는 법칙이 미어캣에 있을 것이라며 연구했는데 엄격히 말해서 이타 행동이 아니었습니다. 도망갈 구멍 옆에서, 그것도 자기 배부를 때만 천적을 감시합니다. 그러니까 자기를 위한 거예요. 매가 나타나면 소리를 지르고 구멍에 제일 먼저 들어가요. 동료는 다만 그 행동을 보고 천적의 출현을 알 뿐이죠. 이타 행동이라면 혼자 있을 때는 소리 지를 필요가 없잖아요. 그런데 혼자 있어도 경고음을 냅니다. 이것은 결국 습관입니다. 매에 경각심을 갖는 이 습관은 미어캣의 생존 확률을 높였다는 사실 자체로 존재 가치가 있지만, 이타 행동과는 거리가 멉니다. 완벽한 이타 행동이 되려면 개미나 벌과 같이 자신의 생식까지 포기해야 하는데, 이것도 유전자 수준에서 보면 결국 혈연관계인 동료를 통해 유전자 전달을 촉진하기에 이타적이지 않습니다. 결국 생물학적으로 볼 때 진정한 이타 행동은 없었습니다. 매우 삭막한 결론이지요.

진중권_ 개체 수가 늘어나면 알아서 집단 자살 여행을 떠난다는 나그네쥐

science philia
KAIST
KAIST 생명과학과)
정재승(KAIST 바이오

1.4kg의
2
우주 속으로
이오및뇌공학과
기획
KAIST PRESS

(*Lemmus lemmus*)는 어떤가요?

김대수_ 나그네쥐 사례를 설명하는 이론이 두 가지 있었습니다. 하나는 개체 수의 증가로 먹이가 줄어드는 등 환경이 열악해지면 쥐들은 '자살'을 택하며, 이게 결국 집단에 도움이 된다는 이론입니다. 이 사례에서 순수한 이타 행동의 가능성을 본 것이죠. 또 하나의 가설은 자살보다 '여행'에 중점을 두어 이들은 무리를 떠나 흩어지는 것이며, 이것이 자손 번식에 무언가 중요할 것이라는 이론입니다. 분명 이 행동에는 선두를 무작정 따라가다 절벽이 나타나면 아래로 추락하는 단점이 있습니다. 그러나 흩어지는 과정에서 근친교배가 억제되고 더 건강한 수컷이나 암컷을 만날 기회가 높아진다면 장점이 아닐까요? 장점이 단점보다 우세하면 결국 그런 행동이 살아남겠죠. 남을 위해 자살한다는 집단 선택 이론에 대한 결정적인 반박은 죽으려는 성향이 어떻게 유전자로 후세에 전달되느냐는 문제입니다. 그러나 이에 대한 재반박도 가능합니다. 최근 미국의 진화 생물학자 데이비드 윌슨(David Wilson) 등이 제안한 신 집단 선택 이론에서는 집단과 집단 간의 경쟁이 있을 시 이러한 자살 행동 자체가 동료의 적응 능력을 강화할 수 있으므로 동료를 통해서 유전자 전달이 가능하다는 설명을 합니다. 결국 집단 선택 이론과 개인 선택 이론의 경계선이 모호해진 셈인데요. 많은 동물 행동 이론이 그렇듯이 "아직은 잘 모른다."가 정답입니다.

진중권_ 정용 교수님께는 환자와 관련된 방향으로 질문을 이어 나가려 합니다. 사실 뇌졸중 환자 같은 분은 인간으로 생체 실험을 할 수 없는 뇌과학자에게 스스로 망가져서 오는 귀중한 자료이지 않습니까? 그런데

'약물을 투여해서 뇌의 어느 부위가 활성화되는지를 보는' 연구를 어디선가 한다고 들었습니다. 흔히 말하는 향정신성 의약품이지요. 그런 연구에는 혹시 관심이 없으신가요?

정용_ 예전에는 가능했을 것 같아요. 그런데 윤리 위원회가 생긴 이후로는 굉장히 제약이 엄격해져서 그런 실험을 할 수 없습니다. 제약을 피해 개발 도상국 같은 곳에서 하는 실험이 윤리적인 이슈가 되기는 합니다. 최근 전기 자극으로 특정 부위를 자극하거나 억제하는 일이 가능해지면서 약물은 실험보다는 행동을 조절하는 용도로 주로 쓰이고 있습니다. 중국에서 마약 중독 치료를 위해 환자의 이마엽 백색질을 망가뜨리는 시술을 많이 한다는 얘기를 들었습니다. 과학계에서 굉장히 비평하고 있고요. 그런데 새로운 발견은 실수로부터 나올 때가 있습니다. 강의에서 제가 전극을 삽입해 파킨슨병을 치료하는 방법을 설명했는데, 이 치료는 수술하는 의사가 잘못해서 전극을 조금 더 깊이, 혹은 옆에 찔렀더니 환자가 가지고 있던 강박 증상이 호전되거나, 식욕이 없어지면서 다이어트 효과가 나타나 발견이 된 경우입니다. 처음부터 다이어트를 위해 전극을 삽입한 적은 없었을 텐데 실수를 통해서 배움을 얻게 된 것이지요. 어떻게 보면 그것을 공개할 수 있는 분위기가 더 중요한 것입니다.

김대수_ 심부 뇌 자극을 받은 환자들 중에는 늦깎이로 시인이나 화가가 된 분들도 있습니다. 시상핵을 자극했더니 이 사람이 갑자기 시를 쓰게 된 거예요.

정재승_ 시상핵의 시상이 그 뜻이 아닌데 말이죠.(웃음)

김대수_ 지금 하신 말씀도 음성 자극으로 촉발되는 일종의 언어 유희 아닙니까? 시상(視床)을 자극하면 시상(詩想)이 떠오르고, 전두엽을 자극하면 '전도연'이 생각나고, 소뇌를 자극하면 '손해'를 보겠군요. 그런데 말씀하신 것처럼 굉장히 긍정적인 효과가 나타나는 사례를 보고한 논문이 실제로 있더라고요.

진중권_ 철학하는 입장에서 보면 뇌 과학자들이 좀 위험해 보일 때가 있습니다. 김대수 교수님은 전극을 꽂아서 행동을 관찰하지 않습니까? 여기까지는 괜찮아요. 그런데 정재승 교수님을 보면 그것으로 남의 생각을 읽으려고 하시거든요. 그러면 굉장히 원초적인 프라이버시 문제가 생길 것 같습니다. "당신 뇌 좀 스캐닝합시다." "영장 받아 오셨나요?" 언젠가는 이런 날이 오지 않을까요?

정재승_ 강연하다 보면 주로 기업 쪽에서 그런 것을 물어보시는 분들이 많아요. 예를 들어 면접에서 얼마든지 거짓말을 할 수 있잖아요. 면접자에게 "당신은 이 회사를 어떻게 생각합니까?"라고 물으면 십중팔구는 "1등 기업으로 평소 매우 존경하고 있습니다."라고 말하겠지만 그것이 사실일까요? 이때 뇌를 측정해 보면 부정적 생각에 관한 영역이 활성화되는 것을 관찰할 수 있을지도 모릅니다. 어떤 단어를 들었을 때 뇌에서 제일 먼저 무엇이 떠오르는지는 아무리 스터디 그룹을 만들어서 외워도 조절하기 어렵거든요. 경영자 입장에서는 면접자의 뇌를 촬영하면서 질문을 던졌을 때 어떻게 반응하는지 보고 싶은 거지요. 제 생각에는 브레인 맵핑과 마인드 리딩(mind reading) 기술이 꾸준히 발전한다면 얼마나 정확히, 정교하게 구별할 수 있는지가 문제이지 언젠가 가능한 날은 올 것입니다.

그런데 어떤 과학 기술이 사회에 들어와서 사용되려면 결국 사람들 사이의 합의가 필요합니다. 미래 사회에 대한 기술 자체의 기여는 잘해 봐야 40퍼센트 정도이고 결국 나머지 60퍼센트를 좌우하는 것은 사람들의 합의, 제도, 법이기 때문입니다. 이런 기술을 사용하는 합의가 쉽게 이루어지지는 않을 겁니다. 다만 의학의 변천사를 보면 양악 수술처럼 처음에는 큰 고통을 받는 사람들에게만 시술되었던 치료가 지금은 성형 목적으로 바뀌었잖아요? 이런 기술을 활용해서 "우리 아이 공부 더 잘하게 해 주세요." 또는 "더 좋은 인재를 뽑는 데 이 기술을 쓰겠습니다."라는 바람을 이루고, 사람들도 생각만큼 그것을 끔찍하게 여기지 않을 날이 언젠가는 올지도 모릅니다.

진중권_ 독일의 철학자이자 카를스루에 예술 디자인 대학교(Karlsruhe University of Art and Design) 교수인 페터 슬로터다이크(Peter Sloterdijk)가 이런 이야기를 합니다. "모든 국가 교육은 실패했다. 남은 것은 유전자 조작밖에 없다. 지금보다 훨씬 더 잘생기고, 똑똑하고, 인간성이 좋은 신인류를 만드는 날이 올 것인가?" 독일 사회가 발칵 뒤집어졌지요. 나치가 표방했던 우생학의 새로운 버전이 아니냐는 겁니다. 이 분이 나중에 해명하기를 "나는 물음표를 붙였는데 기자들이 느낌표로 바꿔서 나를 공격한다. 배후에 좌파 철학자 위르겐 하버마스(Jurgen Habermas)가 있다." 이런 유치한 싸움도 있었는데 미래에는 생각을 읽는 기술뿐만 아니라 뇌의 기능을 향상시키는 방법도 (물리적이든, 화학적이든) 많이 개발될 것 같습니다. 여기에 대해 말씀해 주실 수 있을까요?

정용_ 지금은 그런 분야가 미용 신경학(cosmetic neurology)이라는 이름을 얻었습니다. 뇌를 조절할 때는 외부 자극으로 조절하는 편이 가장 쉽습니다. 유전자만으로 할 수 있는 일이 적어서라기보다는 유전자와 경험이 하나 된 결과가 뇌이기 때문에 외부 자극으로 조절하는 방법이 가장 자연스럽고 부작용이 없어서입니다. 향정신성 약물이나 우울증약도 일종의 화학적 방법으로, 뇌에 영향을 주는 방법은 이미 사용되고 있다고 할 수 있습니다. 최근에 각광을 받는 것이 미세 전극을 이용한 전기 자극과 말씀하신 유전자 조작이 있습니다. 실험적으로는 지능에 관여하는 이른바 '스마트 유전자' 탐색을 쥐 유전체에서 이미 성공했습니다. 약물에 대해서 말씀드리자면 뇌 기능을 향상시키는 약이 실제로 있습니다. ADHD라고 아시죠? ADHD 환자들이 먹는 약에 집중력을 높이는 효과가 있어서 실제로 강남 교육가에 학원 다음으로 많은 것이 청소년 정신의학과라고 하지요.

진중권_ 위험하지는 않나요?

정용_ 약 자체의 부작용이 있기 때문에 아주 안전하다고는 할 수 없겠죠. 그리고 장기적으로는 어떤 결과를 초래할지 모르는 상태이기 때문에 함부로 쓰는 것은 위험하다고 할 수 있습니다. 그럼에도 기존의 뇌 기능 관련 약물이 정상인에게도 좋은 효과를 보여 줄 것으로 기대되는 보고들이 나오고 있습니다. 예를 들어 알츠하이머병 치료제를 비행기 조종사에게 투약했더니 집중력과 반응 시간이 더 빨라지는 효과를 얻었습니다.

약물이든 전기적 자극 혹은 유전자 조작이든 기술이 성숙하면 뇌를 조작하는 일은 결국 큰 문제로 대두되리라 예측할 수 있습니다. 영화와 같은 대중문화에서도 많이 다루는 소재입니다. 「리미트리스(Limitless)」

라는 영화가 극단적인 예를 보여 줍니다. 여기서 고려할 점은 이것이 단지 기술적인 면이 아니라 윤리적, 사회적인 문제와도 결부된다는 것입니다. 머리가 좋아지는 약이 있다면 당연히 가격이 비쌀 텐데, 그걸 살 사람이 누구일지를 생각하면 빈부 격차가 능력의 격차로 고착화되는 문제가 분명히 나타날 겁니다. 유사한 문제로 "군인에게 잠을 안 자는 약을 먹이는 것이 윤리적으로 용납되어야 하는가?"부터 "잠을 줄이는 약을 먹고 공부한 아이와 보통 아이의 경쟁이 공정한가?" 등이 있습니다. 현대 스포츠계에서 스테로이드 약물의 사용 문제와도 비슷하다고 할 수 있습니다. 이런 문제에서 누군가는 그 경계를 벗어나는 사람이 나오고, 그렇게 사회적 이슈가 되어 정리되는 시점이 오지 않을까 생각합니다.

진중권_ 지금까지 세 교수님을 모시고 정담을 했는데 말씀을 들으면서 궁금한 것이 많이 생기셨을 것 같아요. 무엇이든 질문을 주시면 감사하겠습니다.

질문_ 만일 뇌 기능이 많이 밝혀져서 인간의 마음을 뇌 수준까지 들여다보면 진중권 교수님 같은 철학자, 미학자가 계속 존재할 수 있을까요?

정재승_ 그 질문에 제가 조금 살을 붙이자면, 신경 과학이 뇌의 신비를 다 벗겨 냈을 때 철학자나 미학자는 무엇을 할 건가요?

진중권_ 저희는 굉장히 느긋한 편입니다. 철학에서도 이미 그 이야기를 하고 있어요. 데카르트가 '신체는 기계'라고 이야기하지 않았습니까? 이를 가리켜 영혼이란 '기계의 집에 깃든 유령이다.'라고 냉소적으로 비판하는 사람들도 있습니다. 이 문제에 대해 현대 철학은 다양한 입장을 내놓고 있습니다. 하나는 환원주의적 입장으로, 뇌를 물리적 기능으로 환원시켜 버리는 것이지요. 또 다른 입장은 수반 이론(supervenience theory)으로, 뇌랑 마음이 평행을 이루며 함께 간다는, 설명하기 좀 복잡한 이론입니다. 그런가 하면 슬라보이 지제크(Slavoj Žižek)가 말한 '시차적 관점(parallax view)'에서 이 문제에 접근할 수도 있지요. 신체(뇌)의 현상과 정신의 현상은 실은 동일한 것인데, 그저 바라보는 위치에 따라 신체의 현상으로 보이기도 하고, 정신의 현상으로 보이기도 한다는 거죠. 결국 철학자와 과학자가 동일한 현상을 그저 각자 다른 언어로 말하고 있다는 거죠.

사실 철학은 과학보다 훨씬 더 유리해요. 우리는 실험이나 증명 없이도 신경 쓰지 않고 마구 나아갈 수 있습니다. 그렇게 저희는 굉장히 오랜 기간 이성을 연구해 왔습니다. 근대 철학 전체가 그랬고, 그런 사변적 방법으로 감정이라는 현상도 연구해 왔죠. 근대 초기에는 감정을 설명하는 데에 해부학의 도움을 받았지요. 가령 데카르트의 『정념론(*Les passions de l'ame*)』에서는 사랑을 이렇게 설명합니다. "사랑하는 사람을 만나면 심장이 뛰어 피를 빠른 속도로 보내기 때문에, 빠르게 흐르는 피가 혈관을 지나면서 마찰이 생겨서 얼굴이 붉어지는 것이다." 아주 낮은 단계의 관찰이죠. 그런데 저희가 보기에는 인문학이 과학에서 받을 수 있는 도움은 아직 이 수준을 크게 벗어나지 못합니다. 과학이 사람을 상대로 실험할 수는 없잖아요. 쥐 같은 동물을 가지고 하는 아주 낮은 단계라서, 그 실험에서 인간의 정신이나 감정을 과학적으로 해명하기까지는 갈 길이 아주 멉니다. 쉽게 말하면 과학자들이 인문학자들의 가설을 가지고 제대로 실험하려면 멀었기 때문에, 적어도 제가 죽을 때까지는 과학으로 인해 미학이나 철학이 사라지는 일은 없을 겁니다. 그래서 걱정하지 않습니다.

질문_ 앞서 컴퓨터로 뇌를 시뮬레이션하는 이야기를 하셨는데 뉴로 네트워크(neural network)와 같이 신경 세포를 실제로 모방하려는 노력도 있다고 들었습니다. 그런 분야는 얼마나 진행되었나요?

정재승_ 굉장히 근본적인 문제와 맞닿아 있는 질문입니다. 컴퓨터나 인간의 어떤 특정한 기능을 그대로 따라 하는 것은 과업에 따라서 지금도 가능할 수 있습니다. 예를 들어 상대방을 보지 못하고 대화만 나누어 인간인지, 컴퓨터인지를 구별하는 튜링 테스트에서 사람을 속일 정도의 수준에는 도달했습니다.

그런데 우리와 컴퓨터의 다른 점은 그런 과업을 하고 있는 나 자신을 의식하는지의 여부입니다. 즉 사람에게는 자의식(self awareness)이 있는 거지요. 이렇게 주관적 생각, 의견, 감정을 갖거나 아니면 동시에 여러 가지 일을 통합해 행동하는 문제들은 아직 알고리듬적으로 접근하지 못하고 있는 문제입니다. 예전에는 뇌가 아니라 영혼이 하는 거라고 믿었던 분야죠.

지금 많은 뇌 과학자는 "영혼이라는 개념을 도입하지 않고 어떻게 이것을 설명할 수 있을까?"를 연구하고 있습니다. 우리가 영혼이라는 개념을 도입하지 않고 생물학적인 뇌 기능만으로 감정, 나 자신에 대한 의식, 자기만의 주관, 내 정체성에 의문을 갖고 그것을 찾아가려고 하는 많은 욕구와 욕망들을 코딩할 수 있다면 뇌가 담당하는 일을 컴퓨터 안에 넣는 작업은 본질적으로 가능하거든요.

이제 핵심은 그런 거지요. 그것이 생물학적인 뇌만으로 설명되는가? 아니면 마음은 뇌가 아니라 영혼에 있는가? 그렇다면 뇌는 영혼이 해야 할 일을 수행하는 기능만 하고 있으니까 영혼을 컴퓨터 안에 넣는 건 완전혀 다른 차원의 문제잖아요. 그쯤 가면 거기서부터는 우리가 알고 있는 게 너무 없기 때문에 믿음의 문제로 가는 거지요. '나는 그럴 수 있을 것 같아.' '나는 안 될 것 같아.' 지금 우리가 가진 지식은 너무나도 일천해서 그것을 판단할 수 있는 수준조차 아직 안 됩니다. 그래서 지금 알고 있는 과학 지식만으로 영혼의 존재를 거부한다면 그것이 오히려 비과학적으로 보이는 상황입니다. 전 세계의 93퍼센트가 영혼의 존재를 믿는데 영혼을 믿지 않는 7퍼센트 중에서 저 같은 뇌 과학자들이 0.1퍼센트는 차지하지 않을까 그런 생각이 듭니다. 아직 갈 길이 멉니다.

질문_ 두 가지 질문을 드리고 싶습니다. 베르나르 베르베르(Bernard Werber)의 『뇌(*L'ultime secret*)』라는 책에서 특정 부위를 자극해 사람의 능력을 극대화하는 대목을 재미있게 보았는데 그런 것이 실제로 어느 정도 가능할지 궁금합니다. 또 하나는 사람의 뇌파 패턴을 해독해 거꾸로 로봇 팔을 움직이거나 다른 사람의 뇌에 전달하는 학문에 관해 말씀해 주셨는데, 혹시 이것이 무선으로 진행되는 것도 연구 중이신지요?

김대수_ 첫 번째 질문에는 제가 답변 드리겠습니다. 『뇌』는 놀라운 신경과학적 영감이 녹아들어 있는 책이지요. 그런데 결론적으로 말씀드리면 그런 일이 쉽지 않습니다. 사람의 뇌가 다 다르기 때문입니다. 쾌락 중추는 실제로 굉장히 중요한 화두였습니다. 우리가 가진 모든 동기의 근원이기 때문에 그 신경이 우리 뇌 어디에 있는지를 알아내려고 많은 사람이 여기저기를 자극해 봤어요. 결론은 쾌락이라는 의미가 개인마다 다르더라는 것입니다. 똑같은 부위를 자극해도 성적 쾌락을 느끼는 분이 있는 반면, 신을 만나는 신비 체험을 하거나 혹은 아무 느낌이 없는 분이 있어요. 소설에서 말하지 않은 부분은 사람마다 반응이 다르며 쾌락 중추라는 개념도 아직 명확하지 않다는 점입니다. 쾌락 중추의 위치만 알면 아이들이 공부할 때마다 그곳을 자극해 모두가 열심히 공부할 텐데, 실질적으로는 한계가 있다는 사실을 말씀드리고 싶습니다.

정재승_ 신호를 주거나 받는 일 자체는 유선과 무선이 별 차이가 없습니다. 무선으로 뇌파를 보내는 일도 가능합니다. 문제는 뇌의 특정 영역이 거기에 반응해서 조작되는 것은 아니라는 겁니다. 우리가 보낸 뇌파에 우리가 원하는 방식으로 반응하는 것이 목표인데, 그러려면 결국 뇌에 칩을 넣어야 한다는 결론이 나옵니다. 그래서 신경 칩(neuro chip) 분야에서는 뇌의 특정 영역에 컴퓨터 칩을 넣어 무선으로 의사소통하는 연구를 하는 사람들이 있습니다. 성공한 예는 쥐 뇌의 해마 영역을 칩으로 대체해서, 단기 기억을 장기 기억으로 넘기는 해마 기능의 손상을 복구한 사례가 있습니다.

정리하자면 무선으로 바꾸는 문제 자체는 그렇게 중요하지 않습니다. 다만 우리가 멀리 떨어져 있더라도 생각만으로 내가 만들어 내는 뇌파를 칩이 증폭해서 저쪽으로 보내 주고 저 사람의 뇌가 그걸 받아서 뇌 언어로 바로 뇌에 보내서 생각을 주고받는 일이 가능해야 하는데 지금은 그런 수준까지는 아니지요. 이게 잘 된다면 책이나 영화에 나왔던 텔레파시를 현실화하는 기술이 되지 않을까 생각하고 있습니다.

질문_ 정용 교수님께 묻고 싶습니다. 뇌 기능이 신체 기관과 연결되어 있다는 이야기를 몇 번 들었는데 있던 기관이 없어져도 뇌의 연결은 남는다는 말씀을 하셨잖아요. 다지증(polydactylism) 환자나 원래 없던 기관이 생기는 경우에 뇌에서도 연결이 생기는지 궁금합니다.

정용_ 심장이나 폐 같은 기관을 새로 이식 받는 경우를 말씀하신 것이지요? 첫 번째 질문부터 말씀드리면 우리가 없어지는 것에 대해서는 연구를 많이 합니다. 환상지, 즉, 팔이 없어졌는데 엄지손가락이 가렵다고 느끼는 증상에 대해서는 강의에서 설명을 드렸지요. 실제로는 없지만 거기에 해당하는 뇌의 영역은 남아 있기 때문에 그런 현상이 나타납니다. 더해지는 것을 물어보신 것은 굉장히 좋은 질문입니다. 우리 몸에 무언가가 더 붙으면 뇌는 어떻게 될까요?

조금 경험적으로 예를 들자면 이렇습니다. 운전하시는 분들을 보면 전진하거나 후진할 때 자기 자동차에 대한 감이 있잖아요. 그런데 남의 차나 큰 차를 몰면 익숙하지가 않아서 가끔은 사고를 냅니다. 또 다른 예로 봉이나 칼 등을 오래 연습한 권법가는 막대기 끝이 어느 정도까지 닿을지 감이 생깁니다. 이렇듯 새로운 신체 부위가 생기고 감각의 되먹임이 반복되어 들어온다면, 뇌에서도 변화가 따르고 처음에는 실수를 할지라도 곧 이에 해당하는 적절한 반응을 보이리라 예상합니다.

질문_ 기술이 발달해 스마트폰이나 태블릿 PC가 등장하면서 전과 달리 전화번호를 외우지 않고 생활합니다. 어떻게 보면 뇌의 사용이 줄어든다고 말할 수 있을 것도 같습니다. 인간의 뇌는 진화하는 쪽일까요? 퇴보하는 쪽일까요?

정재승_ 일단 진화와 진보는 동의어가 아니라는 점을 먼저 말씀드리겠습니다. 인간의 뇌가 앞으로 더 발전할지, 안 좋은 쪽으로 갈지는 쉽게 단정

지을 수 없습니다. 뇌는 사람들이 어떤 방식으로 쓰느냐에 따라서 특징을 갖게 됩니다. 그중 어떤 것들은 유전자에 영향을 미쳐 다음 세대까지 전달될 것이고, 그러면 특징이 다음 세대에 계속 이어지겠지요. 요즘은 장 바티스트 라마르크(Jean Baptiste Lamarck)의 용불용설(用不用說)을 지지하는 이론과 실험 결과도 조금씩 나오고 있어요. 예전에는 말도 안 된다고 생각했지만, 한 기능을 정말로 오랫동안 쓰지 않으면 굳이 필요하지 않으니까 그 기능 자체에 대한 변화가 일어날 수도 있겠지요. 지난 100년간 사람들의 뇌가 어떤 방식으로 쓰였는지를 보면, 말씀하셨던 대로 예전에는 자신의 뇌에 그걸 다 넣고 있었습니다. 지금은 기계의 도움을 받아 인터넷과 스마트폰으로 찾는 시대를 살게 되었지요.

뇌를 많이 쓰고 거기에 기억을 차곡차곡 저장하는 삶은 적절한 삶이고, 뇌 기능을 뇌의 분신이라고 할 수 있는 컴퓨터나 스마트폰으로 대체하는 삶은 점점 열등한 방향으로 가고 있는 것일까요? 저는 그렇게 생각하지 않습니다. 우리는 살면서 필요한 만큼을 외웁니다. 다시 말해 전화번호를 컴퓨터에 넣으려면 예전에는 사용하지 않았던 '컴퓨터를 사용하는 방법'을 외워야 합니다. 인터넷도 마찬가지입니다. 인터넷 지식(위키피디아, 구글에 있는 것들)을 다 머릿속에 넣지는 않지만 어떻게 하면 인터넷을 잘 사용할 수 있는지 그 절차는 머릿속에 담고 있는 거지요.

그래서 살아가면서 우리가 익히는 지식의 양은 사실 점점 늘어나는 추세입니다. 단지 종류가 달라질 뿐인 거지요. 그런 면에서 전화번호를 안 외운다고 인간이 퇴보한다는 이야기는 그다지 적절하지 않아 보입니다. 저는 오히려 우리가 뇌에 뭔가를 많이 집어넣는 걸 인간의 대단한 능력이라고 여기던 시대에서 벗어나 공감을 잘하거나, 나무만 아니라 숲을 보는 감성적 접근을 하는 기능을 예전보다 훨씬 더 많이, 중요하게 생각하고 그게 그 사람의 능력이라고 생각하는 시대로 옮겨 오고 있다고 생각합니다. 뇌의 다양한 측면을 우리가 사용하고 있는 것이지, 기계에 많이 의존한다고 해서 뇌의 둔화가 올 것 같지는 않습니다.

김대수_ 지금 뇌는 하루 한 끼 먹기도 힘들었던 1,000년 전의 뇌에 비해 크게 바뀐 것이 없는데요. 사회는 기하급수적으로 변하고 있지요. 제 생각에는 뇌가 사회 발전 속도를 못 따라가서 생기는 딜레마가 점점 많아질 것으로 생각합니다.

진중권_ 저도 한마디 보탤게요. 사실 질문에 등장하는 비판은 약 2,500년의 역사를 가진 고전적인 비판입니다. 『대화편』에서 저자 플라톤 자신이 이집트 신화를 인용하는 부분이 나옵니다. 이 신화에서 토트 신이 파라오 앞에 나타나, 자신이 '문자'라는 것을 발명했으니 널리 사용하라고 권합니다. 하지만 파라오는 거절합니다. 이유가 뭐냐면 사람들이 문자로 기억을 종이에 기록하게 되면 기억력이, 말하자면 머리가 나빠진다는 거예요. 지금은 책 읽는다고 머리 나빠진다고 얘기하는 사람은 없잖아요. 외려 두뇌가 발달한다고 말하죠. 그렇게 보면 언젠가는 텔레비전을 바보상자라고 하지 않고, 컴퓨터 게임을 해도 바보라고 하지 않는 세상이 올 겁니다. 따라서 질문에서 제기된 그 우려는 무려 2,500년 전부터 내려오는 이야기라는 점을 염두에 두시길 바랍니다.

질문_ 특정 정치인을 묻지도 따지지도 않고 종교처럼 지지하는 사람들을 뇌 과학으로 설명이 가능한가요?

정재승_ 미국에서 그런 연구를 실제로 합니다. 공화당과 민주당 지지자들의 뇌를 찍어 보면 뇌 구조도 다르고 행동 임무(behavioral task)에서 임무 선호(task preferences)도 달라요. 예를 들면 나와 다른 생각에 대해서 얼마나 열려 있는지 하는 개방도(openess)를 본다던가 상황이 바뀌었을 때 내 전략을 수정을 잘하는지를 보기도 하고 그러는데 보수적인 사람들은 개방도가 떨어지고 상황이 바뀌었을 때 그에 맞추어 전략을 수정하는 능력이 떨어져 있지요.

우리나라에 『똑똑한 바보들(*The Republican Brain*)』과 『빅토리 랩(*victory lap*)』이라는 책이 출간되었는데 두 책 모두 신경 정치학(neuropolitics)이라는 이름으로 미국에서 연구됐던 그와 같은 내용들을 소개하고 있습니다. 그러니까 보수적이란 '나쁜' 게 아니라 '다른' 겁니다. 진보적인 사람들에게도 문제점이 있고요. 그래서 그들의 뇌를 구별하려는 시도들도 있고, 한편으로는 대통령 후보를 대중에게 어떻게 노출하면 지지를 이끌어 낼 수 있냐는 연구도 합니다. 재미있는 건 이때 종교적 체험을 관장하는 영역, 마루엽의 어떤 특정한 영역이 관련된다는 사실입니다. 그 영역을 자극하면 사람이 실제로 신을 영접하는 경험을 하고, 종교가 바뀝니다. 불교 신자가 아주 깊은 명상 상태에 들어갈 때 그 영역이 활성화되고 기독교 신자도 신을 영접할 때 같은 영역이 활성화돼요. 신경과학자들은 그 영역에 신들이 모여 산다고 믿습니다. 무슨 이야기냐면, 종교가 뭔지는 중요하지 않은 겁니다. 사람들에게는 종교적인 성향, 즉 그 종교에 내가 얼마나 열광하는지를 결정하는 뇌의 영역이 있는 것 같습니다. 그곳이 발달해 있으면 종교적 감수성이 뛰어난 거지요. 쉽게 신을 보고, 갑자기 성불도 하고, 깊은 명상에 빠지기도 하고, 작두도 탈 수 있습니다. 그런 면에서 보면 '종교적 체험을 하도록 뇌가 디자인된 게 아닌가?'

라는 생각도 하게 되는데 아직 확답을 내리기엔 뇌에 대해 알고 있는 것이 많지 않네요.

진중권_ 재미있게 얘기하다 보니 어느덧 정담을 마칠 시간이 된 것 같습니다. 이것으로 「KAIST 명강 2」를 정리하는 의미에서 열린 '뇌 과학은 신인류의 꿈을 꾸는가' 정담을 마치기로 하겠습니다. 지금까지 함께해 주신 여러분께 감사를 드립니다.

후주

1부 뇌의 요람에서 무덤까지

1강 — 뇌의 탄생

1. http://www.theguardian.com/science/2012/jan/04/stephen-hawking-women-complete-mystery
2. Rodolfo R. Llinas, *I of the Vortex*, (Bradford Book, 2002).

2강 — 뇌의 삶

1. Danielle M. Dick, Fazil Aliev, John Kramer, Jen C. Wang, Anthony Hinrichs, Sarah Bertelsen, Sam Kuperman, Marc Schuckit, John Nurnberger Jr, Howard J. Edenberg, Bernice Porjesz, Henri Begleiter, Victor Hesselbrock, Alison Goate and Laura Bierut, "Association of CHRM2 with IQ: Converging Evidence for a Gene Influencing Intelligence," *Behavioral Genetics* 37 Issue 2(Mar 2007), pp. 265~272.
2. http://en.wikipedia.org/wiki/Genetics_of_obesity
3. Justin R. Garcia, James MacKillop, Edward L. Aller, Ann M. Merriwether, David Sloan Wilson and J. Koji Lum, "Associations between Dopamine D4 Receptor Gene Variation with Both Infidelity and Sexual Promiscuity," *PLoS One* 2010(Nov 30), doi: 10.1371/journal.pone.0014162.

3강 — 뇌의 죽음

1. Kirsty L. Spalding, Olaf Bergmann, Kanar Alkass, Samuel Bernard, Mehran Salehpour, Hagen B. Huttner, Emil Boström, Isabelle Westerlund, Céline Vial, Bruce A. Buchholz, Göran Possnert, Deborah C. Mash, Henrik Druid, and Jonas Frisén, "Dynamics of hippocampal neurogenesis in adult humans," *Cell* 153(6) (Jun 2013), pp. 1219~1227.
2. http://www.dailymail.co.uk/news/article-2219085/Carina-Melchior-The-girl-wouldnt-die-Miracle-Danish-girl-woke-doctors-prepared-organs-donated.html
3. Edoardo Bisiach and Claudio Luzzatti, "Unilateral neglect of representational space," *Cortex* 14(1978), pp. 129~133.

4. John C. Marshall and Peter W. Halligan, "Blindsight and insight in visuo-spatial neglect," *Nature* 336(Dec 1988), pp. 766~767.
5. http://www.smithsonianmag.com/history-archaeology/Phineas-Gage-Neurosciences-Most-Famous-Patient.html

2부 ____ 우리는 어떻게 선택하는가?

1강 — 인간은 합리적인 의사 결정자인가?

1. Gary Hamel and Coimbatore Krishnarao Prahalad, *Competing for the future*, (Harvard Business Review Press, 1996).

2강 — 혁신적인 리더의 선택과 의사 결정

1. Ulric Neisser and Nicole Harsch, "Phantom flashbulbs: False recollections of hearing the news about Challenger", *Emory Symposia in Cognition* No. 4 (1992), pp. 9~31.
2. Robert Burton, *On Being Certain: Believing You Are Right Even When You're Not*, (St. Martin's Griffin, 2009).

3강 — 의사 결정 신경 과학의 응용

1. David Harper, "Competitive Foraging in Mallards: Ideal Free Ducks", *Animal Behaviour* 30 (1982), pp. 575~584.
2. John von Neumann and Oskar Morgenstern, *Theory of Games and Economic Behavior* (NJ: Princeton University Press, 1944).
3. Brian Knutson, Scott Rick, G. Elliott Wimmer, Drazen Prelec, and George Loewenstein, "Neural predictors of purchases", *Neuron* 2007 January 4, pp. 147~156.
4. Colin Camerer, "Behavioural studies of strategic thinking in games", *TRENDS in Cognitive Sciences* Vol.7 No.5 (May 2003), pp. 225~231.
5. Hollerman Jr, and Wolfram Schultz, "Dopamine neurons report an error in the temporal prediction of reward during learning", *Nature Neuroscience* 1998 Aug, pp. 304~309.

3부 뇌는 무엇을 원하는가?

1강 — 생명의 영원한 숙제, 생존과 번식

1. Daesoo Kim, Ki Sun Jun, Seong Beom Lee, Nae-Gyu Kang, Do Sik Min, Young-Hoon Kim, Sung Ho Ryu, Pann-Ghill Suh and Hee-Sup Shin,"Phospholipase C isozymes selectively couple to specific neurotransmitter receptors," *Nature* 389(1997), pp. 290~293.
2. Larry J. Young, Roger Nilsen, Katrina G. Waymire, Grant R. MacGregor and Thomas R. Insel, "Increased affiliative response to vasopressin in mice expressing the V1a receptor from a monogamous vole," *Nature* 400(1999), pp. 766~768.
3. Ian L. Jones and Fiona M. Hunter, "Heterospecific mating preferences for a feather ornament in Least Auklets," *Behavioral Ecology* 1998(9), pp. 189~192.

2강 — 생존과 번식의 딜레마

1. Darryl T. Gwynne, David C. F. Rentz, "Beetles on the Bottle: Male Buprestids Mistake Stubbies for Females(Coleoptera)," *Australian Journal of Entomology* 22 (1)(Feb 1983), pp. 79~80.
2. Dayu Lin, Maureen P. Boyle, Piotr Dollar, Hyosang Lee, E. S. Lein, Pietro Perona and David J. Anderson, "Functional identification of an aggression locus in the mouse hypothalamus," *Nature* 470(Feb 2011), pp. 221~226.
3. Inbal Ben-Ami Bartal, Jean Decety and Peggy Mason, "Empathy and pro-social behavior in rats," *Science* 2011(Dec 9), pp. 1427~1430.
4. Tania Singer, Ben Seymour, John O'Doherty, Holger Kaube, Raymond J. Dolan and Chris D. Frith, "Empathy for pain involves the affective but not sensory components of pain," *Science* 2004(Feb 20), pp. 1157~1162.
5. Donald Dutton and Arthur Aron, "Some evidence for heightened sexual attraction under conditions of high anxiety," *Journal of Personality and Social Psychology* 30(1974), pp. 510~517.

3강 — 뇌가 만들어 내는 행동의 방정식

1. 플라톤, 『대화(*Cratylus*)』 401d, 402a에 헤라클레이토스의 발언으로 인용됨.
2. Kazutoshi Takahashi, Shinya Yamanaka, "Induction of Pluripotent Stem Cells from Mouse Embryonic and Adult Fibroblast Cultures by Defined Factors," *Cell* Volume 126(Aug 2006), Issue 4, pp. 663~676.

3. 2010년 7월 TED talks, http://www.youtube.com/watch?v=HA7GwKXfJB0
4. Daichi Okuno, Makoto Asaumi, and Eiro Muneyuki, "Chloride Concentration Dependency of the Electrogenic Activity of Halorhodopsin," *Biochemistry* 1999, 38 (17), pp. 5422~5429.
5. Oleg A. Sineshchekov, Kwang-Hwan Jung, and John L. Spudich, "Two rhodopsins mediate phototaxis to low- and high-intensity light in Chlamydomonas reinhardtii," *Proc. Natl. Acad. Sci.* USA 2002. (IF:10.7) 99(13): pp. 8689~8694.
6. 2013년 4월 2일 백악관 보도자료 "Fact Sheet: BRAIN Initiative," http://www.whitehouse.gov/the-press-office/2013/04/02/fact-sheet-brain-initiative
7. http://www.dailymail.co.uk/news/article-2084508/The-touching-scenes-friendship-Filipino-fishermen-worlds-biggest-fish-man-nature.html
8. "횟집 수조에서 5년째 사는 혹돔 '나는 못난이다'", 부산일보, 2013년 4월 8일.
9. John B. Watson, *Behaviorism*(Revised edition) (Chicago: University of Chicago Press, 1930), "Give me a dozen healthy infants, well-formed, and my own specified world to bring them up in and I'll guarantee to take any one at random and train him to become any type of specialist I might select — doctor, lawyer, artist, merchant-chief and, yes, even beggar-man and thief, regardless of his talents, penchants, tendencies, abilities, vocations, and race of his ancestors."
10. Silva A., Paylor R., Wehner J.M., and Tonegawa S, "Impaired Spatial Learning in a Calcium-Calmodulin Kinase II Mutant Mice," *Science*, 257(1992), pp. 206~211.
11. http://www.nytimes.com/2004/12/13/opinion/13robinson.html?_r=0
12. Masaki Kamakura, "Royalactin induces queen differentiation in honeybees," *Nature* 473(May 2011), pp. 478~483.

더 읽을거리

1부 뇌의 요람에서 무덤까지

뇌에 대한 입문서

- BrainFacts.org 편저, *BrainFacts, A Primer on the Brain and Nervous System*, http://www.brainfacts.org/~/media/Brainfacts/Article%20Multimedia/About%20Neuroscience/Brain%20Facts%20book.ashx

신경 과학회와 비영리 단체인 카블리(Kavil) 재단, 개츠비(Gatchby) 자선 재단이 후원하는 BrainFacts 기관에서 발행하는 입문서. 네이버 '뇌에 관한 사실들' 카페에 가입하면 번역본을 내려받을 수 있다. 미국 BrainBee나 국내 및 국제 뇌 과학 올림피아드의 공식 교재이기도 하다. 2008년 1판 후 2012년 2판이 나와 있다.

- 일본 뉴턴프레스 편저, 『Newton Highlight: 뇌와 마음의 구조』(뉴턴 코리아, 2007).
- Rita Carter, Susan Aldridge, Martyn Page, Steve Parker and Chris Frith, *The Human Brain* (DK ADULT, 2009).

위 두 도서는 주로 그림으로 이루어진 책으로 편하게 볼 수 있는 입문서이다.

- 수전 그린필드, 정병선 옮김, 『브레인 스토리: 뇌는 어떻게 감정과 의식을 만들어 낼까?』(지호, 2004).

영국 BBC에서 기획한 다큐멘터리 「뇌 이야기(Brain Story)」를 책으로 옮긴 도서로, 딱딱하지 않게 일반인의 눈높이에서 재미와 감동을 준다. 다큐멘터리와 같이 즐길 수 있다.

- 리타 카터, 양영철, 이양희 옮김, 『뇌: 매핑 마인드』(말글빛냄, 2007).

개정판이 나왔으나 번역은 초판만 번역되었다.

- 존 레이티, 김소희 옮김, 『뇌 1.4킬로그램의 사용법』(21세기북스, 2010).

뇌와 신경계의 구조와 기능에 대한 전문서

대학이나 대학원 교재로 사용되나 전문적인 지식을 위해서는 일반 교양서보다 체계적 기술로서 더 도움이 된다.

- 박진서, 신동선, 유임주, 이경민, 정민석, 지제근, 황세진, 『핵심 신경 해부학』(한미의학, 2012).

어려운 신경 해부학을 간단한 그림과 적은 분량으로 어렵지 않게 소화할 수 있는 입문서.

- 이원택, 박경아, 『의학 신경 해부학』(고려의학, 2008).

외국의 신경 해부학 교과서보다도 더 깊이가 있고 이해가 쉽도록 구성된 전문서.

- 마크 베어, 베리 코너, 마이클 파라디소, 강봉균 등역, 『신경 과학: 뇌의 탐구』(바이어메디북, 2009).

신경 과학 분야 교과서의 베스트셀러. 전 세계 많은 대학 학부 과정의 교과서로 사용되고 있다.

- 에릭 캔들, 제임스 슈워츠 편저, 김종만 등역, 『신경 과학의 원리(5판)』(범문에듀케이션, 2014).

신경 과학 분야의 바이블. 전 세계 거의 모든 신경 과학 대학원 과정에서 교과서로 사용되고 있다. 2012년, 12년 만에 5판이 발매되었고 최근 번역판이 나왔다.

뇌 작동 기전과 마음에 대한 가설들

- 제럴드 에델만, 황희숙 옮김, 『신경 과학과 마음의 세계』(범양사, 2006).
- 로돌프 이나스, 김미선 옮김, 『꿈꾸는 기계의 진화: 뇌 과학으로 보는 철학 명제』(북센스, 2007).
- 데이비드 이글먼, 김소희 옮김, 『인코그니토: 나라고 말하는 나는 누구인가』(쌤앤파커스, 2011).

- 제프 호킨스, 샌드라 블레이크슬리, 이한음 옮김, 『생각하는 뇌, 생각하는 기계』(멘토르, 2010).
- 빌라야누르 라마찬드란, 샌드라 블레이크스리, 신상규 옮김, 『라마찬드란 박사의 두뇌 실험실: 우리의 두뇌 속에는 무엇이 들어 있는가?』(바다, 2007).
- 조지프 르두, 강봉균 옮김, 『시냅스와 자아』(동녘사이언스, 2005).
- Olaf Sponrs, *Networks of the Brain* (The MIT Press, 2010).

그래프 이론을 뇌 네트워크에 적용한 연구를 소개한 책이다.

- 마이클 가자니가, 박인규 옮김, 『뇌로부터의 자유』(추수밭, 2012).
- 알바 노에, 김미선 옮김, 『뇌 과학의 함정: 인간에 관한 가장 위험한 착각에 대하여』(갤리온, 2009).

위의 두 책은 뇌만으로 인간의 마음을 설명하는 것에 대한 한계를 다루고 있다.

- 니콜라스 카, 최지향 옮김, 『생각하지 않는 사람들』(청림출판, 2010).

인터넷이나 디지털 세상이 우리의 뇌를 어떻게 변화시키고 있는가를 통찰하였다.

뇌 질환에 대한 책자

- 나덕렬, 『뇌미인』(위즈덤스타일, 2012).
- 대한 치매 학회, 『치매, 임상적 접근』(아카데미아, 2012).
- 데이비드 스노든, 유은실 옮김, 『우아한 노년』(사이언스북스, 2003).

2부 우리는 어떻게 선택하는가?

복잡계 과학의 탄생, 의미, 주요 개념에 관한 책

- Benoit B. Mandelbrot, *The Fractal Geometry of Nature* (W. H. Freeman and Company, 1982).
- James Gleick, *Chaos: The Making of a New Science* (Viking Adult, 1987). (번역서: 제임스 글릭, 박래선 옮김, 『카오스』(동아시아, 2013))
- Mark Newman, *Networks: An Introduction* (Oxford University Press, 2010).

행동 경제학의 관점에서 다루는 인간의 선택과 의사 결정

- Barry Schwartz, *The Paradox of Choice: Why More Is Less* (Harper Perennial, 2005). (번역서: 배리 슈워츠, 형선호 옮김, 『선택의 심리학』(웅진지식하우스, 2005))
- Dan Ariely, *Predictably Irrational, Revised and Expanded Edition: The Hidden Forces That Shape Our Decisions* (Harper Perennial, 2010).
- Read Montague, *Your Brain Is (Almost) Perfect: How We Make Decisions* (Plume, 2007).
- Richard H. Thaler and Cass R. Sunstein, *Nudge: Improving Decisions About Health, Wealth, and Happiness* (Penguin Books, 2009). (번역서: 리처드 탈러, 캐스 선스타인, 안진환 옮김, 『넛지』(리더스북, 2009))

신경 경제학에 대한 입문서

- Jason Zweig, *Your Money and Your Brain: How the New Science of Neuroeconomics Can Help Make You Rich* (Simon & Schuster, 2008). (번역서: 제이슨 츠바이크, 오성환, 이상근 등역, 『머니 앤드 브레인』(까치, 2007))
- Paul W. Glimcher and Ernst Fehr, *Neuroeconomics, Second Edition: Decision Making and the Brain* (Academic Press, 2013).
- Paul W. Glimcher, *Decisions, Uncertainty, and the Brain: The Science of Neuroeconomics* (Bradford Books, 2004). (번역서: 폴 글림처, 이은주, 권춘오 공역, 『돈 굴리는 뇌: 소비자를 유혹하는 신경경제학』(일상과이상, 2013))
- Peter Politser, *Neuroeconomics: A Guide to the New Science of Making Choices* (Oxford University Press, 2008).

게임 이론에 관한 책

- 최정규, 『이타적 인간의 출현: 게임이론으로 푸는 인간 본성 진화의 수수께끼』(뿌리와이파리, 2009년)
- Len Fisher, *Rock, Paper, Scissors: Game Theory in Everyday Life* (Basic Books, 2008). (번역서: 렌 피셔, 박인균 옮김, 『가위바위보: 일상 속 갈등과 딜레마를 해결하는 게임의 심리학』(추수밭, 2009))
- Michael Maschler, Eilon Solan and Shmuel Zamir, *Game Theory* (Cambridge University Press, 2013).
- Paul Papayoanou, *Game Theory for Business: A Primer in Strategic Gaming*

(Probabilistic Publishing, 2010).

- Steven Tadelis, *Game Theory: An Introduction* (Princeton University Press, 2013).
- William Poundstone, *Prisoner's Dilemma* (Anchor, 1993). (번역서:윌리엄 파운드스톤, 박우석 옮김, 『죄수의 딜레마: 존 폰 노이만/핵폭탄/게임이론』(양문, 2004))

행동 경제학에 관한 책

- 도모노 노리오, 이명희 옮김, 『행동 경제학 : 경제를 움직이는 인간 심리의 모든 것』(지형, 2007).
- 마이클 모부신, 김정주 옮김, 『왜 똑똑한 사람이 어리석은 결정을 내릴까?: 의사결정에 관한 행동경제학의 놀라운 진실』(청림출판, 2010).
- 리처드 H. 세일러, 최정규, 하승아 공역, 『승자의 저주 : 경제현상의 패러독스와 행동경제학』(이음, 2007).
- 하워드 댄포드, 김윤경 옮김, 『불합리한 지구인: 인간 심리를 지배하는 행동경제학의 비밀』(비즈니스북스, 2011).
- Charles Duhigg, *The Power of Habit: Why We Do What We Do in Life and Business* (Random House Trade Paperbacks, 2014). (번역서: 찰스 두히그, 강주헌 옮김, 『습관의 힘』(갤리온, 2012))
- Charles Wheelan and Burton G. Malkiel, *Naked Economics: Undressing the Dismal Science(Fully Revised and Updated)* (W. W. Norton & Company, 2010).
- Colin F. Camerer, *Behavioral Game Theory: Experiments in Strategic Interaction* (Princeton University Press, 2003).
- Daniel Kahneman, *Thinking, Fast and Slow* (Farrar, Straus and Giroux, 2013). (번역서, 대니얼 카너먼, 이진원 옮김, 『생각에 관한 생각 : 우리의 행동을 지배하는 생각의 반란!』(김영사, 2012))
- Edward Cartwright, *Behavioral Economics(Routledge Advanced Texts in Economics and Finance)* (Routledge, 2011).
- Gary Belsky and Thomas Gilovich, *Why Smart People Make Big Money Mistakes and How to Correct Them: Lessons from the Life-Changing Science of Behavioral.* (Simon & Schuster, 2010).

- Carol Tavris and Elliot Aronson, *Mistakes Were Made(But Not by Me): Why We Justify Foolish Beliefs, Bad Decisions, and Hurtful Acts* (Mariner Books, 2008). (번

역서: 엘리엇 애런슨, 캐럴 태브리스, 박웅희 옮김, 『거짓말의 진화: 자기정당화의 심리학』(추수밭, 2007))

- Robert Burton, *On Being Certain: Believing You Are Right Even When You're Not* (St. Martin's Griffin, 2009). (번역서: 로버트 버튼, 김미선 옮김, 『생각의 한계: 당신이 뭘 아는지 당신은 어떻게 아는가?』(더좋은책, 2014))

불확실성에 대한 확신 성향 등 일련의 실험들에 대해 구체적인 정보를 얻고 싶을 때 도움되는 책이다.

- David Rock, *Your Brain at Work: Strategies for Overcoming Distraction, Regaining Focus, and Working Smarter All Day Long* (HarperBusiness, 2009). (번역서: 데이비드 록, 이경아 옮김, 『일하는 뇌: 사무실 전쟁 속에서 살아남는 업무지능의 과학』(랜덤하우스코리아, 2010))
- David Rock and Linda J. Page, *Coaching with the Brain in Mind: Foundations for Practice* (Wiley, 2009)
- John W. Gardner, *On Leadership* (Free Press, 1993).
- John Medina, *Brain Rules: 12 Principles for Surviving and Thriving at Work, Home, and School* (Pear Press, 2009). (번역서: 존 메디나, 서영조 옮김, 『브레인 룰스: 의식의 등장에서 생각의 실현까지』(프런티어, 2009))

리더의 뇌에 관한 심리학자, 인지 신경 과학자들의 연구를 상세히 알고 싶다면, 위 책들과 그 안에 담긴 논문이 좋은 참고 문헌이 될 것이다.

강의에서 소개된 실험에 관한 참고 문헌

- George Loewenstein, *Exotic Preferences: Behavioral Economics and Human Motivation* (Oxford University Press, 2008).

초밥 문제와 올드 보이 문제를 일반화해 의사 결정과 시간과의 관계를 탐구한 조지 로웬스타인(George Loewenstein) 교수의 저서로, 그의 연구를 이해하는 데 도움되는 책이다.

- Jaeseung Jeong, Youngmin Oh, Miriam Chun, Jerald D. Kralik, "Preference-Based Serial Decision Dynamics: Your First Sushi Reveals Your Eating Order at the Sushi

Table", *PLoS ONE* 9(5): e96653, doi:10.1371/journal.pone.0096653.

KAIST 바이오및뇌공학과 신경 물리학 연구실(Brain dynamics Laboratory)에서 진행된 초밥 문제의 연구 내용이 상세히 담겨 있다.

- "Scientists reveal preference-based serial decision dynamics", http://www.technology.org/2014/05/24/scientists-reveal-preference-based-serial-decision-dynamics/

이 연구는 과학 기술 전문 웹진인 Technology.org 2014년 5월 24일자에도 흥미롭게 소개되었다.

- Kanghoon Jung, Hyeran Jang, Jerald D. Kralik, Jaeseung Jeong "Bursts and Heavy Tails in Temporal and Sequential Dynamics of Foraging Decisions", *PLoS Computational Biology* (in press).

위 논문에서 올드 보이 문제에 대한 상세한 연구 결과를 볼 수 있다.

- Kwangryeol Baek K, Yangtae Kim, Jaeseung Jeong, "Response randomization of one- and two-person rock-paper-scissors games in individuals with schizophrenia", *Psychiatry Res.* (2013) 30;207(3):158-63. doi: 10.1016/j.psychres.2012.09.003.

조현증 환자의 가위바위보 패턴으로 질병 진단과 원인 파악을 하려 했던 신경 물리학 연구실의 연구 결과는 위 논문에 자세히 나와 있다.

- Grant KA, Bennett AJ. "Advances in nonhuman primate alcohol abuse and alcoholism research", *Pharmacol Therapeut* (2003) Dec;100(3): pp. 235~255.

- Grant KA. "Strategies for understanding the pharmacological effects of ethanol with drug discrimination procedures", *Pharmacology Biochemistry and Behavior* 1999 Oct;64(2): pp. 261~267.

- Eckardt MJ, File SE, Gessa GL, Grant KA, Guerri C, Hoffman PL, Kalant H, Koob GF, Li TK, Tabakoff B. "Effects of moderate alcohol consumption on the central nervous system." *Alcoholism: Clinical and Experimental Research* 1998 Aug;22(5): pp. 998~1040.

- Samson HH, Grant KA. "Some implications of animal alcohol self-administration studies for human alcohol problems." *Drug and Alcohol Dependence*, 1990 Apr;25(2): pp. 141~144.

신경 물리학 연구실에서 수행한 원숭이 알코올-음식-물 관련 실험은 현재 논문으로 작성 중인데, 이 논문들은 관련 내용을 더 깊게 이해하려는 독자에게 좋은 길잡이가 될 것이다.

3부 ____ 뇌는 무엇을 원하는가?

생존을 위한 동물 행동

- 어니스트 톰슨 시튼, 최지현 옮김, 『시튼의 아름다운 야생 동물 이야기』(보물창고, 2014).
- 마르쿠스 베네만, 유영미 옮김, 『동물들의 생존 게임』(웅진지식하우스, 2010).
- 최재천, 『최재천의 인간과 동물』(궁리, 2007).
- 더글러스 모크, 정성묵 옮김, 『살아남는 것은 다 이유가 있다』(산해, 2005).

사회적 동물 행동

- 로버트 라이트, 박영준 옮김, 『도덕적 동물』(사이언스북스, 2003).
- 니콜라스 틴베르헌, 박시룡 옮김, 『동물의 사회 행동』(전파과학사, 1994).
- 제인 구달, 김옥진 옮김, 『제인 구달, 침팬지와 함께한 50년』(궁리, 2011).

게임 이론과 이타 행동

- Lee Alan Dugatkin and Hudson Kern, *Game Theory and Animal Behavior* (Oxford University Press, 2000).
- 안드레아스 바그너, 김상우 옮김, 『생명을 읽는 코드, 패러독스』(와이즈북, 2012).
- 최정규, 『이타적 인간의 출현: 게임이론으로 푸는 인간 본성 진화의 수수께끼』(뿌리와이파리, 2009).
- 매트 리들리, 신좌섭 옮김, 『이타적 유전자』(사이언스북스, 2001).

뇌와 행동의 역사, 철학, 여러 가지 문제들

- 안토니오 다마지오, 임지원 옮김, 『스피노자의 뇌』(사이언스북스, 2007).
- 크리스 프리스, 장호연 옮김, 『인문학에게 뇌과학을 말하다』(동녘사이언스, 2009).
- 제럴드 에델만, 김창대 옮김, 『세컨드 네이처』(이음, 2009).
- 빌라야누르 라마찬드란, 박방주 옮김, 『명령하는 뇌 착각하는 뇌』(알키, 2012).
- 장 디디에 뱅상, 이세진 옮김, 『뇌 한복판으로 떠나는 여행』(해나무, 2010).

사진 및 그림 저작권

12~13쪽	©손문상 / (주)사이언스북스
20쪽	🅭🅯🄎_DJ_
24쪽	🅮
26쪽	🅮
34쪽	🅮
41쪽	🅮
43쪽	🅮
54쪽	🅮
56쪽	©손문상 / (주)사이언스북스
60쪽 위	🅭🅯OpenStax College
60쪽 아래	🅭🅯🄎Synaptidude
62쪽	🅮
66쪽	🅭🅯🄎Nrets
70~71쪽	©cnsforum
73쪽	🅮
88쪽	🅮
96쪽	🅭🅯 Van Horn JD, Irimia A, Torgerson CM, Chambers MC, Kikinis R, *et al*.
98쪽	🅮
99쪽 왼쪽	🅭🅯🄎James Heilman, MD
99쪽 오른쪽	🅭🅯🄎Lucien Monfils
105쪽	🅮
110~111쪽	©손문상 / (주) 사이언스북스
122~123쪽	©손문상 / (주) 사이언스북스
133쪽	🅭🅯🄎Nesnad
144쪽	🅭🅯🄎Yugiz
155쪽	🅭🅯🄎russavia
161쪽	🅭🅯🄎Sertion
168쪽	©손문상 / (주) 사이언스북스
170쪽	🅮
171쪽	🅮
177쪽	🅭🅯🄎Simon Doggett

182쪽 🅭🅯🄯katdaned
185쪽 🅭🅯🄯Elke Wetzig
190쪽 왼쪽 🅮
195쪽 🅭🅯Greg Doyle
208~209쪽 ©손문상 / (주) 사이언스북스
216~217쪽 ©손문상 / (주) 사이언스북스
223쪽 ©김대수
224쪽 🅭🅯🄯MedievalRich
226쪽 ©김대수
227쪽 🅭🅯🄯Oliver Koemmerling
229쪽 🅮
231쪽 🅭🅯🄯Rob Knell
233쪽 위 🅭🅯sociotard
233쪽 아래 🅭🅯Dr. Stephen Shuster
235쪽 위 🅭🅯🄯Marcus334
235쪽 아래 🅭🅯🄯Hohum
238쪽 🅭🅯🄯Smartse
241쪽 🅭🅯🄯Franco Atirador
245쪽 위 🅭🅯🄯Worm That Turned
245쪽 아래 🅭🅯🄯Haplochromis
247쪽 🅭🅯🄯Hectonichus
249쪽 🅭🅯Sandstein
252쪽 🅭🅯Rennett Stowe
258쪽 🅮
262쪽 🅭🅯Gross L
264쪽 왼쪽 🅭🅯🄯sean in japan
264쪽 오른쪽 🅮
265쪽 🅭🅯David J Laporte
270쪽 ©손문상 / (주) 사이언스북스
273쪽 🅮
277쪽 왼쪽 🅮
277쪽 오른쪽 🅮
281쪽 🅭🅯🄯Maxxl2
284쪽 🅮

287쪽	(cc)(by)(sa) Superbass
289쪽	(cc)(by)(sa) Max Planck Gesellschaft
291쪽	(cc)(by)(sa) Waugsberg
296~297쪽	© 손문상 / (주) 사이언스북스
318~319쪽	© 손문상 / (주) 사이언스북스

카이스트 명강 02

1.4킬로그램의 우주, 뇌

신경 의학에서 뉴로 마케팅까지 융합 뇌 과학의 현장

1판 1쇄 펴냄 2014년 7월 18일
1판 17쇄 펴냄 2024년 8월 31일

지은이 정용, 정재승, 김대수
펴낸이 박상준
펴낸곳 (주)사이언스북스

출판등록 1997. 3. 24.(제16-1444호)
(06027) 서울특별시 강남구 도산대로1길 62
대표전화 515-2000, 팩시밀리 515-2007
편집부 517-4263, 팩시밀리 514-2329
www.sciencebooks.co.kr

ISBN 978-89-8371-883-9 04400
978-89-8371-881-5 (세트)